Ramon Gerwien

OSTSEE

Wie geht´s?

HINSTORFF

Ramon Gerwien, geboren 1982 in Greifswald, studierte Biologie und Englisch auf Lehramt in Rostock. Er war zehn Jahre als Lehrer in der Hansestadt tätig und ist seit 2022 als freiberuflicher Journalist unterwegs. Mittlerweile arbeitet er als Redakteur beim NDR Mecklenburg-Vorpommern. Einer seiner Schwerpunkte sind naturwissenschaftliche Themen, allen voran die Ostsee. Ramon Gerwien ist zudem Sänger der Band „Pallut“.

Dieses Buch
widme ich Dir, Mama.

Mein besonderer Dank geht an Thomas, Madeleine, Eva, Andreas und Tabitha vom Hinstorff Verlag, denn ohne euch gäbe es dieses Buch nicht. An Bernd und Mama, dafür, dass ihr ein Leben lang so viel gegeben habt. An Marieke, weil du mich meine Träume leben lässt – du bist einer davon. An Aaron, Antje, Babs, Bobby, Christian, Dörte, Elmo, Filou, Henne, Ina, Jakob, Jan, Jana, Kathy, Leo, Mathias, Mattu, Mike, Richard, Ruth, Steven, Tica, Toni & Yves, weil ich euch so gern um mich habe. An die Ostsee, weil ich jeden Tag überrascht darüber bin, dass ich das Glück habe, am Meer zu leben.

Die Deutsche Nationalbibliothek verzeichnet diese Publikation in der Deutschen Nationalbibliografie; detaillierte bibliografische Daten sind im Internet über http://dnb.de abrufbar.

Lagerstraße 7 – 18055 Rostock
Tel.: 03 81 / 49 69-0
E-Mail: post@hinstorff.de
www.hinstorff.de

1. Auflage 2026
Herstellung: Hinstorff Verlag GmbH
Lektorat: Thomas Gallien
Layout & Gestaltung: Madeleine Hartwig
Druck: optimal media GmbH, Röbel
Printed in Germany
ISBN 978-3-356-02573-6

OSTSEE
Wie geht´s?

Von einem kleinen Jungen und dem großen Meer

Ein Einblick

Ich bin ein Ostseekind! In meinen Adern fließt Brackwasser, das mein Herz in so viele Bereiche meines bisherigen Lebens gepumpt hat und pumpt. Alles begann, als ich unweit des Greifswalder Boddens, wo sich die Ausläufer der Ostsee entlang kleiner Inseln und ruhiger Buchten schmiegen, zur Welt kam. Aufgewachsen bin ich dann in Mecklenburg-Vorpommerns Landeshauptstadt Schwerin, der Stadt der sieben Seen. Von da aus ging es unzählige Wochenenden an die Ostsee, von den flachen Stränden Boltenhagens im Westen Mecklenburgs bis zu den Steilküsten Usedoms im Osten Vorpommerns. Manchmal nahm meine Mutter mich Huckepack, wenn wir die langen Leitern an den Steilküsten hinunterklettern mussten, um zum Wasser zu kommen. Die schier endlose Weite der Ostsee und die Landschaft an den zerklüfteten Felsen haben sich eingeprägt, sodass ich die Bilder noch immer hochaufgelöst sehen kann.

Es ist, als wäre es heute, dass ich am Strandaufgang hastig meine Schuhe von den Füßen streifte, weil meine Zehen es kaum erwarten konnten, vom Sand gekitzelt zu werden. Äußerlich ruhig, doch innerlich ungeduldig, half ich schnell, die Bambusstangen des Windschutzes mit einem Gummihammer in den Strand zu hauen und die Enden des dunkelgrünen Stoffes mit Sand zu beschweren. Dann hielt mich nichts mehr auf. Ich stürzte mich ins Wasser und begann mit den Wellen zu toben, tauchte ab und vergaß die Zeit. Stunden kamen mir wie Minuten vor. Nur gedämpft und dann immer klarer hörte ich die Stimme meiner Mutter, die mir vermitteln wollte, dass ich nun zu ihr kommen solle. Kurz und bündig erwiderte ich, dass das noch nicht gehe, schließlich war ich noch lange nicht fertig, hatte noch viel zu entdecken, Muscheln zu bestaunen, Kleckerburgen zu bauen oder Steine zu flitschen – und schon gar keine Zeit, das auch noch zu erklären. Aber die Stimme gab nicht auf, entgegnete, dass ich doch schon friere und meine Lippen bereits ganz blau seien. Ich biss mir auf die salzig schmeckenden Lippen, um sie Naturrot zu färben, aber das Klappern meiner Zähne, das wie das eines Storches klang, konnte ich nicht unterbinden. So ergab ich mich und verließ das liebe Meer.

Es gab eine Zeit, in der mich, außer der liebevoll mahnenden Stimme, nur eines aus der Ostsee holen konnte: ein Schwarm von Ohrenquallen. Doch meine Mutter, die selbst keine Bewunderin der glibberigen Tiere war, nahm sie auf die Hand, um mir zu zeigen, dass sie völlig harmlos sind, und ließ sie in meine Hände gleiten. Dann wurde ich ganz ruhig, fast ehrfürchtig, obwohl ich damals nicht begreifen konnte, dass ich eine mögliche Gewinnerin der Zukunft in den Händen hielt.

Erst als mich die Ostsee inspirierte, nach Rostock zu gehen, um Biologie zu studieren, erkannte ich, was für faszinierende Lebewesen Quallen doch sind. Auch wenn sich noch nicht nachweisen lässt, dass sie vermehrt vorkommen, so besitzen diese Tiere doch viele Eigen-

Ohrenqualle vor Finnland

schaften, die den Veränderungen der Ostsee trotzen. Sie scheinen besser mit der Erwärmung des Wassers durch den Klimawandel zurechtzukommen. Auch vom Überangebot an Nährstoffen profitieren sie. Und während viele Wasserpflanzen und -tiere nicht mehr recht atmen können, scheint es den Quallen kaum etwas auszumachen. Mit Giftstoffen, die ihren Weg in die Ostsee finden, kommen sie ebenfalls besser klar. Und obwohl die Ränder ihrer Schirme kleine Augenflecken tragen, die ihnen helfen, die Richtung gen Licht zu finden, so sind sie in der sich verdunkelnden Ostsee darauf nicht so stark angewiesen wie andere Räuber. All den Lärm, der das Meer erschüttert, hören sie nicht, auch wenn sie Ohrenquallen heißen. Das kommt von den rotvioletten Kreisen auf ihrem Schirm, die ihr Namensgeber wohl an Ohren erinnerten und die der Fortpflanzung dienen.

Doch die Quallen können nicht darüber hinwegtäuschen, dass die Ostsee krank ist. Ich wollte mehr dazu erfahren, woran das liegt. Dafür war der Weg in den Journalismus genau der richtige, denn nun konnte ich alle Fragen stellen, die mir in den Sinn kamen. Ich interviewte hunderte Wissenschaftler*innen entlang der Ostseeküste, besuchte sie in ihren Instituten, beobachtete sie in den Laboren, begleitete sie bei Probenentnahmen am Strand und sprach mit ihnen an Bord von Forschungsschiffen. Dabei tat sich für mich eine Welt auf, die mir nicht nur den Zustand der Ostsee näherbrachte, sondern mir auch Einblicke in die Faszination wissenschaftlicher Arbeit gab. Und weil ich mich wohl ans Kindsein erinnerte, zog jede Antwort, die mir die Forschenden gaben, ein neues Warum nach sich. Es häufte sich so viel an, dass ich nicht anders konnte, als all das zu konservieren, wie der Meeresboden seine Geschichte, doch im Gegensatz zu ihm zwischen zwei Buchdeckeln.

Wer möchte, ist eingeladen, den Zustand der erkrankten Ostsee zu erkunden und zu erfahren, was dem kleinen Meer helfen kann, wieder zu gesunden. Wir gehen auf eine Reise durch Raum und Zeit, von den Küsten mit ihren Buchten, Förden und Boddengewässern raus auf die offene See, bis in den hohen Norden, den fernen Osten und den verschachtelten Westen. Wir verlassen auch mal den Ostseeraum, um zu schauen, wie er die Welt und wie die Welt ihn beeinflusst. Wir tauchen ab in die unterseeischen Gebirge der Ostsee, und manchmal steigen wir auch auf in die Luft. Wir wandern in die Vergangenheit des Meeres, blicken in die Zukunft und treffen dabei Kreaturen, die so winzig sind, dass wir sie nicht sehen, und Lebewesen, die imposant durch die Ostsee ziehen. Wir schauen Wissenschaftler*innen von heute und längst vergangener Zeiten aus der ganzen Welt über die Schulter, um die Faszination zu entdecken, die die Ostsee trotz all ihrer Sorgen hat. Kurzum: Wir stechen in See!

Ostsee
im Eis Mitte
März 2010

KAPITEL
FIEBER 1

Wenn ein Weltenbummler die Ostsee besucht

Es war im August des Jahres 1834: Die Mannschaft löste die Taue des russischen Dampfschiffes „Ischora" im Hafen von Stettin, damals Hauptstadt der Provinz Pommern im Preußischen Königreich. An Bord war einer der berühmtesten Männer seiner Zeit, der die Ostsee erforschen wollte. Nach ihm sollten bald Straßen, Plätze, Brücken, ja ganze Schulen, Universitäten und Institute, sogar etliche Städte und amerikanische Countys benannt werden. Flüssen und Seen, Asteroiden und Mondformationen, hunderten Pflanzen- und Tierarten gab man später seinen Namen, darunter ein mittelgroßer Pinguin von der Pazifikküste, ein prächtiger Schmetterling aus dem Amazonasgebiet und einer der größten Tintenfische überhaupt. Das Tier wohnt in einer bedeutenden Meeresströmung, die sich über 6500 Kilometer entlang der Westküste Südamerikas zieht. Und natürlich erhielt auch diese Naturkraft den Namen seines Entdeckers: Alexander von Humboldt. 1799 hatte er den Großteil seines Vermögens ausgegeben, um die geheimnisvolle Welt Südamerikas zu entdecken. Erlöst von dem Korsett gesellschaftlicher Zwänge, wurde sein ohnehin schon vorhandener Entdeckergeist so richtig entflammt. Wochenlang setzte er sich den Stromschnellen des Orinocos aus, der sich durch Venezuela schlängelt, geplagt von Insekten und Fieber. Und auch wenn ihn der Regenwald immer wieder zur Verzweiflung trieb, schien stets der Eindruck der ihn überwältigenden Natur zu überwiegen. Selbst als seine Augen sich entzündeten, ihm Zahnfleisch und Lippen bluteten, Kopfschmerzen ihm fast den Schädel sprengten, als er in dünner Höhenluft den gefährlichen

Aufstieg auf den Chimborazo wagte, verlor er seine Begeisterung nicht. Er war nicht zimperlich, vielleicht gar ein wenig verrückt, etwa wenn ihn seine wissenschaftliche Neugier dazu trieb, sich selbst zum Versuchsobjekt zu machen. Bei Experimenten mit Zitteraalen im Amazonas erfuhr er am eigenen Leib, dass die Fische in der Lage sind, Stromschläge auszusenden. Noch einen Tag später litt er an Muskelschwäche, Gelenkschmerzen und Übelkeit. In einem indigenen Dorf kostete er das Pfeilgift Curare, weil es, wie ihm ein Medizinmann versicherte, nur tödlich sei, wenn es direkt über das Blut aufgenommen werde. Seine Abenteuer wirken noch heute wie fiktive Geschichten, die einem kreativen Geist entsprungen sein könnten. Sie sind es aber nicht.

Sicher war es der Reiz der unbekannten Ferne, weshalb der große Naturforscher die Ostsee warten ließ. Vielleicht war es auch erst sein fortgeschrittenes Alter, das seinen Blick für die Schönheit vor seiner Haustür schärfte. In einem Brief scheint durch, dass Humboldt selbst etwas davon überrascht gewesen ist: „Sonderbare Zufälle eines viel bewegten Lebens haben mich die Südsee und das Caspische Meer früher als das, meiner Vaterstadt so nahe Baltische Meer beschiffen lassen." Doch da stand er nun an Deck, der berühmte Mann, der seine Thermometer in das Oberflächenwasser der Ostsee hielt und dabei auf kaum weniger faszinierende Rätsel der Natur traf. Während seiner Reise durch die Küstengewässer vor dem heutigen Polen bis zur russischen Exklave Kaliningrad zeigten seine Messgeräte im Oberflächenwasser meist deutlich mehr als 20 Grad Celsius an. Doch bei der Hälfte der Strecke, vor der Kleinstadt Łeba, dort, wo sich das westpommersche Festland am weitesten in die Ostsee schiebt, rutschte das Quecksilber bis fast zur 11-Grad-Marke herab. Dieses Phänomen, so vermutete Alexander von Humboldt, müsse etwas mit kaltem Wasser aus der weit entfernten Polarregion zu tun haben. Es könne durch eine Unterwasserströmung eingetragen worden sein und sich dann ins Oberflächenwasser geschoben haben.

Ob das auch die Realität abbildete, lässt sich fast 200 Jahre später kaum mehr nachvollziehen, klingt aber eher weithergeholt, im übertragenen und im wahrsten Sinne des Wortes. Doch es waren eben feine Beobachtungen wie diese, weniger seine nur punktuellen Messungen selbst, die vielen Generationen von Forschenden nach ihm als Grundlage und Ansporn dienten. Spannender als seine Gedanken zu Temperaturunterschieden des Wassers, die Humboldt wahrnahm, waren seine fast beiläufigen Bemerkungen zur Ostsee, die uns an vielen Stellen dieses Kapitels noch begegnen werden. Sie zeigen, dass manche seiner Erkenntnisse bis in die Gegenwart gelten, obwohl er eine noch ganz andere Ostsee vorgefunden hat, als die, auf die wir heutzutage vortreffen.

Wie Strickmuster das Klima veranschaulichen

Schon Alexander von Humboldt wusste, dass die Temperatur der obersten Meeresschicht im Wesentlichen jener der Luft folgt. Sonnenstrahlen erwärmen sowohl die Atmosphäre als auch das Wasser. Da sich beide an der Wasseroberfläche treffen, stehen sie im ständigen Austausch miteinander. Ist die Luft wärmer als das Wasser, gibt sie ihre Energie an die See ab; die Meerestemperaturen steigen. Ist die Luft kühler, läuft der Prozess in die andere Richtung. Die Ostsee ist wie alle Gewässer etwas träger, reagiert immer etwas zeitversetzt, weil ihre dichteren Wassermassen länger brauchen als die dünnere Luft, um sich aufzuheizen oder abzukühlen.

Wir sollten also einen Blick darauf werfen, wie sich die Lufttemperaturen entwickelt haben. Doch statt sich mit geschwungenen Kurven oder sich auftürmenden Balkendiagrammen voller Zahlenwerte und Einheiten quälen zu müssen, können wir auf eine Darstellung des britischen Klimatologen Ed Hawkins zurückgreifen. Seine sogenannten Klimastreifen gibt es seit 2018. Sie sehen aus wie Barcodes, setzen sich aus blauen und roten Streifen zusammen, von denen jeder für ein bestimmtes Jahr steht. Blau spricht für eines, das kälter war als der langjährige Durchschnitt im Referenzzeitraum von 1961 bis 1990, rot zeigt ein wärmeres an. Ist die Farbe eines Streifens blass, so weicht sie nur gering von den Mittelwerten

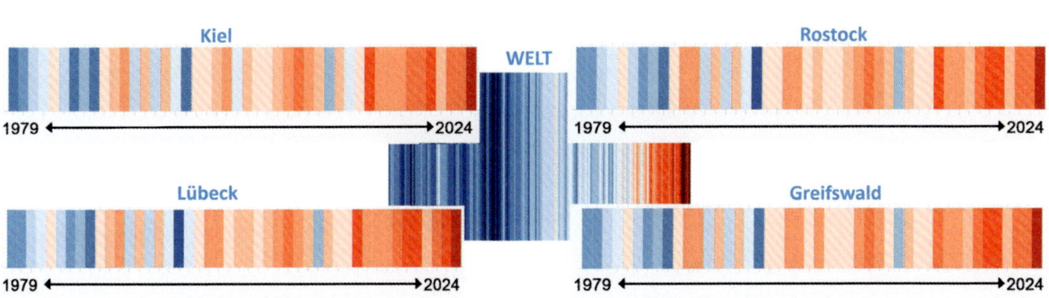

ab. Ein intensives Blau oder Rot deutet hingegen auf einen starken Unterschied zum langjährigen Temperaturmittel hin, was heißt, dass es besonders frostig oder auffällig heiß war.

Die Britin Ellie Highwood, Klimaphysikerin und Kollegin von Ed Hawkins, hat sogar Muster entwickelt, um Decken häkeln oder Schals stricken zu können, die die globalen Klimastreifen abbilden. Ihre Farbmuster zeigen: Der gesamte Planet hat sich erwärmt. Klimastreifen gibt es für alle erdenklichen Orte. Wenn wir Schals für jeden einzelnen stricken würden, sähen sie zum Verwechseln ähnlich aus. Auch für unsere Region gilt: Von Flensburg über Kiel und Lübeck, Wismar oder Rostock bis nach Stralsund und Greifswald, überall ist es wärmer geworden. Das veranschaulichen die Klimastreifen besonders auffällig: Links sind sie noch blau gefärbt, rechts sind sie in Rot getaucht. Während noch in den 1980ern blaue Streifen eindeutig in der Überzahl sind, übernehmen in den 1990ern die roten. Seit dem Jahr 2000 färbt sich das Rot immer wieder mal dunkel; äußerst selten zeigt sich mal ein blauer Einschlag. Kaum ein Jahr liegt also noch unter dem langjährigen Mittel, es sieht aus, als wäre das Klima auf Rekordjagd. In all den Orten an der Ostsee verzeichnet das Jahr 2024 den bis zu diesem Zeitpunkt gültigen Höchstwert, die zwei Grad Celsius und mehr über dem langjährigen Mittel liegen. Dass dies kein Rekord für die Ewigkeit ist, können wir ohne großes Risiko vorhersagen.

Wovon die Ostsee Fieber bekommt

Diese zunehmenden Lufttemperaturen führen zu einem Fieber in dem kleinen Randmeer. Daten des Bundesamtes für Seeschifffahrt und Hydrographie zeigen, dass die Jahresdurchschnittstemperatur der Ostsee 1990 bei 8,07 Grad Celsius lag, 2024 aber schon 9,56 Grad Celsius betrug. Vergleichen wir die Ostsee mit anderen Meeren weltweit, stellen wir fest, dass sie sich mindestens dreimal schneller erwärmt. Im Ostseebecken staut sich die Hitze besonders gut. Wie der Rand einer Badewanne umschließen die Landmassen der neun Anrainerstaaten die Ostsee fast vollkommen, weshalb die Wärme kaum entweichen kann. Außerdem ist sie vergleichsweise klein und flach: Mit 377000 Quadratkilometern ist sie nur ein Müh größer als Deutschland, für ein Meer also winzig. Hinzu kommt, dass sie im Durchschnitt auf gerade mal 52 Meter Tiefe kommt. Zum Vergleich: Der Pazifik ist im Mittel 3940 Meter tief. Wir müssten die

Ostsee 33 000-mal auskippen, um das Pazifikbecken mit Wasser zu füllen. Logisch, dass sie sich schneller erwärmt, so wie ein kleiner Topf mit Wasser auf der Herdplatte auch rascher zu brodeln beginnt als ein großer. Da sich Meerwasser im Gegensatz zu einem Topf jedoch von oben erwärmt, nimmt zunächst die Temperatur der Wasseroberfläche zu und überträgt sich erst später auf die in der Tiefe. Typisch für die Ostsee ist eine Schichtung wie bei einem Latte macchiato. Bei dem italienischen Getränk bildet Milch die untere, hellere Schicht, weil sie schwerer ist als der Espresso, der dunkel darüber liegt. In der Ostsee findet sich oben, bis ungefähr 70 Meter Wassertiefe, leichteres, süßeres Wasser aus den rund 300 Flüssen, die ins Meer fließen. Darunter liegt die schwerere Nordseewasserschicht. Da darin mehr Salz gelöst ist, nimmt die Dichte dieses Wassers zu. Fließt also Nordseewasser in die Ostsee, schiebt es sich unter die leichte Brackwasserschicht. Beim Latte macchiato können wir die schwer zu vermischenden Schichten mit einem langen Löffel durchrüh-

ren. In der Ostsee übernehmen das Stürme, die aber meist nicht so tief reichen, um die klar getrennten Lagen zu durchwirbeln. Sie können nur die obere Ebene gut durchmischen. Da sie nicht ganzjährig wüten und auch die Sonneneinstrahlung mal schwächer, mal stärker ist, schwanken die Temperaturen des Oberflächenwassers je nach Jahreszeit zwischen Werten von zwei bis 20 Grad Celsius sehr stark. Im Tiefenwasser herrschen Temperaturen in einem engeren Bereich zwischen zwei und sechs Grad Celsius, je nach Region.

Interessanterweise ist das Tiefenwasser zum Ende des Winters wärmer als die obere Schicht. Da es aus der Nordsee stammt und dort noch an der

Oberfläche war, stand es bis zum Zeitpunkt des Einströmens in Kontakt mit der Nordseeluft und konnte deren Temperatur annehmen. Meist strömt Nordseewasser zwischen Oktober und April ein, weshalb seine Temperatur im Durchschnitt bei rund fünf Grad Celsius liegt. In der Ostsee sinkt das schwere Nordseewasser ab und steht somit nicht im Austausch mit der Luft über dem Meer. Die Ostsee konserviert an ihrem Grund quasi die Temperatur des Wassers, die es beim Einströmen hatte, während sich das Oberflächenwasser bis zum Winterende auf bis zu zwei Grad abkühlt.

Mit dem Frühling erwärmt sich die Ostseeluft immer mehr, sodass sich im Laufe des Sommers sogar drei klar getrennte Schichten bilden. Die Sonnenstrahlen erwärmen das Oberflächenwasser, wodurch sich eine Deckschicht bis zu einer Tiefe von 20 bis 30 Metern mit höheren Temperaturen bildet. Darunter liegt das kältere Winterwasser als Zwischenschicht, die ihre Temperatur hält. In rund 70 Metern Wassertiefe schließt sich, wie zu allen Jahreszeiten, das kalte Bodenwasser an, das jedoch immer noch wärmer als das Winterwasser darüber ist. In einer Studie hat Leonie Barghorn vom Leibniz-Institut für Ostseeforschung Warnemünde herausgefunden, dass sich diese untere Schicht in manchen Gebieten sogar noch schneller erwärmt als das Oberflächenwasser. Das liegt daran, dass sich Sturmereignisse verschieben. Die Klimaphysikerin konnte berechnen, dass die Salzwassereinströme aus der Nordsee seit den 1920er-Jahren besonders im Herbst merklich zugenommen haben, während sie im Winter seltener geworden sind. Da die Temperaturen im Herbst höhere Werte erreichen als im Winter, schieben sich nun häufiger warme Wassermassen in die Tiefe der Ostsee. Das trifft aber nicht alle Regionen gleich stark: Das Arkonabecken, nordöstlich der Insel Rügen, ist zum Beispiel mit 48 Metern Tiefe so flach, dass Stürme es regelmäßig gut durchmischen können. Das weiter im Osten gelegene Gotlandbecken ist mit bis zu 459 Metern zwar tiefer, aber weit genug entfernt von der Nordsee, sodass die meist relativ schwachen Herbsteinströme deutlich weniger Einfluss haben. Besonders betroffen ist jedoch das Bornholmbecken, das sowohl von der Lage als auch von der Tiefe her genau dazwischen liegt. Der Bodengrund heizt sich auf und macht Plattfischen, Dorschen und anderen Tieren das Leben schwer.

Für die Erwärmung des Oberflächenwassers ist die Luft über der Ostsee verantwortlich, die von verschiedenen, oft tausende Kilometer entfernten Prozessen beeinflusst wird.

Wodurch die ganze Welt die Ostsee beeinflusst

Einen entscheidenden Einflussfaktor auf die Ostsee stellt das Zusammenspiel zweier klimatischer Druckzentren dar, das als Nordatlantische Oszillation bekannt ist. Das Azorenhoch, weit westlich vor Portugal, und das Islandtief, nahe Island, stehen in Wechselwirkung. Ist der Unterschied zwischen beiden besonders groß, kommt es zu einem Druckgefälle, wodurch sich Westwinde in Richtung Ostsee verstärken, ähnlich wie ein steilerer Schneehang auch zu einer stärkeren Lawine führt. Die heftigen Winde bringen wärmere und feuchtere Luft, sodass unsere Winter eher mild und verregnet werden. Ist der Unterschied zwischen den beiden Druckgebieten gering, der imaginäre Hang also nicht so steil, schwächen sich die Westwinde ab. Aus Osten, weit vom sibirischen Festland her, überzieht kalte und trockene Luft den Ostseeraum, was zu einem strengeren, trockeneren Winter führt. Die Nordatlantische Oszillation schwankt meist zwischen zwei bis fünf Jahren, sodass naturgemäß auf wenige milde ein paar strengere Winter folgen.

Ein zweites Klimaphänomen, die sogenannte Atlantische Multidekaden-Oszillation, schwankt sogar in Zeiträumen über 30 bis 90 Jahre hinweg. Seit Mitte der 1990er begünstigt sie eine warme Phase in der Ostsee. Ausschlaggebend ist der Golfstrom am anderen Ende der Welt, der stellenweise den Inhalt von 200 Millionen Badewannen pro Sekunde bewegt. Wie eine riesige Wärmepumpe transportiert er aufgeheiztes Tropenwasser vom Golf von Mexiko entlang der amerikanischen Ostküste gen Norden und wird dort zum Nordatlantikstrom, der bis nach Europa führt. Auf dem Weg gibt das Wasser seine Wärme an die Luft darüber ab. Auch wenn der Nordatlantikstrom selbst die Ostsee gar nicht durchquert, so wabern die warmen Luftmassen aufgrund der Druckgefälle der Nordatlantischen Oszillation dennoch gen Osten.

Jeder, der den Klimawandel als Humbug abtut, wird sich nun bestätigt fühlen, sind es doch diese natürlichen Prozesse, die dazu führen, dass sich die Ostsee derzeit erwärmt. Die Annahme, dass bald eine Kaltphase folgen und die Erwärmung des Meeres stoppen werde, ist zwar sehr beruhigend, aber leider falsch. Prognosen zeigen, dass sich die Erwärmung abschwächt, aber dennoch fortsetzen wird. Denn diese natürlichen Oszillationen machen nur einen Teil der gesamten Wahrheit aus.

Wieso die Ostsee eine Pfütze im Gewächshaus ist

Noch größeren Einfluss auf unser Klima übt unzweifelhaft der natürliche Treibhauseffekt aus, ein Phänomen, das der Franzose Joseph Fourier bereits vor 200 Jahren entdeckt hat. Ähnlich wie die Glasscheiben eines Gewächshauses lässt eine isolierende Atmosphärenschicht den Großteil der Sonnenstrahlen hindurch, wodurch sie auf unseren Planeten gelangen. Strahlen, die wieder nach oben geworfen werden, können aber nur zum Teil durch die isolierende Schicht ins All zurückgelangen. Ohne diesen Effekt wäre unser Planet ein lebensfeindlicher Ort mit durchschnittlichen Temperaturen um die -18 Grad Celsius statt der heutigen rund +15 Grad. Selbst als die letzte große Eiszeit vor etwa 20000 Jahren ihren Höhepunkt erreichte, noch bevor es die Ostsee überhaupt gab, lagen die Durchschnittstemperaturen im Plusbereich.

Doch woraus diese isolierende Schicht besteht, blieb selbst Joseph Fourier verborgen. Dieses Rätsel löste die Amerikanerin Eunice Newton Foote 1856: Sie befüllte Glaszylinder mit normaler Luft, andere mit Kohlendioxid und setzte sie der Wärme der Sonne aus. Dabei stellte sie fest, dass Kohlendioxid die Temperatur deutlich stärker erhöht als normale Luft und folglich eine Atmosphäre mit einem erhöhten Anteil dieses Gases die Erde erwärmen müsste. Das natürliche Vorkommen dieser Gase in der Luft blieb über Jahrtausende weitestgehend gleichmäßig, mit nur geringen Schwankungen. Es war ein gut orchestriertes Zusammenspiel der Atmosphäre mit Pflanzen, Tieren und Mikroorganismen, mit Meeren, Seen und Flüssen sowie mit der Erdkruste samt Bergen, Tälern und Vulkanen. Durch ihren Austausch gelangten nur so viele Treibhausgase in die Luft, wie sie auch wieder eingefangen wurden. Überschüssigen Kohlenstoff nahmen abgestorbene Pflanzen und Tiere mit in den Erdboden oder auf

Chemische Fabrik in Bramow bei Rostock, um 1890

den Meeresgrund, wo sie über Millionen von Jahren unter bestimmten Bedingungen nicht vollständig zersetzt und in Form von Braun- und Steinkohle, Erdöl und Erdgas gespeichert wurden.

Dann erkannte die Menschheit, dass Energie in diesen fossilen Stoffen steckt und sich damit wunderbar Dampfmaschinen, später auch Dampfturbinen und Motoren, füttern ließen. Egal ob Joseph Fourier, Eunice Newton Foote oder Alexander von Humboldt: Sie alle sahen im 19. Jahrhundert bereits Rauchwolken aus riesigen Schornsteinen der Fabriken aufsteigen. Doch erst nach ihren Lebzeiten nahm die industrielle Revolution so richtig Fahrt auf. Spätestens seit dem 20. Jahrhundert verbrannte die Menschheit in extrem kurzer Zeit unvorstellbare Mengen der fossilen Energieträger, die über Jahrmillionen gespeichert gewesen waren. Damit erzeugte man nun Strom, betrieb Heizungen, bewegte Autos, Schiffe sowie Flugzeuge und stellte Kunststoffe, Medikamente und weitere Produkte aller Art her. So kommt zum natürlichen Treibhauseffekt ein menschengemachter hinzu, der für mehr als die Hälfte des Ostseefiebers verantwortlich ist. Wenn wir uns weiterhin wie bisher verhalten, wird sich die Konzentration von Treibhausgasen im Vergleich zur vorindustriellen Zeit in wenigen Jahren verdoppelt haben. Die dickere Atmosphärenschicht staut mehr Wärme, der Planet beginnt zu schwitzen und überträgt sein Fieber auch auf das Meerwasser.

Hinzu kommen zeitlich begrenzte Fieberschübe, sogenannte marine Hitzewellen, die in den vergangenen 100 Jahren zugenommen haben. Davon spricht die Forschung, wenn sich das Wasser über eine Zeit ungewöhnlich stark erwärmt, ähnlich wie wir es auch für die Luft kennen. In der Ostsee ist dieses Phänomen noch nicht lange bekannt. Erstmals haben Matthias Gröger und Markus Meier vom Leibniz-Institut für Ostseeforschung Warnemünde Untersuchungen dazu gemeinsam mit weiteren Kollegen 2024 veröffentlicht. Marine Hitzewellen entstehen gehäuft im Sommer, verursacht durch Hochdrucklagen über Skandinavien, nicht nur durch die von der Sonne aufgeheizte Luft, sondern auch durch außergewöhnlich schwache Winde. Das erhitzte Oberflächenwasser vermischt sich kaum mit dem kälteren Wasser darunter; die Wärme staut sich. Marine Hitzewellen gibt es aber auch im Winter, vor allem unter dem Einfluss der aktuellen Warmphase. Ob hier der Klimawandel gleichfalls eine Rolle bei der Entstehung der Hitzewallungen im Meer spielt, ist wahrscheinlich, aber noch nicht bewiesen.

Die derzeitige Warmphase entsteht noch durch ein anderes vom Menschen beeinflusstes Phänomen, das Studien des Leibniz-Instituts für Ostseeforschung Warnemünde 2025 bestätigen konnten. Genauso lange wie Treibhausgase blasen Industrie und Verkehr auch sogenannte Aerosole in die Luft. Darunter versteht man feste und flüssige Schwebeteilchen aus Rauch, Asche und Staub. Wie ein Schleier liegen sie in der Atmosphäre und schaden der Gesundheit allen Lebens auf dem Planeten. Kurioserweise haben sie aber auch einen kühlenden Effekt, weil sie zum Beispiel Sonnenstrahlen zurückwerfen, noch bevor sie die Erde erwärmen können. Da die Menschheit viel unternommen hat, Aerosol-Emissionen aufgrund ihrer gesundheitsschädlichen Eigenschaften zu verringern, lässt der kühlende Effekt immer mehr nach. Über Jahrzehnte hinweg hat dieser die globale Erwärmung also verdeckt, sodass nun nach und nach das wahre Ausmaß der Treibhausgas-Ausstöße zum Vorschein kommt.

So leidet die Ostsee an einem Fieber, verursacht durch natürliche Klimaprozesse auf der einen Seite und menschengemachte Treibhausgase und Aerosole auf der anderen Seite. Infolge leidet auch die marine Natur, was sich besonders bei den heimischen Robben, den Akrobaten der Wellen, zeigt, die auf vielfältige Art und Weise direkt sowie indirekt vom Menschen beeinflusst wurden und werden.

Artenreich: Robben zwischen Kugelhagel und Hitzeschock

Schon seit Jahrtausenden durchstreifen verschiedene Hundsrobbenarten den hohen Norden. Vor rund 12000 Jahren begann die drei Kilometer mächtige Eisdecke, die auf Nordeuropa lag, zu schmelzen.

Ringelrobbenmutter mit Nachwuchs

Später vermischte sich ihr Süßwasser immer wieder mit dem Salzwasser aus dem großen Ozean, wodurch die Ostsee allmählich ihren heutigen Charakter annahm. Als der Atlantik auch Fische, Schnecken und Muscheln brachte, wurde das junge Meer zu einem Paradies für Seehunde, Kegel- und Ringelrobben. Doch mit dem Rückzug des skandinavischen Gletschers drangen die Menschen immer weiter in den Lebensraum der Robben ein, wodurch es zu einem Konkurrenzkampf kam. Zum Ende der Eiszeit war noch alles im Einklang, da die Menschen nur so viele Robben jagten, wie sie zum Leben brauchten, und die Beute allumfassend nutzten. Das Fleisch der Meeressäuger füllte die Mägen der Jäger und ihrer Angehörigen, das wärmespeichernde Robbenfell wurde zu Kleidung und Zelten verarbeitet und Knochen verwandelten sich in Werkzeuge und Kunstgegenstände. Später erkannten die Menschen, dass sie auch Robbenfett nutzen konnten, um Geräte zu schmieren, Leder geschmeidig und wasserdicht zu halten und Öllampen zu befeuern.

Da die Menschen jedoch Netze mit steigender Größe und Boote mit ausgefeilter Technik einsetzten, um so immer mehr Fisch zu fangen, stieg auch die Wahrnehmung von Robben als Konkurrenten. Mitte des 19. Jahrhunderts begannen die Fischereiflotten in den Krieg gegen die Robben zu ziehen. Es kam zu einem regelrechten Abschlachten der Meeressäuger in der gesamten Ostsee. Innerhalb weniger Jahrzehnte sank die Größe der Population von einst bis zu 100 000 Tieren auf noch wenige Tausend.

Für den deutschen Teil der Ostsee ist die Jagd fein säuberlich in Sütterlinschrift auf hunderten losen Seiten in einer unscheinbaren Pappmappe dokumentiert worden. Bekannt ist sie als Stralsunder Seehundakte, die im Archiv der Hansestadt aufbewahrt liegt. Auf der hintersten, ganz vergilbten Seite finden sich Angaben über den bis dato letzten Abschuss eines Seehundes in deutschen Gewässern. Am 21. August 1920 fuhr ein Fischer hinaus in den Zickersee, einer Bucht vor der Küste der Halbinsel Mönchgut am südöstlichen Zipfel von Rügen, um seiner Arbeit nachzugehen. Als er ein Seehundweibchen entdeckte, tauschte er kurzerhand Leinen und Netze gegen sein Gewehr und schoss. Der Fischer hievte das leblose Tier auf seinen Kutter und fuhr zur Küste. Nach einigem Schriftverkehr erhielt er schließlich seine staatlich vereinbarte Prämie von fünf deutschen Papiermark, was einem heutigen Wert von etwa 15 Euro entspricht.

Danach galten die Robbenarten in der deutschen Ostsee als ausgestorben. Als das Umweltbewusstsein in der Nachkriegszeit langsam zunahm, wurde auch die Robbenjagd in Deutschland 1974 und zu anderen Zeitpunkten in allen Ostseeanrainern offiziell verboten. Doch mitten in der Wachstumsphase der Populationen beschlossen Schweden, Finnland und Lettland erneut, Robben zum Abschuss freizugeben.

Durch den Schutz der Meeressäuger konnten sich die Tiere ihren Lebensraum zurückerobern. Mittlerweile gibt es wieder mehr als 70000 Robben an den Küsten der neun Ostseestaaten. Auch wenn sich zum Beispiel Kegelrobben lieber weiter nördlich und östlich aufhalten, wurde die Art im Jahr 2004 erstmals wieder im Greifswalder Bodden gesichtet. Im Jahr 2018 kam dort das erste Kegelrobbenbaby zur Welt, das Forscher jedoch tot auffanden, vermutlich, weil seine Mutter gestört worden war und die Flucht ergriffen hatte. Geburten an der deutschen Küste bleiben selten. Störend ist hierzulande auch das Labyrinth aus Stellnetzen und Reusen, dass den Robben immer wieder zum Verhängnis wird. Ein paar Stupser mit der Nase reichen und schon legt sich das Netz als tödliches Korsett um den Körper. Die Tiere winden sich darin minutenlang, bis sie letztlich ersticken. Das fatale Ausmaß zeigen Meldungen wie die im Herbst 2024: Allein 44 Kegelrobben waren an der Küste Rügens ertrunken, wie Obduktionen des Deutschen Meeresmuseums in Stralsund zeigten, womit in

Junge Kegelrobbe

sehr kurzer Zeit rund jede fünfte Robbe der Region gestorben war. Sehr wahrscheinlich ist: Jemand hatte die Tiere bewusst angelockt, damit sie sich in den Netzen verfingen und verendeten. Die Staatsanwaltschaft ermittelte gegen zwei Tatverdächtige aus dem Fischereimilieu. Glücklicherweise findet seit Jahrzehnten ein Umdenken bei den Fischern statt, sodass eine solche Gräueltat eine Ausnahme bleibt. Viele begrüßen, dass das Umweltministerium Mecklenburg-Vorpommerns nach dem Massentod der Robben Reusen verbot, die keine Einschwimmsperren für Robben haben. Einige Fischer halfen dem Thünen-Institut für Ostseefischerei in Rostock bereits zuvor, verschiedene Möglichkeiten zu testen, damit Robben nicht in Netze geraten. Die Eingänge von Reusen wurden so gebaut, dass noch ähnlich viele Fische wie vorher in die Falle tappen, die Robben aber nicht hineinschwimmen und sich verheddern können. Doch

Erwachsene Kegelrobben

versuchen sie, sich auch von außen durch die Maschen zu beißen, um an den Fisch zu gelangen. Für die zerstörten Netze erhalten die Fischer seit 2020 eine Entschädigung aus den Kassen der Küstenländer.

Auch wenn Robben kaum noch Gewehrkugeln ausweichen müssen und Netze weniger Gefahren bergen, so wirkt nun eine unsichtbare Kraft auf sie ein, die von Jahr zu Jahr stärker wird und sie auf ganz unterschiedliche Weise trifft: die globale Erwärmung. Das beginnt bereits bei der Nahrungssuche von Seehunden, Kegel- und Ringelrobben. Als sogenannte opportunistische Jäger fressen sie zwar nahezu alles, was sie finden, jedoch sind die meisten Beutearten vom Klimawandel bedroht, weil sie mit höheren Temperaturen nicht zurechtkommen. Außerdem nimmt nicht nur die Luft, sondern auch das Meer Kohlendioxid auf und reagiert mit dem Wasser zu Kohlensäure, wie bei einem Sprudelwasser, sodass die Ostsee saurer wird. Darunter leiden Schnecken und Muscheln, eine Leibspeise der Robben, weil sie schlechtere Kalkschalen bilden. Zum Fieber kommt also ein Sodbrennen dazu, beides Symptome, die dazu führen könnten, dass einige Bestände in Zukunft an den Rand des Kollapses geraten werden. Das Buffet der Ostsee würde für alle heimischen Robben deutlich kleiner ausfallen.

Schauen wir uns die drei Arten im Einzelnen an, werden ihre besonderen Herausforderungen im Kampf gegen die klimatischen Veränderungen deutlich. Reisen wir zunächst dorthin, wo die Ostsee über längere Zeit im Jahr von einer Eisschicht bedeckt ist, weit in nördliche und östliche Gefilde. Die Rigabucht und der Finnische Meerbusen sind nach dem Bottnischen Meerbusen Heimat der kleinsten Ostseerobbenart, der Ringelrobbe. Hier, auf der gefrorenen Fläche, folgt ein trächtiges Weibchen seinem Instinkt: Die Krallen seiner Vorderflossen graben sich Stück für Stück in den Schnee, bis eine tiefe Höhle entstanden ist. Bald schon bedeckt Neuschnee das Loch an der Oberfläche fast vollständig und die Höhle tarnt sich im Weiß der weiten Fläche. Sie besitzt einen Geheimgang, der unterirdisch direkt ins Wasser führt, damit das Weibchen jagen oder notfalls flüchten kann. Für ein Neugeborenes bietet der Robbeniglu gleichfalls Schutz, er ist mit zwei Grad Celsius wohlig warm – im Vergleich zu den mehr als -20 Grad draußen. Außerdem schirmt die Höhle das wehrlose Junge vor den Augen hungriger Füchse, Seeadler und Möwen ab. Doch die Konstruktion ist brüchig, der Schnee sehr weich, weil die Winter immer milder werden. So gab es in letzter Zeit Jahre, in denen weniger als 90 Tage mit einer stabilen Eisbedeckung zu beobachten waren, eine kritische Grenze, um eine Höhle bauen zu können. Weibchen mussten ihren Nachwuchs auf dem offenen Eis gebären. Die harschen Temperaturen entkräfteten nicht nur die Jungen, sondern auch die Mütter, sodass Räuber schnell ihre Chance witterten. So sehr die erwachsenen Tiere ihren Nachwuchs zu verteidigen versuchten, deren Tod konnten sie nicht verhindern.

Die Ostsee hat riesige Eisflächen verloren. Seit den 1960er-Jahren sind als Folge klimatischer Veränderungen sogar rund zwei Drittel verschwunden. Hinzu kommt ein natürlicher Prozess, der das Ganze noch verstärkt: der Albedo-Effekt. Das helle Eis nimmt nur etwa 10 Prozent der Wärmeenergie der Sonne auf, es wirft bis zu 90 Prozent der Strahlen wieder zurück. Fehlen aber diese hellen Flächen, kommt das darunterliegende, dunklere Wasser zum Vorschein. Das hat entgegengesetzte Eigenschaften und absorbiert die Sonnenwärme nahezu komplett, ähnlich wie wir im Sommer in einem schwarzen Shirt schneller schwitzen als in einem weißen. Das Meerwasser wird also nochmals aufgeheizt und lässt weitere Eismassen schmelzen, wodurch die Ostsee in einen Teufelskreis gerät.

Durch den Verlust des Eises wird der Hort der einzelgängerischen Ringelrobbe nun aber so klein, dass sie Artgenossen nicht mehr ausweichen kann. Ist das Winter für Winter der Fall, könnte ein Robbenweibchen irgendwann so gestresst sein, dass es zeugungsunfähig wird und der Nachwuchs ausbleibt. Und die Zukunftsaussichten sind leider wenig frostig: Der Ostsee-Klimareport spricht von einem Rückgang der winterlichen Eisbedeckung in der baltischen See von 50 bis 80 Prozent bis zum Jahr 2100.

Der Lebensraum wird nicht nur kleiner; er verschwindet auch immer früher. Seit den 1980er-Jahren beginnt die Schmelzsaison rascher; die Eisflächen ziehen sich im Jahresverlauf schneller zurück. Wenn sich Fressfeinde nähern oder das Eis ein Jungtier nicht mehr tragen kann, muss es ins Wasser, ohne wirklich dafür bereit zu sein. Denn noch trägt es sein Lanugofell, eine weiße Wolle, die auf dem Eis gut gegen Kälte schützt und auch als Tarnung vor Fressfeinden dient. Wenn sich die kleine Robbe nun in die Fluten stürzen muss, saugt sich das Fell voll Wasser, wird schwer und verliert seine wärmeisolierende Funktion, ähnlich wie eine klitschnasse Daunenjacke. Es würde sehr wahrscheinlich sterben. In immer mehr Jahren ist das Eis bereits sechs Wochen nach der meist im März stattfindenden Geburt von Ringelrobbenbabys verschwunden; manchmal dauert es nur noch drei Wochen. Notwendig wären aber mindestens neun, denn so lange braucht ein Junges – auch das des oben beschriebenen Weibchens –, um eine Blubber aufzubauen, eine dicke Fettschicht, die das Lanugofell ersetzt und im kalten Wasser überlebenswichtig ist.

Die Eisdecke über der Ostsee teilen sich Ringelrobben mit den größeren Kegelrobben, die aber auch in Küstengebiete ausweichen. Begleiten wir eine Kegelrobbenmutter an einer steilen Felsküste vor Schweden:

Hier kann sie sicher sein, dass Menschen und andere Räuber kaum eine Möglichkeit haben, ihrem Nachwuchs gefährlich zu werden. Doch der Klimawandel folgt den Tieren auch bis hierher. Der Anstieg des Meeresspiegels als Folge des globalen Fiebers ist ihre größte Herausforderung. In den vergangenen 100 Jahren hat er sich in manchen Gebieten bereits um 20 Zentimeter erhöht, wofür es zwei Gründe gibt: Zum einen tauen die Gletscher, beispielsweise die in Grönland und der Antarktis; Teile dieser Wassermassen schwappen auch in das Ostseebecken. Zum anderen dehnt sich wärmeres Wasser aus, was den Meeresspiegel noch weiter ansteigen lässt. Wenn nun starke Winde wehen, die im Zuge der klimatischen Veränderungen zunehmen, pflügen sie sich in die Ostsee. Je größer die Wassermassen sind, desto höher werden auch die Wellen. Kommen dann Starkregenereignisse hinzu, eine weitere Folge der Erderwärmung, peitscht das Wasser gnadenlos an die Küste. Die Mutter und ihr Junges suchen Schutz in einer Felsspalte, denn noch ist das Kleine kein sicherer Schwimmer. Wenn es jetzt ins Wasser stürzte, hätte es kaum eine Überlebenschance. Viele ereilt dieses Schicksal. Andere Junge bleiben mit Verletzungen zurück, weil das Wasser sie gegen die scharfen Felskanten drückt. Ihre offenen Wunden machen sie anfälliger für Infektionen. Der einst so sichere Ort ist gefährlich geworden.

Doch irgendwann verlieren die Stürme ihre Kraft und die warmen Tage übernehmen, immer häufiger schon dann, wenn die jungen Kegelrobben noch nicht selbstständig sind. An Land wird es so warm, dass die Mutter dringend eine Abkühlung bräuchte, weil sich unter ihrer dicken Blubber die Hitze staut. Das Weibchen gerät in einen inneren Konflikt, da es das Junge an Land nicht alleine lassen kann. Irgendwann hält sie die Hitze nicht mehr aus und muss in die Fluten springen. Das hilflose Robbenbaby beginnt umherzuirren. Nähert es sich fremden Weibchen, stoßen die nur Drohgebärden aus. Und weil die bis zu 300 Kilogramm schweren Bullen untereinander kämpfen, muss das Kleine aufpassen, nicht erdrückt zu werden. Aus Verzweiflung sucht es andere Jungtiere, die das gleiche Schicksal teilen. Die Körpernähe ist wenigstens ein vorübergehender Trost. Kehrt die Mutter wieder aus dem Wasser zurück, hat sie Mühe, ihr Baby aufzuspüren. Stress und Gefahr können es schon weit ins Landesinnere getrieben haben. Und selbst, wenn sie ihren Nachwuchs wiederfinden sollte, so kann schon morgen das Drama von vorne beginnen.

Seehund in typischer Bananenstellung

Reisen wir der dritten und seltensten Robbenart der Ostsee entgegen und machen Halt vor der dänischen Insel Falster. Hier umgibt Wasser viele Sandbänke, wie Gräben eine Burg. In diesem Schutz fühlt sich auch eine Seehundmutter besonders wohl, die es sich dort in der typischen Bananenstellung, mit hochgestrecktem Kopf und Schwanz, gemütlich gemacht hat. So zeigt sie ihrem Nachwuchs und anderen Artgenossen, dass alles sicher ist, und schützt sich zugleich davor, auszukühlen, weil der Großteil ihres Körpers nicht im nassen Sand liegt. Ihr Welpe macht es ihr nach. Im Gegensatz zum Nachwuchs von Ringel- und Kegelrobben kann das Seehundjunge gleich nach der Geburt schwimmen, weshalb der Meeresspiegelanstieg nicht ganz so bedrohlich ist. Allerdings braucht es in den ersten Wochen immer wieder Pausen. Werden die Sandbänke aufgrund des Meeresspiegelanstieges immer häufiger überschwemmt, muss es zu oft ins Wasser, verliert Kraft und droht zu ertrinken.

Einige Sandbänke werden dauerhaft kleiner oder verschwinden ganz. Verlieren Robben ihren Lebensraum, müssen sie zusammenrücken. Seehundmütter und ihre Kleinen sind zwar gesellig, weshalb sie Kolonien von teilweise Dutzenden Tieren bilden, berühren sich aber nicht gerne, reagieren dann sogar aggressiv. Liegen die Artgenossen eng an eng, haben es Viren, Bakterien, Pilze und tierische Schmarotzer zudem leichter, von einem auf ein anderes Tier überzugehen und Krankheiten zu verbreiten.

Um Seehunden, Ringel- und Kegelrobben zu helfen, ja auch um uns selbst zu schützen, müssen wir verstehen, wie der Klimawandel funktioniert.

Wie technische Gehirne ticken

Wenn wir verstehen wollen, wie sehr natürliche Prozesse auf der einen Seite und menschliches Handeln auf der anderen klimatische Veränderungen herbeiführen, müssen wir möglichst weit in die Vergangenheit blicken können. Dieser Aufgabe hat sich Markus Meier verschrieben, der am Leibniz-Institut für Ostseeforschung Warnemünde die Ostsee und ihr Umfeld betrachtet. Um brauchbare Aussagen über das Ostseeklima machen zu können, müsste er möglichst viele Phasen der natürlichen Oszillationen beobachten. Allerdings hat die Forschung dazu erst in den 1990er-Jahren Fahrt aufgenommen. Wirklich beobachten kann der Wissenschaftler also nur die aktuelle Warmphase. Würde er sich ausschließlich darauf beziehen, wäre das so, als hätte man nur eine einzige Szene eines ganzen Films gesehen und behauptete trotzdem, die gesamte Handlung zu verstehen.

Um mehr als die Momentaufnahme zu bekommen, lässt sich Markus Meier vom technischen Fortschritt helfen: Computergestützte Klimamodelle können nicht nur den heutigen Zustand abbilden, sondern auch in die Vergangenheit und in die Zukunft blicken. Wenn der Klimaforscher solche Modelle entwickelt, nutzt er hochkomplexe physikalische Gleichungen, gelöst von leistungsstarken Computern. Anders ausgedrückt: Die Modelle werden mit heutigen Beobachtungsdaten trainiert und spucken dann aus, wie das Klima vor hunderten von Jahren war oder wie es in Zukunft sein könnte. Da es im Ostseeraum eben auch von Phänomenen auf der anderen Seite der Erde beeinflusst wird, sind zunächst globale Modelle wichtig, die gut weltweite Veränderungen anzeigen können. Zoomt man jedoch auf die Ostsee, verschwimmt das Klimabild so sehr, dass nichts mehr zu erkennen ist. Das kleine Meer ist allenfalls ein Pixel in dieser globalen Darstellung. Deshalb entwickelt Markus Meier regionale Klimamodelle. Am Rand werden sie von den globalen Modellen angetrieben; die Eigenschaften der Ostsee sind ebenso berücksichtigt. So zeigt sich ein hochaufgelöstes Bild, das sogar Unterschiede mancher Ostseeregionen offenbart.

Woraus die Neugier Gewissheit zieht

Nun stellt sich die Frage, wie Markus Meier sicher sein kann, dass die Modelle keinen Unsinn simulieren. Zunächst kann er auf die Erfahrung der Wissenschaft setzen. Denn seit Mitte der 1960er-Jahre entwickelte der japanisch-amerikanische Nobelpreisträger Syukuro Manabe gemeinsam mit anderen die ersten Klimamodelle, um einen Blick in die Zukunft zu werfen. Und eben jene Zukunft ist mittlerweile unsere heutige Gegenwart, deren klimatische Bedingungen schon die damals noch relativ einfachen Modelle erstaunlich präzise prognostiziert haben. Seitdem gewannen Computer immer mehr an Kraft und Möglichkeiten, wodurch die Klimamodelle weitaus komplexer werden konnten. Heute schließen sie neben Bedingungen der Atmosphäre außerdem die von Ozeanen, Landmassen, Eisschilden bis hin zum Einfluss des Pflanzenkleides der Erde ein.

Es gibt zudem nicht nur das eine Klimamodell, sondern unzählige, von denen jedes einen eigenen Charakter hat. Auch wenn sie sich in ihren jeweiligen Prognosen geringfügig unterscheiden, zeigen ihre Klimakurven doch alle im Wesentlichen das Gleiche. Meier und sein Team konnten so auch herausfinden, dass die natürlichen Prozesse die heutigen Klimabedingungen nicht einmal zur Hälfte erklären. Den Großteil machen die von der Menschheit produzierten Treibhausgase aus.

Markus Meier kann seine Klimamodelle abgleichen, wenn er sie in die Vergangenheit blicken lässt und ihnen Beobachtungsdaten gegenüberstellt. Die Messwerte von Alexander von Humboldt beispielsweise mögen ein Puzzlestück sein, sind aber zu wenige und zu punktuell. Jedoch war er bei weitem nicht der Einzige, der früher Messungen durchführte, und so gibt es für die Ostsee historische Datenreihen zu Temperatur, Niederschlagsmengen, Windverhältnissen und Pegelständen, die 200 Jahre zurückreichen. Spucken die Modelle ähnliche Werte aus, kann Markus Meier sicher sein, dass die Simulationen stimmen.

Doch innerhalb zweier Jahrhunderte wechseln sich gerade einmal zwei, im besten Falle vier Phasen der Atlantischen Multidekaden-Oszillation ab, wodurch die Handlung des Klimafilmes zwar schon besser nachvollzogen werden kann, aber so richtig ist sie noch nicht zu verstehen. Meier und sein Team müssen also noch weiter zurückschauen und holen sich

Hilfe von Kolleg*innen wie dem Paläoklimatologen und marinen Geologen Helge Arz, der sogenannte natürliche Klimaarchive verwendet. Dabei hilft sowohl die Analyse von Baumringen als auch von Ablagerungen in Seen und Mooren, denn überall in der Natur wird nach und nach Material aufgeschichtet, das voller Klimadaten steckt. In der Ostseeregion können Forschende so meist einige hundert Jahre in die Vergangenheit schauen.

Warum der Meeresgrund ein Zeitstrahl ist

Wer tausende Jahre weit in die Geschichte der Ostsee blicken will, kann ihr buchstäblich auf den Grund gehen, denn der Meeresboden speichert alles. Um ihn zu lesen, holt Helge Arz, unterstützt von einer ganzen Crew, auf Forschungsfahrten Antworten an Bord. Wenn es die unbarmherzige Natur überhaupt zulässt, denn oft stemmen sich Wind und Wellen gegen eine erfolgreiche Bohrung, was auch die Technik ein ums andere Mal versagen lässt. Spielt das Wetter mit, muss alles schnell und präzise gehen. Mit ungeheurer Kraft werden gewaltige Röhren bis zu acht, teilweise auch bis zu 25 Meter tief in den Meeresboden gestoßen. Mit Schwerlastkabeln werden sie an die Oberfläche gekurbelt. Die Crew hievt die Proben an Bord und versammelt sich drumherum. Es ist jedes Mal ein Glücksgefühl für Helge Arz und alle an Bord, den ersten Bohrkern einer Forschungsreise gemeinsam wie ein Geschenk zu entpacken. Diesen Schatz der Ostsee bringt die Schiffsbesatzung sicher verwahrt in langen Kunststoffrohren behutsam an Land.

Der Meeresboden vergisst nicht

Über Jahrzehnte hinweg kamen allein in Warnemünde so viele Bohrkerne zusammen, dass das Forschungsinstitut einen Erweiterungsbau benötigt, um genügend Platz dafür zu schaffen. Zur besseren Handhabung werden die langen Kerne in ein Meter lange Stücke geteilt. In einem riesigen Kühlschrank stapeln sie sich bis unter die Decke. Um zu sehen, was in den schlammigen Zeitzeugen der Ostseegeschichte steckt, müssen die Forschenden die Kerne der Länge nach auftrennen. Das Aufschneiden der Kernbehälter übernehmen zwei Vibrationssägen. Der weiche Inhalt wird meist mit einer Angelsehne durchtrennt. An der Schnittfläche bändern sich unterschiedliche Sedimente in allen vorstellbaren Braun-, Grau- und Schwarztönen. Jede Schicht ist charakteristisch wie ein Fingerabdruck und enthält Mineralien, chemische Spuren und fossile Überbleibsel von einstigen Meerestieren und -pflanzen, die sich zu einer bestimmten Zeit im Meeresboden abgelagert haben. In Bohrkernen der zentralen Ostsee deuten feingeschichtete Sedimente warme Ablagerungsphasen und massige, einheitlich aussehende kältere Zeitabschnitte an.

Fehlen Skeletttteile oder ähnliche Zeugen von Meeresbewohnern der Vergangenheit, müssen die Umweltbedingungen lebensfeindlich gewesen sein. In vielen Schichten gibt es jedoch bestimmte Schnecken oder Muscheln sehr häufig. Sie werden dann als Zeigerarten bezeichnet. So erfahren die Meeresforscher*innen Stück für Stück immer mehr über die bewegte Geschichte der Ostsee. Sie können auch Aussagen zu bestimmten Gebieten des Meeres machen, je nachdem, aus welchem Ostseebecken der Bohrkern stammt.

Um die Sprache der unterschiedlichen Schichten eines Bohrkerns noch besser verstehen zu können, fährt ein spezieller Scanner darüber und misst dabei, wie die Meeresprobe Licht reflektiert und welche chemischen Hauptelemente sich in ihr befinden. Alles, was Tiere nach ihrem Ableben hinterlassen haben, selbst kleinste Fossilreste auf molekularer Ebene, können die Wissenschaftler*innen ebenfalls mit modernen geochemischen Methoden untersuchen. Dadurch lässt sich – viel genauer, als es ein menschliches Auge vermag – bestimmen, welche Farbe und Zusammensetzung eine einzelne Schicht hat. Durch Vergleiche mit zuvor analysierten Kernen können Helge Arz und seine Kolleg*innen Rückschlüsse ziehen. Zwar lassen sich keine genauen Temperaturwerte ermitteln, aber manche ihrer Methoden sind dafür geeignet, annähernd herauszufinden, wie warm oder kalt es vor tausenden Jahren im Vergleich zu heute war.

Hinzu kommen chemische Analysen, deren Ergebnisse sogar mit historischen Großereignissen zusammengebracht werden können. Ein Beispiel ist die Nuklearkatastrophe im damals sowjetischen Tschernobyl 1986. Bei der Zerstörung des Kernkraftwerkes wurden radioaktive Elemente freigesetzt, die über die Luft bis in die Ostsee gelangten. Sie sind noch heute im Meeresboden nachweisbar. Die Schicht eines Bohrkerns, in der es eine hohe Konzentration an radioaktivem Cäsium gibt, zeigt also das Jahr 1986 an. Somit hat Helge Arz einen zeitlichen Bezugspunkt. Kommen weitere hinzu, wie zum Beispiel bestimmte isländische Vulkanausbrüche, deren Aschen bis in die Ostsee verfrachtet wurden, entsteht nach und nach ein Zeitstrahl mit Aussagen über die Umweltbedingungen des Meeres. So kann der Geologe viele Jahrtausende rekonstruieren.

Wohin die Zukunft der Ostsee gehen könnte

Kommen die Modelle zu ähnlichen Aussagen über vergangene Umweltbedingungen, wie beispielsweise einen Wechsel von kalten und warmen Phasen, kann Markus Meier ihnen noch mehr trauen. Nur wer also die Vergangenheit versteht, wird die Gegenwart begreifen und auch die Zukunft beschreiben können. Dabei sind Klimasimulationen nicht mit Wettervorhersagen zu verwechseln. Es geht nicht darum, wie das Wetter an einem bestimmten Tag im Jahr 2100 aussehen wird, denn Modelle sind keine Glaskugel. Vielmehr beschreiben sie, wie das Klima sich über einen längeren Zeitraum unter bestimmten Umweltbedingungen verändern kann. Mit Klimamodellen lassen sich verschiedene Szenarien simulieren, unter anderem je nachdem, wie die Menschheit in der Gegenwart und in der Zukunft handelt beziehungsweise handeln könnte.

Das verheerendste ist das Business-as-Usual-Szenario: Es geht davon aus, dass wir keine weiteren Anstrengungen unternehmen, den Ausstoß von Treibhausgasen zu verringern, und folglich die Emissionen weiter steigen oder zumindest auf dem heutigen hohen Niveau bleiben. Die durchschnittliche Temperatur auf der Erde würde sich bis zum Jahr 2100 um vier bis fünf Grad Celsius erwärmen, im Vergleich zur vorindustriellen Zeit zwischen 1850 und 1900. Das hätte auch für die Ostsee fatale Folgen: Marine Hitzewellen würden sich fast überall ausbreiten – und zwar dauerhaft, sodass wir einzelne gar nicht mehr unterscheiden könnten, wie Modellsimulationen des Leibniz-Instituts für Ostseeforschung Warnemünde zeigen. Pflanzen- und Tierbestände würden stark zurückgehen oder sogar ganz verschwinden. Noch kräftigere und häufigere Extremwetterereignisse überzögen die Region.

Hinzu kommt der Meeresspiegel, der besonders im Süden der Ostsee steigt. Das liegt daran, dass vor allem Skandinavien im Norden von einem bis zu drei Kilometer dicken Eispanzer bedeckt war, der die Landmassen wie ein Trampolin eindrückte. Am Rand, also im Süden, hoben sich dadurch die Landmassen leicht. Als das Eis vor rund 10000 Jahren schmolz, sein Gewicht und somit der Druck nachließ, begannen die Landmassen im Norden hochzufedern. Noch heute hebt sich das Festland Skandinaviens schneller als das Wasser steigt, sodass das Phänomen den Meeresspiegel ausgleicht oder sogar leicht sinken lässt. Am Rand, also im Süden, senken sich die Landmassen ein wenig ab, weshalb der Meeresspiegelanstieg unter anderem an der deutschen Küste im schlimmsten Fall über einen Meter bis zum Ende des Jahrhunderts betragen könnte. In manchen Küstenorten könnte es sogar mehr sein, sodass einigen die Überschwemmung droht. Schon heute hat zum Beispiel das kleine Meschendorf zwischen Rostock und Wismar damit zu kämpfen,

Steilküstenabbruch auf Rügen

dass Sturmfluten und Hochwasser seine Steilküste unterspülen und das Meer Jahr um Jahr bis zu 40 Zentimeter Land frisst. Die Ostsee nagt bereits an privaten Grundstücken. Ohne wirksame Maßnahmen könnte es Meschendorf und viele andere Ortschaften bis zum Ende des Jahrhunderts nicht mehr geben, egal wie viele Millionen Euro die Länder in den Küstenschutz stecken.

Es mag uns beruhigen, dass Expert*innen dieses Horror-Szenario für weniger wahrscheinlich als das Mittlere Szenario halten, bei dem sich die Temperaturunterschiede zur vorindustriellen Zeit zwischen 2,5 und 3,0 Grad Celsius einpendeln. Auch wenn die bereits beschriebenen Folgen weniger drastisch wären, würde die Welt nicht mehr so sein, wie wir sie jetzt kennen. Mehr Hoffnung verbreitet das sogenannte Klimaschutz-Szenario, bei dem die Modelle vorhersagen, dass sich die Durchschnittstemperatur bis Ende des Jahrhunderts weltweit um weniger als 2,0 Grad Celsius erwärmt.

Wieso wir sparen müssen

Damit könnten wir sogar noch das ambitionierteste Ziel des Pariser Klimaabkommens von 2015 erreichen, auf das sich nahezu alle Staaten geeinigt haben. Das bedeutet, dass die Weltgemeinschaft alles zu tun habe, um die Erwärmung auf 1,5 Grad Celsius zu beschränken. Dazu müssten wir ab sofort, besser seit gestern, verhindern, dass Treibhausgase in die Atmosphäre gelangen. Selbst dann würden sich noch Starkregenereignisse und Dürreperioden spürbar abwechseln, ein Temperaturanstieg die Ostsee stressen. Die Folgen wären jedoch überschaubar und eher zu kontrollieren; die Ostsee wäre noch in der Lage, damit umzugehen. Allerdings haben wir dieses Ziel bereits 2024 zum ersten Mal verfehlt, weil die Jahresdurchschnittstemperaturen über der magischen 1,5-Grad-Marke lagen. Die Klimaziele beziehen sich jedoch nicht auf ein einziges Jahr, das eine Ausnahme sein könnte, sondern auf längere Zeiträume von mindestens zwei, besser drei oder mehr Jahrzehnten, in denen die Erhöhung der Durchschnittstemperatur möglichst bei 1,5 Grad Celsius gehalten werden soll. Die Vorsätze sind also einerseits noch erreichbar, andererseits zeigen die vergangenen Jahrzehnte, dass die Durchschnittstemperaturen immer weiter zugenommen haben.

Diesen Trend können wir nur noch aufhalten, indem wir – wie oben bereits erwähnt – die Treibhausgasemissionen stoppen. Das sogenannte Kohlenstoffbudget beschreibt, wie viel Kohlendioxid wir höchstens in die Luft jagen dürften, um die Pariser Klimaziele noch mit einer Wahrscheinlichkeit von 66 Prozent erreichen zu können. Anfang 2020 hatten wir weltweit noch rund 420 Gigatonnen in unserem Kohlendioxid-Portemonnaie. Aktuell geben wir davon aber jedes Jahr mehr als 40 Gigatonnen aus. Rund die Hälfte haben wir also schon investiert, was bedeutet, dass unser Kohlenstoffbudget, wenn alles wie bisher läuft, höchstens noch bis Anfang der 2030er reichen würde.

Nun könnten wir mit dem Finger auf andere Staaten zeigen, die uns verschwenderischer vorkommen. Oder wir schauen in den Spiegel und sehen dort ein Mecklenburg-Vorpommern, dem vom weltweiten Kohlenstoffbudget im Jahr 2022 rund 47 Millionen Tonnen gehörten. Jedes Jahr hat das Küstenland aber in etwa 10 Millionen Tonnen Kohlendioxid in die Luft geblasen. Das Kohlenstoff-Etat ist also so gut wie aufgebraucht. Diese Berechnungen stammen aus einer Studie des Landesverbandes Erneuerbare Energien. Ob es im Nachbarland Schleswig-Holstein ähnlich ist, können wir nur vermuten, da es keine vergleichbaren Untersuchungen gibt. Jedoch deutet vieles darauf hin, dass wir, egal wo wir uns an der deutschen Ostseeküste befinden, in puncto Kohlendioxidausstöße Schulden machen.

Eines ist jetzt schon klar: Um ein Gleichgewicht herzustellen, darf nur so viel Kohlendioxid ausgestoßen werden, wie an anderer Stelle wieder aufgenommen wird. Selbst wenn wir die Treibhausgasemissionen sehr diszipliniert sowie äußerst drastisch runterfahren und auf alles verzichten, was irgendwie geht, werden wir dennoch Treibhausgase produzieren. Trotz aller Anstrengungen bleiben laut Expert*innen mindestens zehn Prozent der Kohlendioxidemissionen schwer vermeidbar, weil Industrie, Verkehr, Landwirtschaft oder Bauwesen immer etwas ausstoßen werden. Für die Restemissionen brauchen wir Lösungen, die es uns ermöglichen, Kohlendioxid aktiv aus der Atmosphäre zu entnehmen. Neben Techniken an Land könnten auch Meere wie die Ostsee dabei helfen. Genau das wird bei der Forschungsmission CDRmare der deutschen Allianz Meeresforschung untersucht, an der mehrere Forschungsinstitute entlang der Ostseeküste und im Landesinneren beteiligt sind und die vom GEOMAR Helmholtz-Zentrum für Ozeanforschung in Kiel koordiniert wird.

Tiefgang: Katja Matthes – das Klima als Puzzlestück

Prof. Dr. Katja Matthes ist Direktorin des GEOMAR Helmholtz-Zentrums für Ozeanforschung Kiel und Professorin für Physik der Atmosphäre. Sie promovierte 2003 an der Freien Universität Berlin im Fachbereich Geowissenschaften als Meteorologin, Forschungsaufenthalte führten sie nach Japan und in die USA. Im Jahr 2007 kehrte sie nach Deutschland zurück. Sie war an der Freien Universität Berlin und am Helmholtz-Zentrum Potsdam für Geoforschung tätig. Beim sechsten Bericht des Weltklimarates (IPCC, Intergovernmental Panel on Climate Change) war sie Mitautorin. Sie engagiert sich für die Ziele der UN-Ozeandekade und ist Vorstandsmitglied der Deutschen Allianz Meeresforschung.

Frau Prof. Dr. Matthes, Sie beschäftigen sich ja schon seit Mitte der 1990er-Jahre intensiv mit dem Klima. Zu der Zeit wusste die Forschung bereits von der globalen Erderwärmung, aber in der Öffentlichkeit war das Thema noch nicht ganz so allumfassend präsent wie heute. Wie kam es, dass Sie sich damit auseinandersetzen wollten?

Ich puzzle tatsächlich sehr gerne in meiner Freizeit, auch im übertragenen Sinne. Ich wollte einfach verstehen, welche Puzzleteile das Klima beeinflussen – und so habe ich in Berlin Meteorologie studiert. Da lag mein Fokus zunächst auf der Hochatmosphäre. Zum Beispiel habe ich mir die Schwankungen im Zyklus der Sonnenflecken angeschaut. Das beeinflusst auch unser Klima. In Modellen konnte ich dann sehen, dass der Ozean auf dieser Zeitskala auch eine ganz entscheidende Rolle spielt. Klimaprozesse kann man einfach nicht verstehen, ohne die Sonne und die Meere zu betrachten.

Es gibt ja schon Überlegungen, im All riesige Sonnenschirme zwischen Sonne und Erde zu positionieren. So könnte ein Teil der Sonneneinstrahlung abgehalten und die Erderwärmung gebremst werden. Das klingt sehr utopisch, ähnlich wie Meere als Kohlenstoffsenken zu nutzen. Doch auf diesem Feld ist die Forschung schon etwas weiter. Wie könnte uns denn das im Kampf gegen den Klimawandel helfen?

Da gibt es ganz verschiedene marine Möglichkeiten. Eine Methode baut auf natürlichen Verwitterungsprozessen in den Meeren auf. In die Ostsee fließen ja sehr viele Flüsse, die alles Mögliche eintragen, unter anderem Gesteinsmehl. Und durch Abbrüche von Kreidefelsen wie auf Rügen wird gleichfalls Gesteinsmehl in die Ostsee eingetragen. Die darin enthaltenen alkalischen Mineralien binden saure Stoffe wie zum Beispiel Kohlensäure. Daraus entstehen als Folge weiterer chemischer Prozesse Karbonate, die im Meerwasser viele hunderte bis hunderttausende Jahre bleiben. Wir schauen uns an, ob wir diesen natürlichen Verwitterungsprozess beschleunigen könnten, indem wir zusätzlich künstlich Gesteinsmehl ins Wasser leiten, sodass die Ostsee oder auch andere Meere mehr Kohlenstoff aufnehmen können. Dazu müssen wir aber genau wissen, ob ein solcher Eingriff in die Natur auch negative Auswirkungen auf das Ökosystem hätte.

Wie testet das GEOMAR das? In die Ostsee dürften Sie ja mit dem fehlenden Wissen und aus rechtlichen Gründen nicht einfach Gesteinsmehl kippen, um zu gucken, was passiert.

Nein, dafür braucht es noch mehr Wissen und es gibt Gesetze, die zu Recht das Einbringen von Stoffen ins Meer untersagen. Wir haben aber eine Versuchsreihe in der Kieler Förde mit sogenannten Mesokosmen. Dabei handelt es sich um zwölf schlauchartige Kunststoffröhren, die zwei Meter breit und bis 3,5 Meter lang sind. Die kann man sich im Grunde wie riesige Reagenzgläser vorstellen. Sie werden an einem schwimmenden Gestell befestigt und ins Wasser

Mesokosmen in der Kieler Förde

gelassen. Dort schließt jede Röhre dann 8000 Liter Wasser aus der Kieler Förde ein, samt allen Nähr- und Schadstoffen sowie Phyto- und Zooplankton, Bakterien und Viren oder Fischlarven. Also eine kleine Ostsee in jeder Röhre. Das Ökosystem drum herum wird dabei nicht beeinflusst. In einen der Behälter tun wir gar nichts. Er dient als Kontrolle, um zu sehen, wie der ganz normale, neutrale Zustand ist. In andere Mesokosmen geben wir verschiedene Gesteinsmehlarten und -mengen und schauen uns an, welche Effekte das auf die Lebewesen und das Wasser hat.

Gibt es da schon erste Ergebnisse?

Ja, im Moment sieht es so aus, dass es funktioniert und wir damit rund ein bis zehn Millionen Tonnen Restemissionen Kohlendioxid einsparen, ohne Negativfolgen für die Umwelt. Noch laufen die Experimente allerdings, weil wir ganz sicher gehen wollen. Parallel schauen wir uns aber auch die Transportfrage an: Hat es einen Effekt, wenn man das Gesteinsmehl einfach mit Lastern an die Küste fährt und es von dort aus ins Meer ablädt? Ist es besser, es in Wasser zu lösen und es dann in tiefere Meeresschichten einzuleiten? Müssten wir das Material mit Schiffen oder Pipelines weiter draußen in die offene See bringen? All diese Fragen der praktischen Umsetzung sind ja neben ökologischen Aspekten auch wichtig.

Dafür sind ja ungeheure Mengen an Gesteinsmehl nötig. Da wir zum Beispiel die Kreidefelsen auf Rügen erhalten wollen, woher soll das ganze Gesteinsmehl denn kommen?

Man könnte Abfallprodukte aus der Zementherstellung benutzen. Außerdem werden momentan jährlich rund zehn Millionen Tonnen Kalk in Deutschland abgebaut. Eingesetzt wird es, um damit Böden zu verbessern, die durch Förderung von Braunkohle in Mitleidenschaft gezogen wurden. Da die Gewinnung von Braunkohle bis spätestens 2038 eingestellt werden soll, stünde viel Kalk zur Verfügung. Doch wichtig ist es, zu ermitteln, wie viel Energie für den Abbau nötig ist. Es bringt ja nichts, einerseits Kohlendioxid im Meer binden zu wollen, es andererseits aber bei der Gewinnung des Gesteinsmehls wieder freizusetzen.

Im Vergleich zu anderen Ressourcen ist die Menge an Gestein ja sehr groß, aber irgendwann in ferner Zukunft könnte auch das knapp werden. Gibt es andere Methoden, die nicht auf dieses Material angewiesen sind?

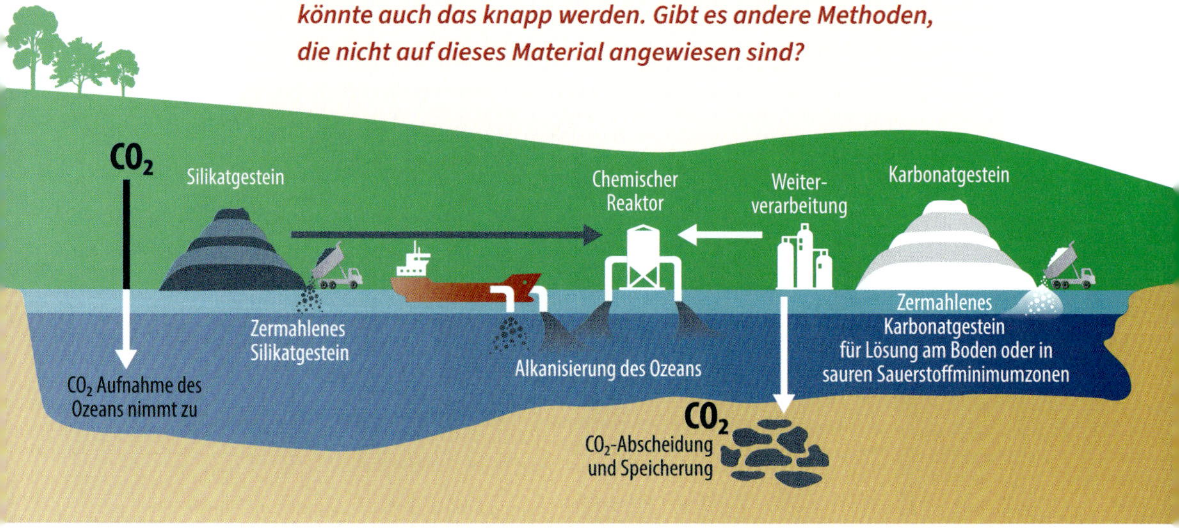

Methoden zur Verklappung von Kohlendioxid im Meer

Ja, das sogenannte Carbon Capture and Storage (CCS). Dabei wird Kohlenstoff aus der Atmosphäre oder direkt von Abgasen der Industrie aufgefangen und anschließend im Meeresgrund eingelagert. Die Idee ist, Kohlendioxid tief im Meeresboden zu verpressen, weil es sich dann in den Poren des Sandgesteins verteilt. Darüber liegende Schichten aus Ton- oder Salzgestein verhindern, dass das Kohlenstoffdioxid wieder austreten kann. Durch chemische Prozesse wird es fest und schwer und kann nicht mehr aus dem Meer entweichen. In Norwegen und Island wird das schon seit mehr als 25 Jahren in Gebieten mit Basaltgesteinen gemacht. Die Niederlande, Dänemark und Großbritannien planen und setzen derzeit ähnliche Projekte um.

Diese geologischen Voraussetzungen gibt es doch bestimmt nicht überall. Sind denn Verpressungen von Kohlendioxid in deutschen Meeresgebieten überhaupt möglich?

Teilweise ja, teilweise nein. In der Nordsee gibt es ein paar Sandsteinformationen, die geeignet sind. Alle potenziellen Gebiete der Nordsee zusammen könnten Berechnungen zufolge 150 Milliarden Tonnen Kohlenstoffdioxid aufnehmen. Die geologischen Formationen in der Ostsee lassen das leider nicht zu. Es gibt eine Studie von Wissenschaftler*innen der Universität Hamburg, die festgestellt haben, dass Eisberge während der letzten Eiszeit riesige Furchen in den Ostseeboden gezogen und große Mengen an Sedimenten abgetragen haben. Dadurch fehlt dieser schützende Deckel auf den porösen Sanden, wodurch der Meeresboden der Ostsee undicht ist. Dort verpresstes Kohlendioxid würde sofort wieder in die Wassersäule austreten. Außerdem gibt es geeignete Sandsteinformationen erst ab mehreren hundert Metern Wassertiefe. Da sind selbst die tiefsten Becken der Ostsee zu flach.

Besteht das Risiko, dass verpresstes Kohlendioxid wieder austritt, auch in den vermutlich geeigneten Meeresgebieten?

Ja, deshalb ist diese Methode sehr umstritten. Das Einpressen bringt Druckveränderungen mit sich. Dadurch können Leckagen, also Löcher oder Risse, im Meeresboden entstehen, durch die das Kohlendioxid zusammen mit Schadstoffen wieder austreten würde. Auch unterseeische Erdbeben wären möglich. Außerdem entsteht Lärm, wenn sich Maschinen tief in den Meeresgrund bohren, um das Gas zu injizieren, der sich negativ auf Meeresbewohner auswirkt. Und es gibt ein Platzproblem, weil wir ja auch Offshore-Windparks ausbauen müssen. Wir können also gar nicht alle geeigneten Flächen nutzen. Aber wir haben zu lange gewartet, unsere Treibhausgasemissionen einzudämmen, sodass wir keine andere Möglichkeit haben, als auch diesen Prozess in Betracht zu ziehen. Wichtig ist eine gute Forschung vorab und eine umfassende Überwachung der Gebiete, sobald dort Kohlendioxid verpresst wird. Irgendwo müssen wir mit unserem Müll hin, und nichts anderes ist dieses Treibhausgas ja letztendlich. Wir können das nicht einfach bei unseren Nachbarn deponieren. Wir müssen selbst für die Entsorgung Verantwortung übernehmen. Immerhin haben wir dieses Gas in die Luft gepustet.

In der Gesellschaft gibt es ja bei vielen die Annahme, dass man nichts mehr machen könne, um den Klimawandel aufzuhalten. Unseren Standard wollen wir aufrechthalten und auf keine Annehmlichkeit verzichten. Dadurch entsteht eine gewisse Ohnmacht, die ich bei Ihnen nicht wahrnehme. Was treibt Sie an, weiter etwas zu tun, um die Folgen des Klimawandels möglichst gering zu halten?

Da die Meere und auch das Land viele Lösungsoptionen bieten, sehe ich das noch sehr optimistisch. Wenn ich mir den Bericht des Weltklimarates anschaue, weiß ich, dass wir es noch in unseren eigenen Händen haben, wie sehr sich der Klimawandel auswirkt. Das hängt von unserem Handeln jetzt ab. Aufgeben ist keine Option. Ich sehe im Einsatz gegen den Klimawandel eine ganz große Chance. Einerseits ökologisch, um mit der Natur wieder mehr in Einklang zu kommen. Leisere Autos oder Fähren, mehr Fahrradfahren, all das tut ja nicht nur der Natur, sondern auch uns gesundheitlich gut. Andererseits ökonomisch, weil sich ja in der Windkraftbranche oder bei der Umsetzung der hier angesprochenen Methoden viele neue Arbeitsfelder ergeben. Es ist eine große gesellschaftliche Transformation nötig, aber die muss nicht belastend sein, sondern kann auch zu mehr Lebensqualität führen. Das treibt mich an, im Alltag und bei meiner Forschung.

Wo Seegras seit tausenden Jahren wächst

Innerhalb der Forschungsmission CDRmare wird auch geschaut, ob vegetationsreiche Küstenökosysteme helfen könnten, Kohlendioxid zu speichern. In der Ostsee kommen dafür nur zwei Möglichkeiten infrage: Algen und Seegräser.

Mit den vielfältigen Algen beschäftigen wir uns im folgenden Kapitel, weshalb wir jetzt einen Blick auf Seegräser werfen wollen, die in der Öffentlichkeit oft als Wunderwaffe gegen den Klimawandel diskutiert werden. Sie sind die einzigen Blütenpflanzen der Ostsee, bestehen aus

sehr einfachen, dünnen, unscheinbaren Blättern und graben sich mit ihren Wurzeln in den Meeresboden. Da sie Sonnenlicht für ihre Fotosynthese brauchen, sind sie vor allem im flachen Wasser entlang der Ostseeküste zuhause. Seegraswiesen nehmen Kohlendioxid und Wasser auf und wandeln beides mit Hilfe der Sonnenkraft zu energiereichen Zuckern um. Diese speichern sie in ihren Pflanzenorganen. Ihre oberirdischen Blätter werfen Seegräser im Herbst allerdings wie ein Laubbaum ab. Die Zucker darin werden von Mikroorganismen teilweise wieder aufgespalten, wodurch Kohlendioxid erneut freigesetzt wird. Der andere Teil sinkt zum Meeresgrund und wird dort längerfristig gespeichert. Die Blätter sind also nur teilweise gute Kohlenstoffspeicher. Effektiver sind die Wurzeln, die sich unterirdisch über ungeschlechtliche Ausläufer klonen können. Die nahezu identischen Nachkommen bilden einen Wurzelteppich, der größer als ein Fußballfeld sein kann. Dadurch können Seegräser sehr alt werden und Kohlenstoff auch über entsprechende Zeiträume fixieren. Die älteste bisher weltweit bekannte Meerespflanze ist ein Seegras, das ein Forschungsteam aus Kiel gemeinsam mit internationalen Kolleg*innen entdeckt hat. Die Pflanze wächst seit über 1400 Jahren in den Schärengärten der Ostsee entlang der finnischen Küste. So könnte sie schon die gerade erst sesshaft gewordenen Familien-Clans gesehen haben, die einst in ausgehöhlten Baumstämmen in den Åland-Archipel hinausfuhren, um über den Meereswiesen zu fischen. Und nun kommen viele Jahrhunderte später Forschende, die ein Stück eben dieses Seegrases mitnehmen, weil sie dessen Alter mit einer völlig neu entwickelten, hochkomplexen Methode bestimmen wollen. Der Projektleiter und weltweit führende Seegrasexperte Thorsten Reusch vom GEOMAR Helmholtz-Zentrum für Ozeanforschung in Kiel schaut dazu in das Erbgut der Pflanze. Immer dann, wenn sich das Seegras geklont hat, gibt es winzige Veränderungen in den Genen der Ableger. Diese Mutationen treten im Laufe der Zeit so regelmäßig auf, wie Uhren ticken. Eine ältere Pflanze hat demnach nicht so viele Mutationen wie eine jüngere. Thorsten Reusch und sein Team haben anhand der Mutationsmuster das hohe Alter des finnischen Ostseegrases sehr exakt bestimmen können.

Woraus Unterwassergärten sind

So sammelt das Seegras fleißig Kohlenstoff am Meeresgrund an. Da die Prozesse sich als vergleichbar erwiesen haben, können wir die

1400 Jahre alter Seegrasklon

Seegraswiesen auch als Moore der Ostsee bezeichnen, obwohl sie nicht ganz so effektiv sind. Geht es nach einer internationalen Studie von 2022, an der auch die Greifswalder Universität beteiligt war, bindet ein Hektar Moor rund 1000 bis 2000 Tonnen Kohlendioxid, während es bei gleichgroßen Seegraswiesen nur 330 Tonnen sind. Wie effektiv speziell Seegräser der Ostsee Kohlendioxid speichern, ist noch weitgehend unbekannt. Expert*innen gehen davon aus, dass sie weniger gut darin sind, weil sie in dem salzarmen Meer an ihren physiologischen Grenzen leben. Außerdem kommen sie mit den schnellen Temperaturerhöhungen nicht gut zurecht. Aus diesen und anderen Gründen sind Seegraswiesen stark geschrumpft. Früher kamen sie in der Ostsee noch in Wassertiefen von 15 Metern vor, heute ist es selten die Hälfte. Die deutsche Küste hat laut Thorsten Reusch seit Beginn des 19. Jahrhunderts rund 60 Prozent ihrer Seegraswiesen verloren.

Es gibt mittlerweile einige Projekte an der Ostseeküste, die Seegräser erforschen. In Schleswig-Holstein wurde bereits ermittelt, wie groß die Unterwasserwiesen sind. Satellitenaufnahmen, Drohnen und Taucherteams mit Schleppkameras haben sie vermessen. Ähnliche Anstrengungen gibt es derzeit in Mecklenburg-Vorpommern. Dadurch lassen sich auch Standorte finden, an denen es möglich wäre, Seegraswiesen wieder anzupflanzen. In Schleswig-Holstein wurden Tauchteams seit 2021 zu Unterwassergärtner*innen, so zum Beispiel im Hafengebiet der Kieler Förde, in der Schleimündung nahe Maasholm und in der Geltinger Bucht. Im Sommer 2025 kamen weitere Seegraswiesen am Wulfener Hals der Insel Fehmarn hinzu. Allein dort pflanzten 60 Freiwillige an sechs Wochenenden mehr als 14000 Triebe. Und auch in Mecklenburg-Vorpommern entstanden im selben Jahr vor der Insel Poel und vor Heiligendamm die ersten aufgeforsteten Flächen. Die Anpflanzungen erfolgen immer nach dem gleichen Prinzip: Der Meeresboden wird zunächst wie ein Schachbrett in kleinere Quadrate aufgeteilt. Dann holen Taucher*innen Seegräser aus einer naheliegenden Spenderwiese und stecken anschließend jede einzelne Pflanze in die Quadrate. Forschende haben bereits herrausgefunden, dass acht Stecklinge in jedem Fall ausreichen, damit ein Quadrat nach einigen Monaten dicht bewachsen ist. Dennoch bleibt der Aufwand so enorm, dass professionelle Tauchteams allein wenig bewegen können. Deshalb bilden sie Interessierte von Tauchvereinen aus, die wiederum

Seegraswiesen - Aufforstung, um Seenadeln und andere Arten zu schützen

weitere Freiwillige schulen können. So soll der Trupp der Unterwassergärtner*innen in den Küstenbundesländern nach und nach wachsen. Die neu geschaffenen Seegraswiesen werden wissenschaftlich begleitet, um herauszufinden, unter welchen Bedingungen sie gut anwachsen. Außerdem schauen sich diverse Forschungseinrichtungen weitere Aspekte an. Das GEOMAR Helmholtz-Zentrum für Ozeanforschung in Kiel zum Beispiel untersucht, wie Seegräser auf bestimmte Umweltbedingungen reagieren. Die Katakomben des GEOMARs durchziehen riesige Wasserbehälter, in denen die Pflanzen gezüchtet werden. Darunter ist ein Super-Seegras, wie Thorsten Reusch es nennt, das eine erhöhte Hitzetoleranz zeigt und somit auch bei steigenden Temperaturen gut wachsen könnte. Auch Samen werden in den Räumlichkeiten gezogen, in der Hoffnung, sie eines Tages in den Meeresboden einbringen zu können, um sich die aufwendige Verpflanzung einzelner Stecklinge zu sparen. Die Christian-Albrechts-Universität zu Kiel kümmert sich um Satelliten, Drohnen und weitere Möglichkeiten, Seegraswiesen aus der Ferne zu erkunden. Das Leibniz-Institut für Ostseeforschung Warnemünde wiederum testet Möglichkeiten, wie die Kohlendioxidaufnahme und -speicherung von Seegräsern gemessen werden kann, um erstmals konkret für die Ostsee abschätzen zu können, wie effektiv diese Pflanzen als Klimaschützer sind. Die Universität Greifswald erforscht, welche Rolle Mikroorganismen dabei spielen, die auf und in den Seegräsern leben. Und die Küsten Union Deutschland mit Sitz in Warnemünde schaut sich an, ob sich die finanziellen Mittel für Seegrasaufforstungen lohnen und wie es um die Akzeptanz solcher Projekte in der Bevölkerung, beim Tourismus und in der Fischerei steht, weil sich Wiesen auch dahin ausbreiten, wo sie mit Menschen in Konflikt geraten könnten.

Selbst wenn noch viel erforscht werden muss, steht fest: Seegräser sind nicht die erhoffte Wunderpflanze gegen den Klimawandel, auch wenn sie einiges an Kohlendioxid aus der Luft ziehen können. Wir können sie aber als echte Multitalente sehen, die der gesamten Ostsee und uns guttun. Breiten sie sich flächendeckend aus, sorgen sie für eine große Artenvielfalt, weil sie Schnecken, Muscheln, Krebsen und Fischen Verstecke bieten. Viele Arten nutzen die Seegräser als Kinderstube. Sie schützen unsere Küste, weil sie Wellen abbremsen, den Boden verfestigen und das Wasser reinigen. Seegraswiesen sind somit unabdingbar für die Gesundheit der Ostsee.

Was die Stadt der Zukunft kann

Die Staatengemeinschaft unserer Erde hat sich im Pariser Abkommen darauf verständigt, in der zweiten Hälfte dieses Jahrhunderts klimaneutral zu sein, ohne ein ganz konkretes Jahr vorzugeben. Dahingehend ist die Europäische Union genauer und legt in ihrem Klimagesetz fest, dass alle Mitgliedsstaaten 2050 klimaneutral sein sollen. Trotz Diskussionen, dieses Jahr auch in der Bundesrepublik als Ziel zu setzen, schreibt das deutsche Klimaschutzgesetz noch 2045 vor.

Nun stellt sich die Frage, wie dieses hehre Ziel erreicht werden kann. Es wird viel davon abhängen, wie wir wohnen, bauen, uns fortbewegen und versorgen. Im Vergleich zu unseren heutigen Städten müssen die der Zukunft ganz andere sein. Eine Stadt sollte die Ideen vieler Länder vereinen und auch Innovationen von Städten entlang der Ostseeküste aufgreifen. Wir rollen durch diese Stadt der Zukunft auf dem Fahrrad. Breite Radwege führen uns durch eine grüne Oase, die bereit ist, Treibhausgase zu inhalieren und unser Klima zu kühlen. Entlang der Hafenkante ist das Wasser so klar, dass wir die dichten Seegraswiesen deutlich sehen können. Wir biegen ab in die pflanzenreichen Hinterhöfe, die zum Verweilen und Erholen einladen. Hilfe bekommen sie von ihren Mitstreitern, die hoch oben auf vielen Gebäuden thronen und ihr Blätterdach gen Sonne richten. In Dachgärten und Gewächshäusern wachsen Obst und Gemüse, die direkt in der Siedlung genutzt werden, wodurch Emissionen durch lange Transportwege vermieden werden. Zusätzlich wird Foodsharing gefördert, durch das Lebensmittel zum Beispiel an Bedürftige weitergegeben werden, statt damit Mülleimer zu füttern. So vermeiden wir auch Treibhausgase, weil weniger bei der Müllverbrennung und der Erzeugung neuer Lebensmittel entstehen.

Die Pflanzenpracht hat richtig Platz sich auszubreiten, denn Mensch und Natur haben sich den Raum zurückerobert. Wie es hier früher aussah, könnte eine Ausstellung zeigen: Sie erzählt von einer Zeit, als sich noch tausende Autos durch die Städte schoben, Lärm verursachten und Abgase in die Luft bliesen. Dass sich metallene Fahrzeuge an den Wegesrändern aufreihten und den Raum vereinnahmten, kann sich kaum noch jemand vorstellen. Nur noch wenige Elektroautos kreuzen mittlerweile unseren Weg, die inzwischen so weit entwickelt sind, dass auch ihre Produktion kaum Auswirkungen auf das Klima hat. Sie bleiben Menschen vorbehalten, die darauf angewiesen sind, weil sie eine Behinderung haben, stehen für Rettungs- und Pflegedienste zur Verfügung oder zum Transport von Waren. Wer nicht in die Pedale treten kann oder schlecht zu Fuß ist, nutzt das ausgebaute Netz aus Bussen und Bahnen.

Wir sind hungrig und machen Halt bei einem Supermarkt, der seinen Namen wirklich verdient hat. Er erinnert an die charmanten Kaufmannsläden längst vergangener Tage, in denen es kaum Verpackungen gab, die bei ihrer Herstellung Energie hätten verschwenden können. Wir zapfen uns aus den langen Röhren alles, was wir brauchen, in unsere mitgebrachten Behältnisse, die sich mit regionalen und saisonalen Produkten füllen. Die kurzen Lieferwege sparen enorm Treibhausgasemissionen ein. Fleisch finden wir kaum noch in den Regalen, da wir verinnerlicht haben, dass es nicht nur darum geht, Tieren auch Rechte zuzugestehen, sondern ein Verzicht zudem Treibhausgase einspart. Ersatzprodukte sind so gut geworden, dass in den Regalen eine bunte Vielfalt angeboten werden kann. Nicht nur bei der Schokolade verzichten wir sowohl auf Kuhmilch als auch auf Öl von Palmen, deren Plantagen den Regenwäldern zigtausende Quadratmeter Fläche geraubt haben, die dann unter anderem fehlten, um Kohlenstoffdioxid aufnehmen zu können.

Radeln wir zum ehemaligen Industriehafen weiter, sehen wir, dass sich die vermeintliche Hässlichkeit der Fabrikgebäude dank moderner Architektur mit einem ganz neuen Charme zeigt. Hier wurden bereits verwendete Fenster, ausgediente Türen genauso wie Abrissteile aus Beton, Plastik oder Glas verbaut. Die Nutzung nachwachsender Rohstoffe wie das Holz der Wälder, die Seggen der Moore oder die Algen der Meere machen die Gebäude hier nicht nur zu Kohlenstoffspeichern, sondern erzeugen auch Wärme, Geborgenheit, Entspannung und Zufriedenheit, ein Lebensgefühl, das in Dänemark „hygge“ genannt wird. Seegras dämpft die Wände und macht die Gebäude klimaeffektiv. Dazu gehört auch, saubere Energie zu nutzen, weshalb eine Bohranlage 200 Meter in den Boden reicht, um die Wohnungen mit Geothermie zu heizen oder zu kühlen. Durch cleveres Bauen wurden tausende Tonnen Kohlendioxid eingespart, die bei einem Abriss und anschließenden Neubau entstanden wären.

Wenn Klimaschutz zur Nebensache wird

Wollen wir aufs Land, nehmen wir die klimafreundlichere Bahn. Durch das modernisierte Schienennetz ist es nun möglich, dass Züge öfter fahren und pünktlich auch in kleinen Orten halten. Auf dem Weg vorbei an Feldern und Wäldern sehen wir Windkraftanlagen, die fast so aussehen wie einstige Mühlen. Wer sie dennoch nicht ästhetisch findet, weiß, dass wir sie brauchen und Kohlekraftwerke keine Alternative wären, sei es energietechnisch oder optisch. Die Windkraftparks sind Teil der Gemeinden, Bürger*innen wurden bei ihrer Planung beteiligt, die Kommune profitiert vom grünen Strom. Durch technische Verbesserung sind die Rotoren deutlich leiser geworden. Kameras mit KI-Systemen erkennen herannahende Vögel und veranlassen das Windrad, sich so langsam zu drehen, dass Seeadler und Rotmilan unbeschadet hindurchfliegen können. Der störende Diskoeffekt, der durch die Reflektion des Sonnenlichtes auf den Rotorblättern entsteht, ist durch matte Beschichtungen und langsamere Drehzahlen passé. Es gibt genügend Speicher, die den erzeugten Strom auffangen und die Haushalte in der Nähe speisen, auch wenn mal kein Wind weht. Der sogenannte Zappelstrom, der mal da ist und mal nicht, gehört längst der Vergangenheit an.

Sollte mal länger eine Windflaute herrschen, helfen die Solarfelder, die Sonnenstrahlen nutzen und sie in Strom umwandeln. Im Dorf der Zukunft angekommen, bedecken Solarpaneele auch die Dachschindeln der Häuser, Balkonkraftwerke befinden sich an allen Brüstungen. Irgendwann hat hier jemand damit angefangen und Neugier geweckt. Nun versorgt sich jeder Haushalt selbst mit Strom, weil es langfristig weniger Geld kostet und unabhängiger von Netzbetreibern macht.

In der Stadt der Zukunft und auch im modernen ländlichen Raum denken die Menschen gar nicht an Klimaschutz. Er passiert im Grunde nebenbei. Der Lebensraum ist so gestaltet, dass er die Bedürfnisse der Menschen und der Umwelt gleichermaßen erfüllt. Nachhaltigkeit bedeutet hier nicht Verbot, sondern Möglichkeiten. Solche Orte mögen wie ein utopisches Paradies wirken, jedoch gibt es all die hier beschriebenen Ideen bereits, überall entlang der Ostseeküste und anderswo. In unserer heutigen Welt mögen sie noch Inseln sein, die sich aber mehr und mehr ausbreiten und miteinander verbinden können. Das mag Geld kosten, doch können wir uns vergegenwärtigen, dass die Folgen des Klimawandels schon jetzt weltweit rund 500 Milliarden Euro jährlich verschlingen. Um die Probleme zu lösen, bräuchten wir 100 Milliarden jährlich. Es ist also schon allein wirtschaftlich vernünftig, in den Klimaschutz zu investieren. „Schwieriges erscheint mir nie unmöglich", hatte Alexander von Humboldt mal gesagt. Sicher hätte er die Stadt der Zukunft ähnlich spannend gefunden wie den Regenwald Südamerikas. Er wäre ihr entgegengereist, um die Faszination des Unbekannten zu erforschen.

Wind- und Sonnenernte bei Heiligenhafen

Gotland, umringt von
Cyanobakterien-Blüten

KAPITEL

VÖLLEGEFÜHL 2

Wenn Fotografie das Meer festhält

Das erste Fotobuch der Welt zeigt keine Porträts berühmter Personen, Abbildungen sagenhafter Landschaften oder Schnappschüsse architektonischer Meisterleistungen; es fängt nicht etwa den Alltag in entlegenen Winkeln ein oder hält Reisen ans andere Ende der Welt fest. Das erste Fotobuch der Welt ist eine aufwendige Sammlung voller Aufnahmen von Meeresalgen. Es erblickte 1843 das Licht der Welt, bekam den Namen „Photographs of British Algae: Cyanotype Impressions“ und verknüpft den Kosmos der Algen mit einer besonderen Fototechnik. Hinter diesem Meisterwerk steckt die Engländerin Anna Atkins, die sich an der Küste der Grafschaft Kent – dort, wo der Ärmelkanal den offenen Atlantik mit der Nordsee verbindet – in die Botanik verliebte. Wo genau das originale Fotobuch nun ist, wissen wir nicht genau; auch nicht, in welcher Auflage Anna Atkins weitere herstellte. Erhalten sind heute noch dreizehn Exemplare; die meisten davon schmücken die Archive der bekanntesten Bibliotheken, Gesellschaften und Museen in Großbritannien, den Niederlanden und den Vereinigten Staaten von Amerika. Da Druckerpressen zu jener Zeit nur gesetzte Buchstaben, jedoch keine Fotos vervielfältigen konnten, musste Anna Atkins jedes einzelne Buch mühevoll per Hand selbst kreieren.

Die Entstehung der Bücher ist so ungewöhnlich wie ihr Inhalt selbst. Nach dem Tod der Mutter knüpften Anna Atkins und ihr Vater John George Children ein enges Band, das ohne gesellschaftliche Zwänge gewebt wurde. Der alte Herr war begeisterter Naturforscher und gab all seine Erkenntnisse aus Vorträgen, Gesprächen, Buchrecherchen und Experimenten im Kellerlabor des Wohnhauses an sein einziges Kind weiter, zu einer Zeit, als die Türen viktorianischer Universitäten für Frauen verschlossen blieben. Zuhause ließ Anna Atkins die Formenvielfalt der Flora und Fauna erst durch ihre Gedanken, dann durch den Bleistift auf Papier fließen. Eines Tages übersetzte ihr Vater ein Werk über Muscheln vom Französischen ins Englische, aus der Feder von Jean-Baptiste de Lamarck, jenem berühmten Mann, der den Begriff Biologie prägte. Anna Atkins steuerte über 200 Illustrationen bei, die nicht nur Muscheln detailgetreu wiedergaben, sondern auch ihr besonderes Talent veranschaulichten. Doch die Kunst-Botanikerin wollte wissen, wie sich die Natur noch einfangen ließ.

Buchseite von Anna Atkins, Mitte des 19. Jahrhunderts

Durch die Kontakte ihres Vaters gingen namenhafte Wissenschaftler und Erfinder im Wohnsitz der kleinen Familie ein und aus. Anna Atkins lernte so Sir John Herschel kennen, der erst kurz zuvor ein Fotografieverfahren namens Zyanotypie entwickelt hatte. Damit besaß sie nun das perfekte Instrument, um Algen abzulichten. Sie selbst schrieb: „Weil es sehr schwierig ist, exakte Zeichnungen so kleiner und zarter Objekte wie Algen anzufertigen, wandte ich mich der Zyanotypie zu.“ Dennoch war der Prozess äußerst herausfordernd: Es gab keine Kamera und somit auch keinen Auslöser, den Anna Atkins einfach hätte drücken können. Die akribischen Vorbereitungen für die Fotografien begannen damit, dass sie einen Schwamm in eine lichtempfindliche Lösung aus Eisenverbindungen eintauchte, mit der sie die Papierbögen gleichmäßig bestrich. Diese hängte sie mit Wäscheklammern an eine Leine, die sich in mehreren Bahnen durch einen abgedunkelten Raum des Anwesens zog. Die Stunden, die das Papier benötigte, um zu trocknen, nutzte Anna Atkins, um sich ihren Fotoobjekten zu widmen. Fein säuberlich befreite sie die zuvor aus dem Meer gefischten Algen von Sand und all den kleinen Kreaturen, die darauf wuchsen. Mit Schere und Pinzette präparierte sie Alge um Alge sorgfältig und strich jede in einer Schüssel voll Wasser auf einem der Bögen glatt, bis sich die Fasern der pflanzenartigen Körper an das Papier schmiegten. Die Zwischenergebnisse kamen in eine Presse.

Nachdem die Präparate ein paar Tage trocknen konnten, ging es von der Dunkel- in die Sonnenkammer. Anna Atkins suchte im Garten einen Platz, der möglichst gleichmäßig von der Sonne beschienen wurde, und legte ihre Algen unter die 150 Millionen Kilometer weit gereisten Strahlen. Es bedurfte einiger Erfahrung – die sich im Laufe der Zeit aneignete –, abschätzen zu können, wann genug Sonnenlicht auf das Präparat geschienen hatte. Wenn es so weit war, nahm Anna Atkins die Algen ab und durfte nun dabei zuschauen, wie sich das Papier durch chemische Reaktionen der Eisenverbindungen verfärbte. Der Hintergrund, den die Algen freigelassen hatten, ging in ein tiefes Blau über, das an den großen Ozean erinnert. Je nachdem, wie fein oder dick die Algenstrukturen waren, hatten sie mal mehr, mal kaum Sonnenstrahlen durchgelassen, weshalb sich ihre Silhouetten weißlich abzeichneten und so ein Kontrast zu ihrer dunkelblauen Umrahmung entstand. Als Resultate erhielt Anna Atkins Negative, auf denen die Algen im Weltmeer zwischen Wissenschaft und Kunst zu schwimmen scheinen. Auf ihren Bildern sind auch viele Arten zu sehen, die schon vor tausenden Jahren ihren Weg von den britischen Küsten in die Ostsee gefunden haben.

Warum Algen den Regenbogen der Ostsee bilden

Die unzähligen Algenarten, die in der Ostsee zuhause sind, bilden keine natürliche Gruppe, manche sind näher mit Landpflanzen verwandt, andere mit Einzellern. Sie sind nicht einmal Pflanzen im eigentlichen Sinne, bilden keine Blüten, haben keine Wurzeln, keinen Spross und keine Blätter. Trotz ihres einfachen Baus konnten Algen sich mehrere hundertmillionen Jahre behaupten und eine beeindruckende Vielfalt entwickeln. Sie lassen sich in zwei große Gruppen einteilen. Zum einen sind das die Makroalgen, die wir mit dem bloßen Auge sehen können und deshalb auf den Aufnahmen von Anna Atkins bewundern dürfen. Zum anderen sprechen wir von Mikroalgen, wenn sie nur aus einer Zelle bestehen und deshalb nur unter dem Mikroskop sichtbar werden. Widmen wir uns zunächst den augenfälligen Exemplaren, bevor wir uns in die Geheimnisse des Unsichtbaren wagen.

Die Abbildungen von Anna Atkins lassen uns die Formen und die Beschaffenheit größerer Algen so genau beobachten, weil sie ein offensichtliches Merkmal ausblenden: die Farbe. Dabei schimmern sie in vielen Tönen, werden aber meist in Braun-, Rot- und Grünalgen eingeteilt. Die wahrscheinlich häufigste Braunalge der Ostsee ist der Blasentang, dessen blattartigen Auswüchse eher olivgrün wirken. Sie zeigen sich gegabelt, zäh wie Leder, so dick wie ein Centstück, und können bis zu einem Meter in die Höhe wachsen. Doch am auffälligsten sind die vielen erbsengroßen Knubbel. Sie enthalten Gase, die deutlich leichter als Ostseewasser sind und dem Blasentang Auftrieb geben. Unten läuft der Blasentang zu einem Stängel zusammen, der in einer Haftscheibe endet. Damit setzt er sich meist auf Felsen, Steinen und Muschelbänken, aber auch auf Pfählen, Buhnen und Mauern fest, um der Strömung zu trotzen.

Eine typische Rotalgenart der Ostsee ist der Rote Horntang, der am Strand wie eine büschelartige Struktur aus einem kräftig blut- bis braunroten Wirrwarr erscheint. Im Wasser aber breiten sich die vielen feinen Verästelungen aus. Mit speziellen wurzelähnlichen Fäden an der Basis klammert er sich an vergleichbare Strukturen wie der Blasentang, bewächst aber auch andere Algen. In seinen Zellen mischt er sein eigenes Antibiotikum, das aus Schwefelkristallen besteht, Mikroorganismen fernhält und Tiere davon abhält, an ihm zu knabbern.

Das strahlende Grün des Meersalats sticht aus den Tangwäldern der Ostsee klar hervor. Die Grünalgenart erinnert stark an einen runden Salatkopf, was ihre großflächigen, gewellten, blattartigen Strukturen unterstreichen. Diese sind hauchdünn, sodass man sehen kann, wie die Sonnenstrahlen hindurchscheinen. Ähnlich wie der Blasentang haftet der Meersalat sich mit einer Art Saugnapf an den Untergrund. Sein Thallus, wie der Körper von Algen genannt wird, ist reich an Nährstoffen, Vitaminen wie auch an Spurenelementen, etwa Eisen und Jod.

Die hier beschriebenen Spezies und alle weiteren sind für die Ostsee wichtig, da ihre Tangwälder wahre Hotspots des Lebens darstellen. Sie geben Krebsen, Schnecken, Seesternen und Fischen ein Zuhause, verstecken sie vor Fressfeinden, filtern Giftstoffe aus dem Wasser, bilden eine wichtige Nahrungsgrundlage und produzieren Sauerstoff. Für uns schützen sie die Küsten, weil sie in der Brandung Wellen abbremsen und verhindern, dass der Meeresboden abgetragen wird. Da sie Kohlenstoffdioxid binden, unterstützen sie auch die im vorherigen Kapitel gepriesenen Seegräser als Klimaschützer.

Wieso Großalgen an Leinen wachsen

Dennoch genießen Großalgen bei uns keinen besonders guten Ruf, weil sie Booten und Schiffen Propeller verstopfen, Ruder umschlingen oder sich in Fischfanggeräten verheddern. Viele Badegäste finden es unangenehm, über glitschige Algenrasen waten zu müssen. Die Füße sinken leicht in den weichen Untergrund, werden von Wedeln umschlungen und melden dem Kopf, dass hier etwas Unheimliches vor sich geht. An den Strand gespült, beginnen die Algen zu verrotten und entziehen sich dem Leben mit fauligem Gestank, der von freigesetzten Schwefelverbindungen stammt. Dort gelten sie, rechtlich gesehen, als Müll, werden weggesammelt und aufwendig entsorgt. Verwendungen für die Algen der Ostsee gibt es im Grunde nicht.

In anderen Kulturen haben sie einen ganz anderen Stellenwert. Die Rotalge Nori zum Beispiel musste dem japanischen Kaiser im achten Jahrhundert sogar als Steuer übergeben werden, lange bevor sie um Sushi gewickelt wurde. Traditionell erhalten koreanische Mütter nach der Geburt ihrer Kinder für einige Wochen Miyeok-guk, eine Seetangsuppe, um

Blasentang gehört zu den Braunalgen

Zierliche Hörnchenalge als Vertreterin der Rotalgen

Trompetenalge als Beispiel für Grünalgen

wieder zu Kräften zu kommen. Um an die Schmerzen der eigenen Mutter zu erinnern, gehört es für viele Koreaner*innen dazu, am Geburtstag ebenfalls eine Schale dieser Suppe zu essen. Die Mapuche Südamerikas sammelten die Cochayuya an den Küsten, um daraus Eintöpfe zu kochen, Stoffe zu färben oder einen Tee aufzubrühen, der die Verdauung fördern und Erkältungen hemmen soll. In Nordamerika trugen die Passamaquoddy Beutel mit Flocken der Rotalge Dulse bei sich. Wenn sie ermüdeten, kauten sie darauf herum. Und die Menschen vieler europäischer Kulturen ließen ihre Kühe, Schafe und Pferde im Spülsaum Algen fressen, besonders dann, wenn im Winter das Weidefutter knapp wurde, so etwa in Schottland, Irland, Island und Norwegen. Die Tradition war bereits verschwunden, wird aber derzeit aufgrund der Diskussion um schädliche Treibhausgase wiederbelebt, weil Vieh, das Algen frisst, wohl weniger Methan ausscheidet.

Wild wachsende Makroalgen werden heute kaum noch gesammelt und genutzt. Stolze 97 Prozent züchtet man mittlerweile in Aquakulturen, meist an Leinen, direkt im Meer; wenige Anlagen gibt es auch an Land, wo riesige Tanks benutzt werden. Das ist zwar aufwendiger, jedoch können die Bedingungen so besser kontrolliert werden. Hauptproduzenten sind asiatische Länder, allen voran China mit jährlich rund 20 Millionen Tonnen. Zum Vergleich: Gerade einmal 290 000 Tonnen züchtet Europa. Hauptsächlich fahren in Frankreich, Norwegen und Irland Boote mit Erntekränen zu den Algenfeldern hinaus, um Stunden später mit dunklen, glänzenden Haufen wieder in den Hafen zu tuckern.

Zierliche Hörnchenalge auf Blasentang

An unserer Ostseeküste gibt es nur wenige Forschungsprojekte: in Kiel, Greifswald, aber auch in Rostock. Der junge Verein „Alles Alge“ untersucht, was es braucht, um Algen unter den speziellen Bedingungen der Ostsee züchten zu können. Dazu testet man verschiedene Standorte. In der Marina Boltenhagen hängt ein Gerät, in dem Algen gezüchtet werden. Allerdings ist zwischen den Booten zu viel los, sodass die Algen nicht gut wachsen. Das größte Testfeld liegt in der Warnow kurz vor der Ostsee zwischen einer Wakeboard-Anlage und dem schwimmenden Schifffahrtsmuseum in Rostock. Vom Steg aus sieht man unter der Wasseroberfläche gespannte Leinen, an die sich Meersalat und Blasentang geheftet haben und wachsen. Ein paar Käfige mit Meersalat, Blasen- und Gabeltang hängen auch im Wieker Bodden. In einem kleinen Labor am Rostocker Stadthafen will der Verein zudem Saatgut ziehen. Noch steht das Projekt ganz am Anfang und verbraucht Fördergelder für Forschungen. Von einem profitablen Anbau ist es bislang weit entfernt. Ehe aus den Algen Nahrungs- und Futtermittelzusätze oder Inhaltsstoffe für kosmetische und pharmazeutische Erzeugnisse werden können, ist es noch ein weiter Weg.

Weshalb kleine Algen Großes bewirken

Wenn das Forschungsschiff „Elisabeth Mann Borgese“ vom Leibniz-Institut für Ostseeforschung Warnemünde in See sticht, sind es nicht die großen, sondern vor allem die kleinen Algen, die es im Visier hat. Die Crew füllt dann kleine Fläschchen an sechs Stationen zwischen der Kieler Bucht im Westen und der Gotlandsee im Osten. Hält man die Behälter gegen das Licht, sieht man, dass das Innere voller Leben ist. Darin tummelt sich das Plankton. Der Name leitet sich aus dem Altgriechischen ab und bedeutet so viel wie „das Umherirrende“, weil die vielen kleinen Geschöpfe kaum gegen Strömungen ankämpfen können und sich im Wasser treiben lassen müssen. Die Einzeller, die in der Lage sind, direkt die Energie der Sonne zu verwerten, also Fotosynthese zu betreiben, fasst die Wissenschaftswelt als Phytoplankton zusammen.

Im Heimathafen angekommen, werden die kleinen Behälter vom Schiff ins Labor gebracht und anschließend unter dem Mikroskop ausgewertet. Susanne Busch, technische Mitarbeiterin in der Arbeitsgruppe Phytoplanktonökologie am Warnemünder Institut, bestimmt dazu jede einzelne Alge und zählt, wie häufig sie in der Probe vorkommt. In manchen Jahren hat sie 165 verschiedene Arten bestimmt. Die Dunkelziffer wird weitaus höher liegen, manche Expert*innen gehen von bis zu 8000 Spezies aus.

Eine Gruppe mit vielen Vertretern bilden die Panzeralgen, die ihren Namen bekamen, weil sie von einem Mosaik einzelner, fester Platten umgeben sind, als trügen sie eine schützende Rüstung. Aus dieser ragen zwei Geißeln heraus, die ihr helfen, sich zu drehen. So kann sie sich durchs Wasser bohren wie eine Schraube, Strömung und Wellen zumindest ein wenig trotzend, und sich außerdem dorthin bewegen, wo es Nährstoffe und Sonnenlicht gibt.

Phytoplankton-Gemeinschaft

Die Kieselalgen sind eine weitere, häufig vorkommende Gruppe. Die Einzeller sind von einer Schutzhülle aus fester Kieselsäure umgeben, aus der auch Glas besteht. Eine größere und eine kleinere Hälfte liegen passgenau aufeinander wie Topf und Deckel. Sie zeigen eine große Formenvielfalt: Manche Arten erinnern an Kissen; andere sehen aus wie Dreiecke, Röhren oder sogar wie Sterne. Gemeinsam mit anderen Arten des Phytoplanktons beleben sie im Frühjahr die ganze Ostsee, denn erst wenn sie sich während der längeren Tage millionenfach vermehren, finden andere in ihnen Nahrung. Sie schmeißen also nach und nach das gesamte Ökosystem an, bis sich ihre Energie auch in den letzten Winkel des Nahrungsnetzes verteilt hat.

7000 Jahre alte Kieselalgen in Kulturfläschchen

Eine große Rolle spielt dabei eine weit verbreitete Art, Skeletonema marinoi, die weniger mit ihrer rundlichen Form als mit ihrer Robustheit überzeugt. Denn die kleine Alge ist in der Lage sich einzukapseln wie der Samen einer Pflanze, der erst später keimen will. Diese sogenannte Dormanz, was übersetzt so viel wie Schlafzustand bedeutet, ist wie eine Art Winterschlaf, bei dem die Alge ihren Stoffwechsel stark runterfährt, um Energie zu sparen und erst dann wieder zu erwachen, wenn die Bedingungen günstig sind. Das kann jedoch wesentlich länger als einen Winter dauern.

Die Warnemünder Meeresbiologin Sarah Bolius hat Individuen dieser Kieselalgenart in einem Bohrkern gefunden, den man 2021 aus dem Gotlandbecken vor der schwedischen Küste aus 240 Metern Tiefe entnommen hat. Altersbestimmungen haben ergeben, dass die Algen darin über 6870 Jahre alt sind. Das klingt spektakulär, allerdings gibt es Fossilfunde, die auf Jahrmillionen kommen. Doch die Meeresbiologin schaffte, was noch nie jemandem zuvor gelang: Sie erweckte die kleinen Algen aus ihrem Dornröschenschlaf. Sie päppelte die Winzlinge auf, indem sie sauerstoffreiches Ostseewasser und ein paar Nährstoffe in kleine Kulturfläschchen gab und sie im Kühlraum des Warnemünder Instituts aufreihte.
Darin herrschen vier Grad Celsius, so wie oft auch in den Tiefenschichten der Ostsee. Nach einiger Zeit war Leben in den Fläschchen; nach tausenden Jahren ohne Licht und Sauerstoff wuselten die Kieselalgen wieder herum. Unvorstellbar, wenn wir bedenken, dass sie schon da waren, als die Steinzeitmenschen entlang der Ostsee erst langsam anfingen, sesshaft zu werden. Es war eine Zeit, in der Skeletonema Zeuginnen wurden, wie sich die Ostsee erst nach und nach bildete. Diese prähistorischen Algen sind wie eine Zeitkapsel, die der Wissenschaft verrät, unter welchen Bedingungen sie gelebt haben. Und da sie wirklich leben, heute, vor den Augen der Wissenschaft, können Sarah Bolius und ihre Kolleg*innen auch ihr Verhalten untersuchen und mit derzeit vorkommenden Artgenossen vergleichen. Wer sie studiert, entschlüsselt ihre Vergangenheit und kann auch die Zukunft der kleinen Kreaturen und der Ostsee abschätzen.
Doch es gibt eine Gruppe, die alle anderen Lebewesen in den Schatten stellt, sogar im wahrsten Sinne des Wortes, wie wir später erfahren werden: die Blaualgen.

Artenreich: Blaualgen bei der Verwandlung des Planeten

Blaualgen sind geheimnisvoll, missverstanden und verwirrend in vielerlei Hinsicht. Das geht schon mit ihrem Namen los. So richtig blau wollen sie nicht aussehen; meist würden wir sie eher als grün bezeichnen. Vor allem die drei am häufigsten in der Ostsee vorkommenden Arten – Nodularia spumigena, Aphanizomenon flos-aqua und Anabaena sp. – erscheinen gelblichgrün, manchmal oliv. Denn bei all diesen Einzellern dominiert der grüne Farbstoff Chlorophyll, der für die Fotosynthese bedeutsam ist. Kommen andere Pigmente dazu, können Blaualgen sogar gelb bis braun aussehen, besonders wenn sie mit dem einsetzenden Herbst absterben und wie ein Laubbaum ihr Grün verlieren. Bei Arten anderer Meere mischt sich manchmal ein Rotton in ihr Erscheinungsbild. Wenn sie aus dem Meer nach oben auf Felsen klettern, werden sie oft als Tintenstriche bezeichnet, weil sie sich dort als violett-schwarze Streifen abzeichnen. Dennoch haben viele Arten einen gewissen Blaustich, der vom Pigment Phycocyanin stammt. Dieser Stoff kann Lichtwellenlängen aufnehmen, die das grüne Chlorophyll nicht einfängt, und so die Fotosyntheseleistung steigern.

Zu ihrem Farbwirrwarr kommt hinzu: Algen sind sie auch nicht. Da sie Fotosynthese betreiben, hat man sie vor Dekaden einfach mit den großen und kleinen Algen in einen Topf geworfen. Zusammen mit den Mikroalgen bilden sie zwar das Phytoplankton, vergleichen wir jedoch die Zellen beider Kreaturen, stellen wir fest, dass es gravierende Unterschiede gibt. Im Gegensatz zu den Kleinstalgen fehlt den Blaualgen ein echter, von einer schützenden Hülle umgebener Zellkern; das Erbgut liegt einfach frei im Zellkörper. Das und viele weitere Merkmale rücken die Blaualgen eindeutig in das Reich der Bakterien, die wesentlich einfacher als die komplexeren Mikroalgen gebaut sind. Deshalb hat sich in der Welt der Wissenschaften der Begriff Cyanobakterien durchgesetzt. Der Vorname „Cyano“ stammt aus dem Altgriechischen und bedeutet so viel wie blaugrün. Zusammen mit dem Nachnamen „Bakterie“ ist das die viel passendere Bezeichnung. Daher machen wir es den Forschenden gleich und nennen die kleinen Farbakrobaten fortan Cyanobakterien, um sie besser von den Mikroalgen unterscheiden zu können.

Cyanobakterien sind wesentlich älter als die Kleinstalgen. Sie schweben schon seit mindestens 3,4 Milliarden Jahren durch das Wasser und zählen damit zu den ersten Lebewesen überhaupt. Das zeigen Untersuchungen von Stomatolithen, geologischen Formationen, die bis zu mehreren Metern auf dem Meeresboden wachsen. Ihre Formen sind vielfältig, manche erinnern an die eines Blumenkohls. Sie bestehen aus Schichten, die sich im Verlauf der Erdgeschichte vornehmlich aus Cyanobakterien gebildet haben. Die äußere Hülle beherbergt noch lebende Einzeller, die kalk- und zuckerhaltigen Schleim absondern. Darin verfangen sich Sedimentpartikel, wodurch mit der Zeit feste Ablagerungen entstehen. So haben sich über Milliarden von Jahren Schichten abgestorbener Cyanobakterien aufgelagert. Je dichter man dem Kern eines Stomatolithen kommt, desto weiter reist man in der Zeit zurück. Die Ostsee ist zu dynamisch, als dass sich solche Formationen in Ruhe bilden könnten. Berühmt für ihre gewaltigen Stomatolithen, die sich dicht an dicht auf dem Meeresgrund zeigen, ist die Shark Bay an der Westküste Australiens. In der Bucht sind sie geschützt vor Fressfeinden und finden auch sonst optimale Bedingungen.

Stromatolithe vor Australien

Ohne Cyanobakterien wäre die Erde ein toter Planet, das Land karg und still. Kein Pflanzengrün würde sich breit machen, kein Insekt durch die Luft schwirren und kein Vogel sein Liedchen trällern. Im Ozean hätten nur ein paar Bakterienarten die Luft mit Kohlenstoffdioxid, Stickstoff, Methan und Ammoniak angereichert. Die Erde muss in diesem Zeitalter unfassbar gestunken haben, abgesehen davon, dass ein Atemzug gar nicht möglich gewesen wäre.

Die Welt sollte sich grundlegend ändern, als Cyanobakterien sich massenhaft vermehrten und begannen, Sonnenstrahlen zu nutzen. Während ihnen dies half, Kohlendioxid und Wasser zu energiereichen Zuckern zusammenzumischen, um sich ihre eigene Nahrung herzustellen, produzierten sie ganz nebenbei das wichtigste Abfallprodukt der Welt: den Sauerstoff. Wenn er in der Zelle verbleibt und dort nicht sofort umgesetzt wird, häuft er sich an und wirkt dann als Gift, das Zellstrukturen zerstören kann. Also geben die kleinen Bakterien den Sauerstoff lieber an das Wasser ab. Und weil die Sonderlinge so emsig waren, reicherte sich das Lebenselixier an und stieg vom Meerwasser in die Atmosphäre hinauf. Erst dann konnten sich Landlebewesen entwickeln, die sich den Sauerstoff aus der Luft schnappten. In ihren Zellen wird es schnell veratmet und dient als das wichtigste Steinchen im Mosaik der Energiegewinnung eines jeden Körpers. Sauerstoff, der nicht in die Zellen gelangt, kann in vierzig Kilometer Höhe aufsteigen und über der Erdoberfläche eine schützende Ozonschicht bilden, die einen Teil der schädlichen Ultraviolett-Strahlung abfängt und so auch das Klima auf der Erde reguliert.

Doch nicht nur wegen des Sauerstoffs sind Cyanobakterien wichtig. Aufgrund ihrer Zucker sind sie wahre Energiebündel und somit beliebte Beute. Schon primitive Urzellen jagten und fraßen sie, um Kraft zu gewinnen. Doch manchmal verdauten sie die Cyanobakterien nicht, sondern kapselten sie in ihrem Zellkörper ein. Die kleinen Passagiere betrieben weiter eifrig Fotosynthese, versorgten die Urzelle mit Energie und genossen selbst den Schutz im Inneren der archaischen Lebewesen. Da beide aus ihrer Beziehung Vorteile zogen, ließen sie sich mit der Zeit auf eine immer größer werdende Abhängigkeit voneinander ein. Das war ein wichtiger Schritt auf dem Weg zu komplexen Zellen; aus Cyanobakterien wurden Chloroplasten, jene winzigen, meist linsenförmigen Zellorganellen voll grünem Chlorophyll, das die Kraft der Sonnenstrahlen für die Fotosynthese einfangen kann. So entstanden aus diesen komplexeren Zellen Algen und Pflanzen aller Art, die bis heute die Erde bevölkern und Nahrungsgrundlage aller Tiere sind.

Aber auch die Cyanobakterien selbst wurden variantenreicher, was wir allein schon anhand ihrer Farbenvielfalt erkennen können. Vom Urozean breiteten sie sich in den Meeren aus, besiedeln jedoch ebenfalls Flüsse und Seen, Teiche und Tümpel, kommen in feuchten Böden und sogar auf Baumrinden und Gestein vor. Selbst unter dem Eis der Antarktis und im Sand der Wüsten sind sie zu finden.

In der Ostsee fühlen sich einige Arten besonders wohl, weil sie genügend Nährstoffe finden wie auch Brackwasser und Wärme lieben. Im Frühjahr kommen sie an die Wasseroberfläche, gemeinsam mit Mikroalgen, mit denen sie um Licht und Nährstoffe konkurrieren. Sie haben eine besondere Form der Fortbewegung, denn im Gegensatz zu Mikroalgen besitzen sie hohle Blasen in ihren Zellen, die sie mit Gasen füllen. Dadurch steigen sie schnurstracks nach oben wie ein Schwarm Heißluftballons, bis direkt an die Wasseroberfläche. Derart nah kommen sonst keine Mikroalgen an die energiespendende Sonne heran, sodass Cyanobakterien nach Belieben Sonnenstrahlen ernten können, solange die See ruhig ist. Deshalb lieben sie auch die tiefe, meist spiegelglatte zentrale Ostsee fernab der Westwinde vom Atlantik. Außerdem verhindern dort die gewaltigen Wassermassen, dass sich Wellen wie an den Küsten, Meeresengen und Buchten der westlichen Ostsee auftürmen und das Wasser durchwühlen. Sollte es doch unruhiger werden, wirbeln die Cyanobakterien einige Meter tief ins Wasser und können, wenn sie schon mal da sind, Nährstoffe einsammeln. Im Gegensatz zu Mikroalgen sind Cyanobakterien in der Lage, Phosphor zu binden, wodurch sie immer einen Proviant dabeihaben, auch dann, wenn der Nährstoff in der oberen Wasserschicht mal knapp werden sollte. Anschließend steigen sie mit Hilfe ihrer Gasbläschen wieder nach oben. So schaffen sie am Tag bis zu dreißig Meter, was in der flachen Ostsee vollkommen ausreicht. Ob sie sogar aktiv zwischen den lichtdurchfluteten und den nährstoffreichen Schichten hin und her wechseln können, bleibt bisher ihr Geheimnis.

Bevor Phosphor ausgeht, ist es wahrscheinlicher, dass Stickstoff in der oberen Wasserschicht zur Mangelware wird, was oft im Spätsommer der Fall ist. Genau dann ist die Zeit der Cyanobakterien gekommen, die

Ostsee zu übernehmen. Sie sind die einzigen Meereslebewesen, die nicht gänzlich auf den Stickstoff im Wasser angewiesen sind, weil sie ihn tatsächlich direkt aus der Luft gewinnen können. Dazu gehen sie aus der Welt des Unsichtbaren ins Reich des Sichtbaren über, in dem sich die mikroskopisch kleinen Bakterien wie eine Perlenschnur zu langen Fäden aufreihen, sich manchmal sogar verzweigen können und zu Klumpen zusammenkommen. Dann sind sie auf der Ostsee von Horizont zu Horizont zu sehen. Obwohl Cyanobakterien nicht im eigentlichen Sinne wie Landpflanzen Blüten bilden, spricht man in der Fachwelt bei diesem massenhaften Vorkommen von Cyanoalgenblüten.

Cyanobakterien unter dem Mikroskop

In der Mitte jedes einzelnen Zellfadens bildet sich dann eine besondere Zelle, die sogenannte Heterocyste. Allein sie ist in der Lage, den Stickstoff aus der Luft aufzunehmen und in verwertbare Verbindungen umzuwandeln. Das gibt den Cyanobakterien einen großen Vorteil, weil die Luft zu gut 78 Prozent aus Stickstoff besteht und damit eine nahezu unerschöpfliche Quelle bietet. Die Heterocyste behält den Stickstoff nicht allein für sich, sondern gibt ihn nach links und rechts ab, bis er sich über den ganzen Zellfaden verteilt. Im Gegenzug erhält sie für den hohen Energieaufwand Zucker, den sie nicht selbst produzieren kann. So teilen sich die Cyanobakterien die Aufgaben und stehen an der Schwelle zu einem mehrzelligen, komplexeren Organismus.

Diese Zellkolonien übernehmen damit eine herausragende Funktion im Meer, weil sie Messungen zufolge bis zu vierzig Prozent an Stickstoff einspeisen. Werden Cyanobakterien vom tierischen Plankton gefressen, das wiederum Beute für Fische und Meeressäuger ist, wird der Stickstoff im Nahrungsnetz verteilt. Die Cyanobakterien, die die Tiere übriglassen, sterben, wenn sich der Sommer dem Ende neigt, sinken zu Boden und versorgen dort weitere Organismen mit Stickstoff. Wir sehen also, dass Cyanobakterien eine Vielzahl von Aufgaben übernehmen und zu Unrecht einen schlechten Ruf haben. Offen bleibt die Frage, warum sie allzu oft so negativ dargestellt werden. Um das zu beantworten, müssen wir uns die Artenzusammensetzung angucken – und die Mechanismen, die dahinterstecken.

Wenn kleine Wesen großflächig dominieren

Cyanobakterien bilden gemeinsam mit Mikro- und Makroalgen also das Fundament des Nahrungsgefüges der Ostsee. Die Energie, die sie durch Fotosynthese aufbauen, verteilt sich im gesamten System, von den kleinsten Krebsen und Larven, Schnecken und Muscheln, über Fische bis hin zu Robben, Schweinswalen und letztlich auch zu uns Menschen.
Im Gegensatz zu den Cyanobakterien haben es Großalgen in der Ostsee von Natur aus schwerer, was vor allem am niedrigen Salzgehalt liegt. Denn die vielen Flüsse und Regengüsse versüßen die Ostsee, während Salzwasser nur im geringen Maße über die engen dänischen Wasserstraßen aus der Nordsee einströmen kann. Folglich kommen im Westen noch rund 18 Gramm Salz auf einen Liter Wasser; im Osten sind es nur noch drei Gramm. Zum Vergleich: Idealerweise hat Wasser, in dem Nudeln kochen, zehn Gramm Salz in einem Liter, was ungefähr der Menge entspricht, die auf einen Teelöffel passt. Die Salzgehalte der Ostsee sind also dermaßen gering, dass Makroalgen langsam wachsen und nie die Größe wie in anderen Meeren erreichen. Dort gibt es Salzgehalte von rund 35 Gramm je Liter, was ein Grund dafür ist, das sich Großalgen dort zur echten Plage entwickeln können. Sie werden massenhaft an die Küsten geschwemmt, bedecken Strände kilometerweit und türmen sich dort zu riesigen Bergen auf. Schon Christoph Kolumbus schrieb 1492 während seiner Überquerung des Atlantiks in seine Logbücher, dass er befürchte, seine Schiffe würden in den riesigen Matten der Braunalge Sargassum stecken bleiben. Satellitenaufnahmen aus dem Jahr 2025 zeigen, dass

sich die Algen auf mehr als 8800 Kilometern zwischen der Westküste Afrikas und dem Golf von Mexiko über eine Fläche von mehr als 6000 Quadratkilometern ausgebreitet haben und auf eine Masse von bis zu 38 Millionen Tonnen kommen.

Während die großen Meere also von Großalgen dominiert werden und eher arm an Phytoplankton sind, zeigt sich in der Ostsee ein genau entgegengesetztes Bild. Viele Mikroalgen- und Cyanobakterienarten kommen mit den niedrigen Salzgehalten gut zurecht. Da sie auf Zellteilung setzen, sich ihre Körper also einfach einschnüren und mehrmals am Tag aus einer Zelle zwei werden, vermehren sie sich in der warmen Jahreszeit so schnell, dass Großalgen gar nicht mithalten können.

Doch die Zusammensetzung der Arten hat sich in den vergangenen Jahrzehnten derart verändern, dass das Gleichgewicht gestört ist. Viele Großalgenarten sind trotz ihres ohnehin geringen Vorkommens stark zurückgegangen. Wenn wir mancherorts eine Zunahme an den Ostseeküsten wahrnehmen, mag das allenfalls daran liegen, dass im Zuge der globalen Erwärmung auch Stürme häufiger und heftiger werden. Sie beschränken sich nicht mehr nur auf Herbst und Winter, können auch in der warmen Jahreszeit wüten. Dabei entreißt die Ostsee dem Meeresgrund mehr Großalgen und spült sie an Land. Das darf uns nicht darüber hinwegtäuschen, dass die Ostsee beispielsweise 90 Prozent ihres Blasentangs verloren hat und die Dominanz des Phytoplanktons überhandnimmt. Dies zeigen auch Phytoplanktonproben, die hier bereits seit 1979 genommen werden.

Teppiche von Cyanobakterien

Für die Ausbreitung von Cyanobakterien ist die Ostsee seit den 1980er-Jahren weltberühmt. Wer sich zudem die aktuellen Satellitenbilder von ihr anschaut, sieht grün leuchtende Bereiche auf der Wasseroberfläche, in die Meeresströmungen geschwungene Wirbel gezeichnet haben. Was nach einem schönen Naturschauspiel aussieht, ist in Wirklichkeit eine besorgniserregende Menge an Cyanobakterien. Die einzeln unsichtbaren Einzeller haben sich in den letzten Jahrzehnten zu derart großen Teppichen zusammengeschlossen, dass sie im Sommer einen Großteil der zentralen Ostsee überziehen. Anke Kremp, Expertin für Mikroalgen am Leibniz-Institut für Ostseeforschung Warnemünde, schaut mit Bedenken auf aktuelle Trends: Mehr und mehr nehmen einige Kieselalgenarten ab, während bestimmte Vertreter aus der Gruppe der Panzergeißelalgen sich verbreiten. Das hat ernstzunehmenden Folgen für das Ökosystem. Es verändert sich nicht nur das gesamte Nahrungsnetz, sondern auch die chemischen und physikalischen Eigenschaften der Ostsee wandeln sich. Die direkten und indirekten Auswirkungen sind so weitreichend, dass wir sie hier zunächst ausklammern, weil wir nahezu ein ganzes Kapitel – das folgende – brauchen werden, um sie darstellen zu können.

Wie Künstliche Intelligenz die Ostsee entschlüsselt

Die Gründe, die zu diesen unnatürlichen Veränderungen geführt haben, sind vielfältig. Zum einen ist da die bereits ausführlich beschriebene Erwärmung der Ostsee. Cyanobakterien zum Beispiel beginnen sich ab Wassertemperaturen um die 18 Grad Celsius zu vermehren. Ab 20 Grad fühlen sie sich richtig wohl. Ihre massenhafte Vermehrung ist also eine Folge des Fiebers und wirkt sich auch an anderer Stelle aus.

Der Mikrobiologe Matthias Labrenz und sein Team haben ein Jahr lang tagtäglich, immer zur selben Zeit nach Sonnenaufgang, bei Wind und Wetter, kleine Fläschchen in den Küstengewässern zwischen Heiligendamm und Rostock befüllt. Die Proben waren Momentaufnahmen, wie kleine Schnappschüsse, die die Artzusammensetzung der Ostsee zeigten. Auch wenn kaum etwas zu sehen war, befanden sich doch in jedem Gefäß nicht nur rund 50 Millionen Einzeller, sondern auch die Rückstände größerer Lebewesen. Das Erbgut aller wurde im Labor entschlüsselt und anschließend einer Künstlichen Intelligenz übergeben. Die wertete die millionenfachen Daten in kürzester Zeit aus und gab an, welche Lebewesen in der Probe vorkamen und wie häufig sie waren. Dabei hat Matthias Labrenz eine erstaunliche Entdeckung gemacht: Immer dann, wenn Cyanobakterien zunehmen, kommen kurze Zeit später auch Vibrionen gehäuft vor. Sterben die Cyanobakterien massenhaft ab, clustern sich die Vibrionen um die Reste herum, fressen sie auf und nutzen die Energie, um sich selbst massenhaft fortzupflanzen.

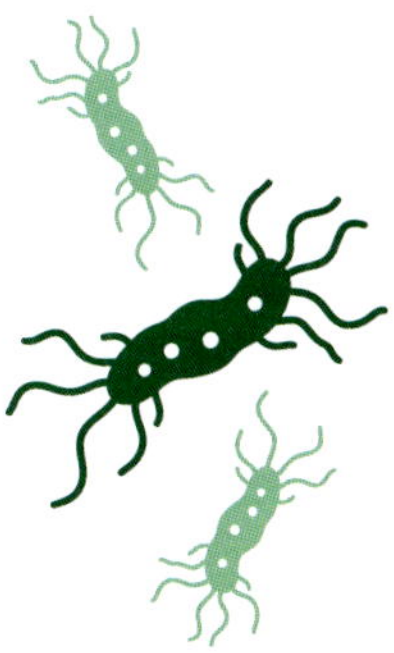

Vibrionen können gefährlich werden, weil sie über offene Wunden in den Körper gelangen. Betroffen sind vor allem ältere Menschen, die Vorerkrankungen haben. Ist ihr Immunsystem geschwächt, zeigt sich eine Vibrionenvergiftung schnell daran, dass eine eher harmlos wirkende Wunde unverhältnismäßig starke Schmerzen verursacht. Dann muss schnell ärztliche Hilfe her, weil eine unbehandelte Blutvergiftung binnen weniger Stunden zum Tod führen kann. In Mecklenburg-Vorpommern gab es seit 2003, nach Angaben des Landesamtes für Gesundheit und Soziales, allerdings weniger als 100 Infektionen, was im Vergleich zu anderen ansteckenden Krankheiten eine geringe Menge ist. Allein die klassische Grippe führt innerhalb eines Jahres zu Ansteckungszahlen, die mindestens zehnmal höher sind. Allerdings führen Vibrioneninfektionen deutlich häufiger zum Tod, weshalb in den letzten zwei Jahrzehnten 13 Menschen starben. Jedes dieser Schicksale ist tragisch, dennoch können wir natürlich nicht von einer Todeswelle sprechen. Wenn die Ostsee im Sommer jedoch künftig darauf zusteuert, die 20 Grad-Marke dauerhaft zu knacken, wird auch die Wahrscheinlichkeit solcher Fälle steigen.

Um dem entgegenzuwirken, hat Matthias Labrenz, Mikrobiologe vom Leibniz-Institut für Ostseeforschung Warnemünde, ein Frühwarnsystem entwickelt, das sich die Eigenschaften von Cyanobakterien zunutze macht. Eine Drohne, ausgestattet mit einer Spektralkamera, fliegt Küstengewässer ab und kann die Farbzusammensetzung des Wassers aufnehmen. Wie wir wissen, haben Algen und Cyanobakterien ganz bestimmte Farbpigmente mehr, andere weniger, sodass sich darüber genau bestimmen lässt, welche Arten zu diesem Zeitpunkt häufiger vorkommen. Innerhalb weniger Minuten schickt die Drohne ihre Daten an das Institut, wo eine weitere Künstliche Intelligenz bei der Auswertung hilft. In sehr kurzer Zeit kann das System automatisch vor einem gehäuften Aufkommen von Cyanobakterien und folglich auch vor Vibrionen warnen. Diese Früherkennung können Tourismusverbände oder Umweltbehörden nutzen, um die Strandgäste zu informieren.

Wovon die Ostsee Bauchschmerzen bekommt

Dass Mikroalgen und Cyanobakterien die Ostsee so stark bevölkern, kann jedoch nicht allein am Klimawandel liegen. Die Einzeller brauchen Nährstoffe, ohne die sie nicht wachsen könnten, selbst wenn die Wassertemperatur optimal wäre. Besonders entscheidend sind Kohlenstoff, Phosphor und Stickstoff. Das gilt für alles Leben auf der Welt, egal ob im Meer oder an Land, unabhängig davon, ob man Einzeller, Pflanze oder Tier ist.

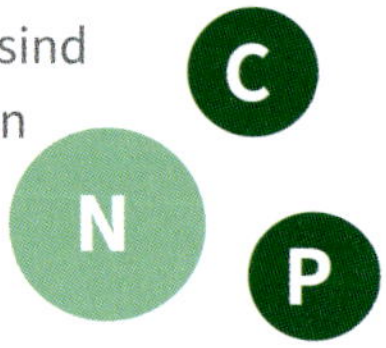

Wir leben in einer Kohlenstoffwelt: All die Lebewesen, die Fotosynthese betreiben, nutzen Kohlenstoffdioxid, um sämtliche Strukturen ihrer Körper aufzubauen. Landpflanzen nehmen es aus der Luft, Algen und Cyanobakterien aus dem Wasser. Sie wandeln es in Zucker, Eiweiße und Fette um, die nichts anderes als aneinandergereihte und verzweigte Gerüste aus Kohlenstoffen sind. Kreaturen, die nicht in der Lage sind, solche hochkomplexen Strukturen zu bauen, fressen die Produzenten und werden ihrerseits zur Beute. So bauen Pflanzen- und Fleischfresser die Kohlenstoffgerüste in ihre Körper ein.

Phosphor ist für sie bedeutsam, weil es als Baustein vieler Strukturen fungiert. Es ist Teil von ATP, einem Energiepaket, das sämtliche Prozesse im Körper abwickelt. Phosphor bildet mit Zuckern das Rückgrat des Erbgutes, das sich als Helix durch jede Zelle all der Lebewesen der Erde zieht. Diese kleinsten lebenden Einheiten sind umschlossen von Membranen aus Fetten, deren Köpfe ebenfalls Phosphor enthalten.

Stickstoff ist ein zentrales Puzzlestück aller Eiweiße: Manche beschleunigen chemische Reaktionen in den Zellen, andere transportieren Stoffe dorthin, wo sie benötigt werden. Außerdem sind sie Teil des DNA-Codes, der jede Eigenschaft einer Art und des Individuums festlegt. Während Pflanzen, Algen und Cyanobakterien alle Bausteine ihrer Eiweiße selbst herstellen, müssen andere Bakterien sowie Tiere einen größeren Teil aufnehmen. Nährstoffe assoziieren wir doch eher mit etwas Gutem, weil sie lebensnotwendig sind. Das Problem der Ostsee ist nur, dass sie völlig überladen damit ist. Woher das Überangebot an Kohlenstoff kommt, haben wir schon im vorangegangenen Kapitel erklärt. Er war auch zuvor vollkommen ausreichend da, ganz im Gegensatz zu den anderen Nährstoffen.

Phosphor und Stickstoff waren Mangelware, wodurch die Ausbreitung des Phytoplanktons auf ein gesundes Maß beschränkt war. Seit Jahrzehnten gelangen von Land jedoch so viele Nährstoffe in die Ostsee, dass sie als eines der belastetsten Meeresgebiete weltweit gilt. Heute sind knapp 94 Prozent der Ostsee überdüngt. Dadurch leidet das Meer unter einem starken Völlegefühl.

Laut Umweltbundesamt haben sich die Stickstoffeinträge aller Staaten von den 1950ern bis in die 1980er versechsfacht, die Phosphoreinträge vervierfacht. Seitdem wurden die Frachten zwar reduziert, aber nicht so stark, wie es die Ostsee zur Gesundung bräuchte. Die eingetragene Nährstofflast bleibt auf einem hohen Niveau und liegt für Phosphor bei jährlich rund 25 000 Tonnen und für Stickstoff bei über 800 000 Tonnen. Seit den 1980er-Jahren untersuchen Forschende aller Ostseeanrainer im Rahmen des Helsinki-Übereinkommens die Nährstoffeinträge. Im Zuge dieses Vertrages haben sich die neun Staaten an der Ostseeküste und die Europäische Union verpflichtet, bestimmte Ziele zum Schutz des Meeres zu erreichen. Im Jahr 2021 wurden die für Nährstoffeinträge neu formuliert: Für Phosphor liegt der Wunschwert bei maximal 20 000 Tonnen im Jahr, für Stickstoff bei 600 000 Tonnen. Diese Vorgaben sind also noch lange nicht erreicht.

Das Problem ist, dass einmal eingeleitete Nährstoffe sehr lange in der von Landmassen eingekesselten Ostsee bleiben. Über 300 Flüsse reichen zwar in die Ostsee, doch aufgrund ihrer Strömungsrichtung tragen sie Nährstoffe nur ein und kaum hinaus. Zunächst sammeln sich große Mengen am Boden der Ostsee in gebundener Form. Herrschen dort sauerstoffarme Bedingungen, laufen chemische Prozesse ab, wodurch Phosphorverbindungen aus dem Sediment gelöst, ans Wasser abgegeben und vom Phytoplankton verspeist werden. Unter Sauerstoffmangel geht ein Teil des gespeicherten Stickstoffs in den gasförmigen Zustand über, steigt im Wasser auf, verflüchtigt sich in der Luft und steht marinen Organismen nicht mehr zur Verfügung. Der andere Teil geht als Nahrung aber nicht verloren. Ist am Meeresboden Sauerstoff vorhanden, werden Mikroorganismen munter, die bestimmte Stickstoffverbindungen freisetzen. Da sich die Umstände in vielen Meeresgebieten der Ostsee ständig ändern, gelangt also mal mehr Phosphor, mal mehr Stickstoff in die Wassersäule. Weil zu viele Nährstoffe im Wasser sind, gibt es auch zu viele Mikroalgen und Cyanobakterien. Sie wachsen so schnell und in derart großen Mengen, dass das Zooplankton – all die kleinen Krebse und Larven – gar nicht so schnell hinterherkommen, sie zu vertilgen. So bleiben große Massen an Phosphor und Stickstoffverbindungen übrig, die ebenfalls am Meeresgrund gespeichert werden. Setzen chemische Prozesse erneut ein, werden sie wieder freigesetzt, sodass ein Teufelskreislauf entsteht, der jedes Jahr erneut zu verheerenden Phytoplanktonblüten führt.

Diese Nährstofflast wird nur sehr langsam aus der Ostsee hinaus durch das Kattegat in den weiten Ozean gespült, wo sie sich in der enormen Wassermasse verteilen kann. Doch die Ostsee vergisst nicht: Hätten wir die Möglichkeit gehabt, Nährstoffe, die allein in den 1980ern in das kleine Meer gesickert sind, knallpink zu färben, würden Boden und Wasser noch immer leuchtend rosa flimmern. Das, was es doch aus der Ostsee geschafft hat, füllen die Einträge von Land wieder auf. Der Hahn müsste zugedreht werden. Vielleicht kann dabei auch die Natur selbst helfen. Denn die Flüsse winden sich durch eine Ostseelandschaft, die geprägt ist von lange unterschätzten Ökosystemen: den Mooren.

NACHGEFRAGT

Tiefgang: Hans Joosten – Botschafter der Moorwelt

Prof. em. Dr. Dr. h.c. Hans Joosten ist als Biologe bereits seit 50 Jahren in der Welt unterwegs, um sich der Moorforschung zu widmen. Als Paläoökologe blickt er auch in die Geschichte, die uns Moorlandschaften erzählen. Er ist Mitbegründer des Greifswald Moor Centrums an der dortigen Universität und Initiator der weltweit größten Moorbibliothek mit zehntausenden Büchern. Im Jahr 2021 erhielt Hans Joosten den Deutschen Umweltpreis; ein Jahr später folgte das Bundesverdienstkreuz – für seine Forschung und sein Engagement zu Moor und Klimaschutz.

Überall, wo Sie sind, versprühen Sie eine besondere Leidenschaft für Moore. Wodurch wurde diese entfacht?

Ich bin in den Niederlanden direkt am Rand eines Moores aufgewachsen. Das Moor war also immer Teil meiner Wirklichkeit. Ernsthaft beschäftigt mit Mooren habe ich mich dann in meinem Studium. Eines Tages im Jahr 1980 war ich zu Forschungszwecken im Moor hinter unserem Haus unterwegs, um mittelalterliche Torfstiche zu untersuchen. Plötzlich bin ich abgerutscht und auf einen Schwingrasen gefallen. Ich wusste, dass der mich nicht halten wird. Ich sank immer tiefer und tiefer ein, versuchte mich an Pfeifengras und Besenheide wieder rauszuziehen, aber die rissen immer ab. Als ich fast bis zum Hals im Moor steckte, dachte ich, dass meine letzte Stunde geschlagen hat. Dann weiß ich nichts mehr. Ich kam irgendwann zu mir und lag am Rand. Ich bin katholisch aufgewachsen und dachte damals wirklich, dass ich von oben gerettet worden war, um noch eine Aufgabe in der Welt zu verrichten. Das war ein Schlüsselerlebnis, mich noch mehr als zuvor den Mooren zu widmen. Erst Jahre später erfuhr ich, dass, wenn man das Bewusstsein verliert, das Kurzzeitgedächtnis gelöscht wird, sodass man sich an nichts mehr erinnern kann. Es war also nicht Gott, sondern ich selbst, der mich aus dem Moor gezogen hat. Dennoch: Die Liebe zu Mooren ist geblieben.

Diese Liebe hat Sie dann auch direkt an die Ostseeküste nach Greifswald gebracht, in eine Region, in der es viele Moore gibt. Norddeutschland gilt ja bundesweit als das Gebiet mit den meisten Mooren. Schaut man mal entlang der Ostseeküste in die Anrainerstaaten, stellt man fest, dass sie alle sehr moorreich sind. Wie kommt diese Verbindung von Moor und Meer zustande?

Beides klingt ja schon einmal sehr ähnlich – und das ist kein Zufall. Meer und Moor gehen auf den gleichen Ursprung zurück und werden in abgewandelter Form auch für See oder Heide verwendet. Diese Wörter sind eng mit dem Konzept der Offenheit verbunden. Als sich die Ostsee vor Tausenden von Jahren gebildet hat, haben sich an ihren Rändern auch

Moore entwickelt. Dass die Menschen damals Ostsee und Moore als Einheit verstanden haben, zeigt sich auch in der lateinischen Bezeichnung der Ostsee als Mare Balticum. Das Wort Mare ist sowohl mit Meer als auch mit Moor verwandt. Der Begriff Balticum wird auch mit Moor in Verbindung gebracht: Das schwedische „blöta“ und das russische „boloto“ gehen wahrscheinlich auf denselben Ursprung zurück. Die Ostsee ist also im Grunde genommen das Meer der Moore.

Diese starke Ähnlichkeit zeigt sich ja auch darin, dass Seegraswiesen gern auf einstigen Mooren wachsen, die von der Ostsee überschwemmt wurden und deren Funktion übernommen haben. Doch Moore gelten als noch effektivere Verwerter des Treibhausgases Kohlendioxid. Wie machen sie das?

Im Prinzip wie ein Glas voller Gurken, konserviert in Wasser. Kommt der Deckel drauf, wird das Ganze luftdicht abgeschlossen, wodurch der Sauerstoff verbraucht wird und die Gurken nicht vergammeln. Moore konservieren abgestorbene Pflanzen, die ja zu Lebzeiten Kohlendioxid aufgenommen haben. In wässergesättigten Mooren herrscht Sauerstoffmangel, wodurch die Pflanzenreste nicht vollständig zersetzt werden. All der Kohlenstoff in den Pflanzenteilen wird so über Jahrtausende als Torf gespeichert. Und weil ein gesundes Moor wächst, legt es fortlaufend Kohlenstoff fest. Doch entlang der Ostsee haben die Menschen 95 Prozent der Moore entwässert, wodurch das nicht zersetzte Pflanzenmaterial mit Luftsauerstoff reagiert und zu den Treibhausgasen Kohlendioxid und Lachgas umgesetzt wird, die den Klimawandel antreiben. Derzeit sind sie also echte Klimakiller. Das müssen wir erst einmal dringend stoppen. Der Effekt zeigt sich schnell: Ein wiedervernässtes Moor hört fast sofort auf, Treibhausgase auszustoßen. „Moor muss nass“, wie ich immer sage.

Und dann können sie also zum Klimaschützer werden?

Ja, vor allem weil die Treibhausgasemissionen sinken. Die Fähigkeit, neuen Kohlenstoff zu speichern, können sie oft auch wieder erlangen, allerdings ist sie deutlich geringer. Moore arbeiten nach dem Slow-in-fast-out-Prinzip. Im Durchschnitt baut ein gesundes Moor einen Millimeter Torf pro Jahr auf, verliert aber einen Zentimeter, wenn es krank ist. Ein naturnahes Moor hilft, unsere Treibhausgasemissionen zu kompensieren, jedoch nur im geringen Maße. Moore werden uns also nicht retten. Das müssen wir schon selbst tun, indem wir unseren Kohlendioxid-Ausstoß drastisch runterfahren. Wenn wir das schaffen, können Moore, ähnlich wie Seegraswiesen, helfen, den winzigen Teil an Restemissionen aufzunehmen, den wir nicht vermeiden können. Im Gegensatz zur Speicherung von Kohlenstoff findet die von Nährstoffen in Mooren kaum Erwähnung in der Öffentlichkeit.

Sind Moore denn in der Lage, das Problem der Überdüngung der Ostsee zu mildern?

Ja, denn Moore sind die Niere der Ostsee. Ein intaktes Moor fängt vieles ab, bevor es ins Meer gelangt. Ins Moor hineinströmende Nitrate werden unter den nassen, sauerstofflosen Bedingungen schnell abgebaut und als molekularer Stickstoff in die Luft entlassen. Dort ist er völlig ungefährlich ist, weil die Atmosphäre ja zu rund 78 Prozent aus Stickstoff besteht. Ist ein Moor aber entwässert, wird der organisch gebundene Stickstoff im Torf unter Einfluss von Sauerstoff zu Nitrat umgewandelt, das über Flüsse in die Ostsee gelangt und dort als Dünger wirkt. Dabei entsteht

Moor im Unteren Peenetal

auch Lachgas, das als starkes Treibhausgas in die Luft geht. Ich habe mal ausgerechnet, dass die entwässerten Moore in der Europäischen Union jährlich so viel Stickstoffverbindungen freisetzen, wie 150 Millionen Menschen, wenn sie ihr Geschäft auf der Toilette machen. Ein krankes Moor steckt also das Meer an, ein gesundes schützt die Ostsee. Zusätzlich wird auf die einstigen Moorflächen, die nun landwirtschaftlich genutzt werden, Dünger gebracht. Was die Pflanzen nicht verwerten, kommt nun auch ins Meer. Dadurch haben wir einen doppelten Dünge-Effekt der Ostsee.

Brauchen wir natürliche Moore auch deshalb, damit neben Stickstoff weniger Phosphor in die Ostsee strömt?

Nasse Moore nehmen mit der Torfbildung auch Phosphor auf, weil der ja auch in Pflanzenorganen steckt. In einem entwässerten, landwirtschaftlich genutzten Moor sieht es anders aus: Ein Teil des gedüngten Phosphors wird ausgespült, ein Teil im entwässerten Torf chemisch gebunden. Dieser Phosphor kann nach Wiedervernässung unter sauerstofffreien Bedingungen wieder entlassen werden, aber in welchen Mengen, ist von vielen Faktoren wie vom Eisengehalt des Bodens abhängig. Ein wiedervernässtes Moor setzt generell nicht mehr Phosphor frei als ein entwässertes. Und wir können davon ausgehen, dass Flüsse es auf dem Weg Richtung Meer wieder binden, weil die genug Sauerstoff tragen, zumindest wenn sie selbst gesund sind. Unterm Strich ist Moorschutz auch Meerschutz und die Ostsee wird immer von natürlich gehaltenen und wiedervernässten Mooren profitieren.

Wenn wir nun aber weiterhin Moore im großen Maßstab wiedervernässen, gehen ja Flächen verloren, die zum Beispiel Land- und Forstwirtschaft nutzen. Wie erklärt man denen, dass sie die Moore hergeben müssen?

Nur drei Prozent der Landwirtschaft in der EU findet auf Moorböden statt, aber diese Flächen stoßen ein Viertel der

Treibhausgasemissionen der gesamten Branche aus. Land- und Forstwirt*innen könnten also 97 Prozent ihrer Flächen behalten, aber den Treibhauseffekt drastisch abmildern Dieser kleine Produktionsverlust ließe sich ausgleichen, indem sie ihre restlichen Flächen effektiver nutzen. Oder sie bewirtschaften auch die Moore unter nassen Bedingungen. Paludikultur nennen wird das, was so viel bedeutet wie Sumpfbewirtschaftung. Es war wichtig, dafür eine eigene Bezeichnung zu finden, denn was keinen Namen hat, existiert nicht. Dennoch ist nasse Landwirtschaft nichts Neues. Im Gegensatz zu unserer westlichen Kultur, die Landwirtschaft auf trockenen Böden entwickelt hat, gibt es ja in anderen Teilen der Welt schon seit Jahrtausenden Landwirtschaft in nassen Gebieten. Denken wir nur mal an die Reisanbauer in asiatischen Ländern. Doch Moore können mehr. Wir kennen ja die schönen Reetdächer, die aus Schilfhalmen bestehen. Mittlerweile haben wir viele weitere Moorpflanzen ausgemacht, die als Bau-, Dämm- oder Werkstoffe taugen. Auch Pappe und Papier, Kunstharze und Biokunststoffe oder Verpackungen und Grundstoffe für Arzneimittel lassen sich fertigen. Sogar Möbel aus Grasfasern sind möglich. Daraus können wir einen nachhaltigen Markt entwickeln, also eine Nachfrage schaffen. Wenn die da ist, zieht das auch nach sich, dass es Menschen gibt, die ein Angebot machen wollen. Das ist viel wichtiger als dieses mit Subventionen anzuschieben. Wer im Moor feststeckt, muss ziehen, nicht schieben. So ist es bei der Entwicklung der Paludikultur auch.

Das erfordert ein extremes Umdenken, verbunden mit viel Aufwand. Können wir das aus Ihrer Sicht denn schaffen?

Not macht erfinderisch. Es geht also nicht darum, ob wir das schaffen können, sondern vielmehr, dass wir es schaffen müssen. Denn dem Planeten geht es schlecht. Moore und Meere haben der Menschheit doch eines gelehrt: in die Weite zu gucken. Als die Menschen damals über die Moorlandschaft und die Meeresoberfläche schauten, entwickelten sie ein Gefühl für Perspektiven und Risikobereitschaft. Sie lernten abzuschätzen, dass ein Bär zum Beispiel nah groß und bedrohlich ist, in der Ferne aber klein und ungefährlich wird. Und sie wurden neugierig und wollten wissen, was da am Horizont noch kommt, weshalb sie sich auch in die Wellen gewagt haben. So konnten die Menschen andere Gebiete entdecken und sich ausbreiten. Diesen Hang zum Unbekannten haben wir ja nicht verloren; wir müssen ihn nur wieder rauskramen. Dann können wir mit einer Vision nach vorne blicken, in eine Welt, in der wir so mit der Natur umgehen, dass es ihr und uns gut geht. Diese Zukunft müssen wir jetzt schaffen, trotz oder gerade wegen aller Herausforderungen.

Wenn die Ostsee doch ein Aquarium wäre

Solange Moore also nicht gesund sind, können sie auch keine Nährstoffe aufhalten. Wenn diese weiter einfließen, werden auch die massiven Blüten bleiben. Die Frage ist, ob man die Kleinstalgen und Cyanobakterien nicht abschöpfen könnte. In Aquarien und Schwimmbecken kommen Kescher zum Einsatz, in Teichen und Seen teilweise Oberflächensauger. Doch in der Ostsee wäre das ein utopisches Vorhaben, denn so klein sie im Vergleich zu anderen Meeren auch sein mag, ist sie zu großflächig und ihre Blüten sind zu ausgedehnt, als dass Kescher oder selbst Oberflächensauger eine Chance hätten. Der Aufwand, um erst einmal überhaupt in die betroffenen Gebiete zu schippern, wäre enorm.

Außerdem tauchen große Ansammlungen von Mikroalgen und Cyanobakterien abhängig von den ökologischen Bedingungen zu unterschiedlichen Zeiten und in nicht vorhersehbaren Regionen auf. Das Phytoplankton schwimmt zudem nicht nur an der Wasseroberfläche, sondern verteilt sich auch darunter. Wenn es abstirbt und zu Boden sinkt, ist es noch schwerer erreichbar. Und der Sauger kann nicht unterscheiden, welches Plankton er einsammelt, ob nicht bedrohte Arten mit entnommen würden. Es wäre abschließend zu klären, wo man mit der ganzen abgeschöpften Pampe aus Kleinstlebewesen hinsollte. Selbst wenn all diese Probleme von hellen Köpfen gelöst werden könnten, so wäre der Effekt nur kurzfristig. Die Blüten würden wiederkommen, solange genügend Nährstoffe vorhanden sind. Der Mensch würde sich zum Sisyphos machen, dessen mühevoll den Berg hinaufgehievter Stein jedes Mal so schnell herunterrollt, wie Phytoplankton nach dem Absaugen nachwüchse. So wäre nur das Symptom des Völlegefühls behandelt, man hätte aber nicht seine Ursachen bekämpft. Es gilt also Nährstoffe zu reduzieren, noch bevor sie Moore sowie andere Landschaften durchkreuzen und in die Ostsee gelangen. Die Einleitungen in Flüsse zu minimieren, scheint da der beste Weg, denn sie tragen rund 70 Prozent der Nährstofflasten ein.

Wo ein Wille ist, sind auch weniger Nährstoffe

Ein Teil Einträge stammt aus den Kläranlagen in Ostseenähe. Allein in Mecklenburg-Vorpommern und Schleswig-Holstein gibt es mehr als 1300 Klärwerke. Immerhin 39 kommunale und zwei industrielle Kläranlagen leiten ihr Abwasser direkt in die Ostsee. Darin sammeln sich Stickstoff- und Phosphorverbindungen aus Fäkalien, Essensresten, Wasch- und Reinigungsmitteln, die Abläufe von Toiletten, Spül- und Waschbecken oder Waschmaschinen aus Haushalten und Fabriken einleiten. Noch bis in die 1990er-Jahre pumpten viele Klärwerke ungesäubertes Abwasser in die Ostsee. Wer diese Bilder selbst gesehen hat, wird sie wohl nie wieder vergessen: Eine dunkle, zähflüssige Brühe strömt aus dicken Rohren, die unter dem Sandstrand verlaufen, direkt in die Ostsee und zieht eine braune Schneise ins Meerwasser. Im Hintergrund aalen sich Erwachsene in der Sonne, Kinder spielen unbedarft. Szenen wie diese gab es überall an der Ostseeküste, so auch in Binz auf Rügen oder in Boltenhagen bei Wismar, um nur zwei Beispiele zu nennen.

Das Umweltbewusstsein wuchs und so gab es Bemühungen, die Nährstoffeinträge zu reduzieren, noch bevor sie in die Klärwerke gelangen. Die Bundesrepublik Deutschland legte 1980 erstmals Obergrenzen für Phosphatgehalte in Wasch- und Reinigungsmitteln fest. Sechs Jahre später verzichtete die Waschmittelindustrie freiwillig auf phosphathaltige Textilwaschmittel. Die Deutsche Demokratische Republik zog bei keinem dieser Schritte mit, doch Mecklenburg-Vorpommern musste nach der Wende die bundesweit geltenden Phosphor-Obergrenzen ebenfalls einhalten. Das war schon ein Schritt in die richtige Richtung, dennoch kamen die Bemühungen ins Stocken, weil nach der Wiedervereinigung Geschirrspülmaschinen einen Boom erlebten; die Tabs spülten nun haufenweise Phosphor ins Abwasser. Aber die Vorgaben wurden strenger:

Klärwerk an der lettischen Küste

Für häusliche Waschmittel setzte die Europäische Union den Phosphorgehalt 2013 so weit herunter, dass es einem Verbot gleichkam. Vier Jahre später galt das auch für Geschirrspülmittel. Somit sind praktisch alle Haushaltsprodukte phosphatfrei, wenn wir mal von den weggeworfenen Lebensmitteln, allen voran tierischen Produkten, absehen. Und auf unsere Toilettengänge können wir auch nicht verzichten. Während die Nährstoffeinträge auf ein unvermeidbares Minimum herabgesetzt wurden, sind Großküchen, Wäschereien, Hotels und Restaurants bis heute nicht gesetzlich eingeschränkt, weshalb sie Wasch- und Reinigungsmittel mit Phosphor weiterhin nutzen dürfen.

Deshalb war es umso wichtiger, dass sich auch die Kläranlagen verbessern und möglichst alles herausfiltern, was nicht in die Ostsee gelangen soll. Seit 1991 verpflichtet die Europäische Union ihre Mitgliedsstaaten, Nährstoffe aus dem Abwasser zu entfernen. Und so wurde viel Geld in die Hand genommen, um Klärwerke nachzurüsten oder neue nach modernen Standards zu errichten. Chemische Fällungsmittel binden nun Nährstoffe in den Klärbecken und bei biologischen Verfahren helfen Bakterien, Stickstoff und Phosphor umzusetzen. Mittlerweile entnehmen die Filtersysteme laut der Deutschen Vereinigung für Wasserwirtschaft, Abwasser und Abfall hierzulande bis gut 93 Prozent Phosphor, Stickstoff zu fast 83 Prozent. Da die Europäische Union die Grenzwerte zum Schutz der Gewässer 2024 nochmals drastisch verschärft hat, scheitern noch rund die Hälfte deutscher Klärwerke an den Vorschriften. Bis 2039 sollen laut EU-Recht alle Einrichtungen die strengen Vorgaben einhalten. Deshalb, aber vor allem auch zum Schutz der Ostsee, darf die Entwicklung der Abwasserwirtschaft nicht stehen bleiben. Positiv ist jedoch, dass Kläranlagen heute nur noch etwa zehn Prozent der Gesamteinträge ausmachen, in den 1990ern waren es noch ungefähr 40 Prozent.

Wie Äcker die Ostsee auf Diät setzen könnten

Wäre doch der sich fortsetzende Erfolg in den Kläranlagen des Landes nur auch in der Landwirtschaft so anhaltend, denn die bleibt die größte Verursacherin der Nährstoffeinträge in die Ostsee. In ihren Maschinen bewegen sich die deutschen Landwirt*innen zwischen Wirtschaftlichkeit und Naturschutz. Einerseits kippen sie jedes Jahr rund zwei Millionen Tonnen Mineraldünger, Gülle, Mist und Jauche auf ihre Felder, um Erträge zu steigern – unter dem gefühlten Druck, den Anforderungen einer wachsenden Gesellschaft gerecht zu werden, und dem Wissen, damit der Natur zu schaden. Andererseits wollen sie doch genau diese erhalten, weil sie Grundlage für ihren Erfolg und den ihrer Kinder und Kindeskinder ist. Niemand von ihnen wird die Äcker gerne überdüngen, allein schon, weil sie die Nährstoffe teuer einkaufen müssen. Deshalb sollte der Dünger, wenn schon unbedingt nötig, auch dahin, wo er hinsoll: in die Getreidepflanzen und nicht ins Wasser. Doch immer noch spült Regen Nährstoffe von den überdüngten Feldern früher oder später in die Flüsse, von wo aus es Richtung Ostsee geht. Und das, was den Weizen so wunderschön goldgelb auf den Äckern zum Gedeihen bringt, lässt auch die Mikroalgen und Cyanobakterien in nahezu allen erdenklichen Farben wachsen.

Als Justus von Liebig 1840 erkannte, dass Phosphor und Stickstoff den Wuchs der Pflanzen ermöglichen, wurde zu Beginn Mineraldünger auf die Felder gestreut, bis es durch das Haber-Bosch-Verfahren zu Beginn des 20. Jahrhunderts möglich war, synthetischen Dünger in rauen Mengen herzustellen und eine landwirtschaftliche Revolution einzuleiten. Nachdem die Nachkriegsbevölkerung ihre Sorgen hinter sich gelassen hatte und Wohlstand herrschte, brachte die Umweltbewegung das Thema Überdüngung in die Landwirtschaft ein. Die Wissenschaft stützte die Befürchtungen, doch deren Warnungen verhallten. Erst seit den 1980ern spitzten sich die Diskussionen zu, weil die Beweismittellage immer erdrückender wurde. Die Politik machte Druck und Brüssel gab 2017 eine neue Düngeverordnung heraus, mit strengen zeitlichen und räumlichen Regeln. Es gibt Sperrfristen: Wenn das letzte Korn im Herbst geerntet ist, darf bis Ende Januar kein Stickstoff auf die stoppeligen Felder gesprüht werden; gleiches gilt für Phosphate zwischen Anfang Dezember und Mitte Januar, da Regen und Wind im Herbst und Winter meist mehr wüten und viele Nährstoffe vergeudet wären. Diese Zeit verlängert sich, wenn das

Düngeeinsatz an der Küste von Heiligenhafen

Ackerland zu den roten Gebieten gehört, die besonders nährstoffbelastet sind. In Schleswig-Holstein und Mecklenburg-Vorpommern zählen rund zehn Prozent der Ackerflächen dazu. Unabhängig von Sperrfristen dürfen gefrorene, schneebedeckte oder überschwemmte Flächen gar nicht gedüngt werden. Die Landwirtschaft hätte auch nichts davon, wenn das Wasser all die Nährstoffe mitnähme und sie in die Ostsee erbrechen würde.

Bevor Dünger auf die Felder kommt, müssen Landwirt*innen eine Düngebedarfsermittlung durchführen. Als Grundlage dienen Erfahrungswerte und Bodenproben. Außerdem schauen sie, ob zum Beispiel Weizen, Mais oder eine andere Kultur ausgebracht werden soll und auch, für welchen Zweck die Frucht verwendet und wie hoch der Ertrag vermutlich sein wird. Die Bodenart, der Humusgehalt und die bereits vorhandenen Nährstoffe fließen gleichfalls in die Berechnung ein. Daraus ergibt sich ein Wert, der anzeigt, mit wie vielen Nährstoffen der Boden gedüngt werden darf. Maximal sind 170 Kilogramm Stickstoff pro Hektar Ackerfläche erlaubt. In roten Gebieten müssen Landwirt*innen nochmals zwanzig Prozent von ihrem errechneten Wert abziehen, damit das belastete Grundwasser nicht noch mehr Stickstoff aufnimmt.

Bei Phosphor ist es etwas komplizierter, weil der Gehalt stärker vom Bodentyp abhängt. Viele Flächen haben ohnehin einen hohen Anteil. Deswegen gilt: Durchschnittlich dürfen über sechs Jahre höchstens 20 Kilogramm pro Hektar in einer Saison ausgebracht werden. Landwirt*innen sind verpflichtet, genau zu dokumentieren, wie viel Dünger sie letztendlich auf ihren Flächen verwendet haben. Dabei kann ihnen eine intelligente Technik helfen, die mit den Daten gefüttert wurde und genau weiß, welche Quadratmeter wie viel Dünger benötigen. Ziehen die Traktoren die Düngestreuer über das Feld, öffnen sich automatisch Klappen, die genau die richtige Menge auf die Fläche geben. Das könnte auch die Kontrolle der Landwirtschaftsbehörden erleichtern, die bisher stichpunktartig sowohl Boden- als auch Wasserproben nehmen und sich

Rechnungen und Lieferscheine über tatsächlich eingekaufte Düngemittel zeigen lassen. Außerdem gibt es strenge Vorgaben bei der Nutzung von Gülle und Mist. Alles, was einen Hof verlässt oder dort ankommt, wird dokumentiert und in Datenbanken festgehalten.

Oft werden Felder von Grünstreifen umrahmt, besonders wenn sie sich an Flüssen und Seen befinden. Ein Geflecht aus Gräsern und anderen Pflanzen wird zu einer Pufferzone zwischen der Landwirtschaftsfläche und dem Gewässer in seiner Nähe, wodurch Nährstoffe besser daran gehindert werden können, ins Wasser zu gelangen. Generell sind Grünstreifen auch ein Schutz der Ackerböden, weil sie den Wind bremsen und Regenwasser zurückhalten. Außerdem bieten sie vielen Tieren Rückzugsräume und fördern die Artenvielfalt. Bei den meisten Äckern, die sich in der Nähe von Seen und Flüssen befinden, ist nach Bundesgesetz ein Grünstreifen von fünf Metern Breite Pflicht, der auch nicht gedüngt werden darf.

Im Endeffekt wäre eine stärkere Förderung des biologischen Anbaus besonders zielführend, weil er auf große Mengen Dünger verzichtet und auch in anderer Hinsicht verträglicher für die Umwelt ist. Noch subventioniert die Bundesregierung allerdings auch die herkömmliche Landwirtschaft, die müde ist von immer mehr Vorgaben. Es braucht ein Umdenken – und das geht nur, wenn man Landwirt*innen aktiv in den Umweltschutz einbezieht. Es bleibt die Frage, wie viele daran denken, dass ihr Dünger etliche Wege findet, ihr Land und ihren Hof zu verlassen.

Warum die Ostsee auch von Luft lebt

Denn nicht nur durch Zuflüsse, sondern auch über die Luft können Nährstoffe ins Ostseewasser gelangen, wobei es dann vorwiegend um Stickstoff geht. In der Landwirtschaft werden Dünger zu Stickstoffverbindungen abgebaut, die als Gase in die Luft steigen. Gleiches gilt in der Viehhaltung, vor allem auf Laufwegen, an Liegeflächen und in Güllekellern vieler Ställe, wo sich Urin und Kot der Tiere mischen und zu reagieren beginnen. Stickstoffverbindungen entstehen jedoch gleichfalls bei Verbrennungsprozessen in Kraftwerken, in Industriefabriken oder im Straßen- und Schiffsverkehr. Winde tragen all die Stickstoffgase vom Land bis über die Ostsee, wo sie sich als Staubpartikel auf die Wasseroberfläche setzen und einsinken. Oder sie lösen sich im Regen, Schnee und Nebel und fallen so auf das Meer. Dabei spielen nicht nur küstennahe Stickstoffausstöße eine Rolle, denn über die Luft können die Nährstoffe fast ungehindert tausende Kilometer weit reisen. So machen die Stickstoffeinträge der Ostsee über den Luftpfad nach Angaben des Bundesministeriums für Umwelt und Naturschutz noch rund 30 Prozent der gesamten Frachten aus. Durch optimierte Industrieanlagen und Fahrzeuge entstehen mittlerweile weniger Stickstoffverbindungen, moderne Katalysatoren filtern Gase effektiv heraus. Dadurch konnten die Einträge derartiger Gase seit 1995 um 40 Prozent reduziert werden.

Die vielen Regulierungen haben die Arbeit der Abwasserwirtschaft, der Industrie und der Landwirtschaft sicher nicht einfacher gemacht. Doch ohne diese Bemühungen hat die Ostsee keine Chance, im Gegenteil, die Anstrengungen müssen noch ausgeweitet werden. Dass sie sich lohnen, beweist ein Bericht der Helsinki-Konvention, der zeigt, dass die Nährstoffbelastung in nahezu allen Ostseebecken sinkt: Vor unseren Küsten gibt es knapp zehn Prozent weniger Stickstoff- und 24 Prozent weniger Phosphorbelastung. Noch sind wir von den Zielen, die auf wissenschaftlicher Basis formuliert wurden, entfernt, aber der Weg ist der richtige. Es scheint dennoch fast so, als könnten wir nur zusehen, was die Politik beschließt und wie die Wirtschaft die Vorgaben umsetzt. Doch auch wir können etwas tun, und zwar vieles von dem, was zugleich schon gegen den Klimawandel hilft. Dass der Verzicht auf tierische Nahrungsmittel der Überdüngung der Meere entgegenwirkt, ist ein fälschlicherweise selten zu hörendes Argument. Außerdem können wir darauf achten, keine Lebensmittel zu verschwenden. Zum Strand fährt man am besten mit dem Rad, weil es keine Stickstofffahne hinter sich herzieht. Wer nicht in die Pedale treten mag, nutzt den öffentlichen Nahverkehr oder steigt ins Elektroauto. Es ist richtig, dass es bislang noch zu Stickstoffemissionen bei der Herstellung der Karosserie oder der Batterie kommt, wobei es dahingehend ebenfalls immer mehr Fortschritte gibt. Und in so ein Auto gehört auch grüner Strom, bei dessen Erzeugung kaum Stickstoffe in die Luft gepustet werden. Darauf kann man auch zuhause achten, wenn man Licht ins Dunkle bringt. Wer einen Garten hat, kann sich damit beschäftigen, womit, wo, wann und ob man überhaupt düngen sollte. Damit Düngemittel nicht ausgespült werden, sollte der eigene Garten Versickerungsflächen haben.

Wenn wir etwas Motivation brauchen, können wir in Anna Atkins Büchern blättern, die im wahrsten Sinne Blaupausen dafür sind, wie fragil und gleichzeitig wunderschön die Natur und auch die Ostsee sind.

Aufeinandertreffen von Nord- und Ostsee an der dänischen Skagen Odde

KAPITEL

ATEMNOT 3

Wie ein einfacher Apotheker die Feuerluft entdeckte

Als der Händlersohn Carl Wilhelm Scheele 1757 im Alter von gerade einmal 14 Jahren seine Heimatstadt Stralsund gen Schweden verließ, ahnte wohl nicht einmal er, dass er eine außergewöhnliche Entdeckung machen würde, gar über etwas, das unsichtbar ist. Es zog ihn als Lehrling in eine Göteborger Apotheke, betrieben von einem Mecklenburger aus Güstrow namens Martin Andreas Bauch. Sein Meister war vielleicht der Erste, der das Talent des jungen Scheele erkannte und diesen in seine Labortätigkeiten einbezog. Der Junge erwies sich als kreativ, wenn es um das Experimentieren ging, und wissensdurstig, sobald er Fachliteratur in die Hände bekam. Auch als es ihn mit dem Gesellenbrief in der Tasche in Apotheken entlang der Südspitze Schwedens und bis hoch nach Uppsala zog, fand er immer wieder einzelne Akademiker, die ihn unterstützten. Doch egal, was er tat, ohne ein Studium und ohne breite Anerkennung drohten seine Erkenntnisse lange Zeit, der Allgemeinheit nicht zugute zu kommen. Dieser vermeintliche Fluch wurde allerdings zu seinem Segen, denn außerhalb des akademischen Kreises stellte sich der Boden der Erkenntnis als wesentlich fruchtbarer heraus – weil er nicht von der wissenschaftlichen Engstirnigkeit jener Zeit vergiftet war. Carl Wilhelm Scheele ließ sich nicht von den eingefahrenen wissenschaftlichen Diskussionen beirren, oft, weil er sie gar nicht mitbekam. Seine Zeit nutzte er lieber für Experimente mit provisorischen Mitteln wie am Boden aufgebohrten Milchflaschen, Schweins- und Ochsenblasen. So geschah es eines Tages, es muss um das Jahr 1771 gewesen sein, dass er wieder einmal verschiedene Substanzen erhitzte und sich dabei ein Tiergedärm mit einem unsichtbaren Gas ohne jeglichen Geschmack und Geruch füllte. Das entdeckte Gas war förderlich dabei, Materialien aller Art zu entzünden, und ließ zum Beispiel die Kerzen, die in Scheeles behelfsweisem Labor bis spät in die Nacht brannten, heller aufflammen. Deshalb nannte er das Gas Feuerluft. Wir kennen es heute als Sauerstoff; ein Gas, welches wir mit jedem Atemzug inhalieren und das uns unser Leben schenkt.

Das erkannte auch Carl Wilhelm Scheele, als er Experimente mit seiner Feuerluft machte. Er stellte fest, dass eine Biene in einem geschlossenen Gefäß allmählich die Feuerluft aufzehrte, bis sie letztendlich starb. Zwei Bienen überlebten nur halb so lange. Der Hobbychemiker konnte zudem zeigen, dass Luft aus ungefähr einem Anteil Feuerluft und drei Anteilen „verdorbener Luft" besteht, wie er das später als Stickstoff bezeichnete Gas nannte. Damit kam er mit seinen bescheidenen Mitteln schon vor mehr als 250 Jahren ziemlich genau auf die heute mehrfach bestätigte Zusammensetzung der Luft mit 21 Prozent Sauerstoff und 78 Prozent Stickstoff, abgesehen von Elementen wie Argon und Molekülen wie Kohlendioxid, die das fehlende Prozent noch ausmachen.

Der Chemiker aus Leidenschaft galt lange Zeit nicht als Entdecker des Sauerstoffs. Ursache war, dass er seine Ergebnisse erst 1777 in der „Chemischen Abhandlung von der Luft und dem Feuer" an die Öffentlichkeit brachte. Der britische Naturwissenschaftler Joseph Priestley, der das feuerfördernde Gas ebenfalls entdeckt hatte, war ganze zwei Jahre schneller mit seiner Veröffentlichung. Es war ein ungleiches Wettrennen, hatte der Brite doch den Vorteil, sich seinen Experimenten hauptberuflich und bestens ausgestattet widmen zu können, während Carl Wilhelm Scheele weiterhin sein Brot als Apotheker verdiente und nur seine knapp bemessene Freizeit der entdeckenden Chemie opfern konnte. Stellt man die Aufzeichnungen der beiden Chemiker, die jeder für sich im Verborgenen über Sauerstoff führte, nebeneinander, würde selbst Priestley einräumen, dass Scheele etwas schneller war.

Zwar konnte der pommersche Apotheker selbst nicht erklären, wie Sauerstoff in tierischen und pflanzlichen Körpern wirkt, doch trug seine Forschung dazu bei, dass dies wenig später dem Franzosen Antoine Laurent de Lavoisier gelang. Dass jedoch Sauerstoff nicht nur in der Luft, sondern auch im Wasser vorhanden ist, erkannten sie alle noch nicht. Dabei sind Meere von unschätzbarem Wert für die Produktion des Sauerstoffs.

Was das Parfüm des Lebens ist

Erlauben wir uns kurz die Zeit, einmal tief durchzuatmen: Der Sauerstoff, der nun unsere Lungen füllt, stammt von Land. Nehmen wir einen zweiten, kräftigen Atemzug: Dieser Sauerstoff wird im Meer produziert. Verschiedene Umweltorganisationen, wie beispielsweise der Naturschutzbund Deutschland, gehen heute davon aus, dass die Meere die Hälfte des Sauerstoffs der Atmosphäre liefern. Die Initiative Helmholtz Klima spricht sogar davon, dass 70 Prozent des Sauerstoffes aus dem Meer stammen. Vielleicht liegt die Wahrheit irgendwo in der Mitte. Dennoch würde das bedeuten, dass die marinen Kreaturen so tüchtig sind wie alle Landpflanzen auf Wiesen und Auen, in Mooren, Bruchtälern, Wäldern und Heiden zusammen. Dabei macht die Phytomasse in allen Meeren Schätzungen zufolge nur etwa ein Prozent aus; 99 Prozent befinden sich auf den Kontinenten. Im Meer ist jedoch das gesamte, schnell wachsende Phytoplankton fotosynthetisch aktiv, große Teile der Landvegetation hingegen sind es nicht. Dabei brauchen wir nur an das Holz der Baumstämme zu denken, das zwar ein guter Speicher ist, aber keine Fotosynthese betreibt. Wenn die Meere nun aber so viel Sauerstoff produzieren, ist es doch verwunderlich, dass die Luft wesentlich mehr dieses Gases trägt als das Wasser.

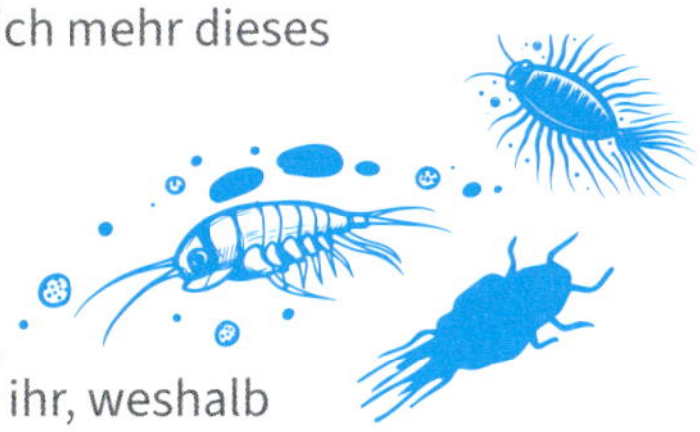

Sein Vorkommen hängt in der Ostsee wie in allen Meeren stark von sehr unterschiedlichen Faktoren ab. Die Wasseroberfläche steht im ständigen Austausch mit der Luft über ihr, weshalb die oberen Schichten gut mit Sauerstoff versorgt sind. Auch Regentropfen bringen zumindest kleine Mengen des Gases ein, wenn sie auf die Ostsee prasseln, verlieren sich aber im Meer. Wasser ist zudem viel schneller mit Sauerstoff gesättigt als die dünnere Luft. Während Meerwasser bei maximal 10 Milligramm je Liter sauerstoffgesättigt ist, schweben in der Luft mehr als 270 Milligramm des Moleküls pro Liter. Doch wenn das Phytoplankton in den warmen Monaten auf Hochtouren Fotosynthese betreibt, erzeugt es einen Überschuss. Noch hält sich der Irrglaube, der Sauerstoff würde dabei aus dem Kohlendioxid entstehen, schließlich inhalieren Mikroalgen und Cyanobakterien doch CO_2, spalten es, bauen das C in ihr Kohlenstoffgerüst ein und geben O_2 wieder ab. Obwohl das logisch klingt, stammt der Sauerstoff jedoch aus dem Wasser, das die Einzeller aufnehmen. Sie spalten es mit der Energie, die in den Sonnenstrahlen steckt. Stellen wir uns zum besseren Verständnis zwei

Wassermoleküle vor: Aus 2 H_2O entstehen vier Wasserstoffionen, 4 H^+, die Prozesse in der Zelle antreiben, weil in ihnen die Sonnenenergie steckt. Als eigentliches Abfallprodukt entweicht ein Molekül Sauerstoff, O_2.

Spaltung des Wassers

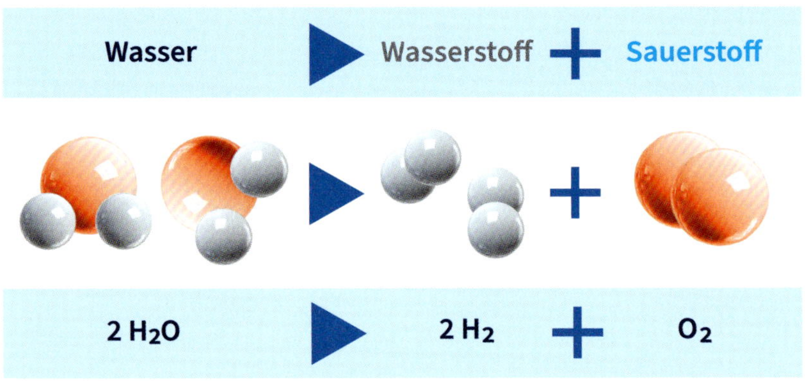

Ein Teil davon verflüchtigt sich in die Luft, der andere verteilt sich langsam und gleichmäßig im Wasser. Duftmoleküle einer Parfümflasche machen es genauso. Drücken wir den Sprühkopf, bildet sich eine Duftwolke aus unzähligen Molekülen, deren Geruch wir wahrnehmen können. Sie stoßen zusammen und entfernen sich dadurch voneinander, bis sie sich nach und nach gleichmäßig im Raum verteilen. Weil sie nicht mehr hochkonzentriert, also dicht an dicht schweben, lässt der Duft nach. Dort, wo sich in der Ostsee Phytoplankton zusammenklumpt, entstehen analog viele Sauerstoffmoleküle, die sich im Wasser ausbreiten. Wind, Wellen und Strömungen können den Prozess beschleunigen und zusätzlichen Sauerstoff aus der Atmosphäre einmischen, wenn sie das Wasser belüften wie ein Rührstab einen Hefeteig.

Wenn eine Riesin durch eine Katzenklappe muss

Wie schon in Bezug auf das Fieber der Ostsee erwähnt, sind die Stürme aber nicht stark genug, um auch untere Schichten des Meeres durchzuwirbeln. Je tiefer wir in die Ostsee eintauchen, desto mehr nimmt daher auch der Gehalt des Sauerstoffes ab, erst nur allmählich, dann sehr plötzlich. Rufen wir uns dazu noch einmal den Latte macchiato als Gleichnis für die Schichtung der Ostsee aus dem ersten Kapitel ins Gedächtnis: Die Grenze zwischen den beiden Schichten kann der Sauerstoff nur sehr schwer passieren. Die wenigen Moleküle, die es durch die Barriere schaffen, werden meist sehr schnell von Meeresbewohnern nahe dem Boden weggeatmet. Außerdem löst sich Sauerstoff im Salzwasser generell schlechter als im Süßwasser, da die vielen Salzionen in Wechselwirkung mit dem Wasser stehen. Ein Salzion bindet in der Ostsee eine Hülle aus bis zu acht Wassermolekülen um sich. Dadurch verdichtet sich das Wassernetz; Sauerstoffmoleküle finden weniger Lücken darin. So entstehen sauerstoffarme, oft auch sauerstofffreie Zonen in den Tiefen. Besonders die Becken der zentralen Ostsee sind von Sauerstoffmangel betroffen. Von Natur aus leidet die Ostsee an Atemproblemen.

Eigentlich sollten doch auch die rund 300 Flüsse voller Süßwasser Sauerstoff einbringen, allerdings verliert sich ihr Effekt im weiten Meer und die Tiefen erreicht das leichte Wasser ebenfalls nicht. Außerdem führen die Flüsse ja Nährstoffe ein, die eine sauerstoffverbrauchende Kettenreaktion in Gang setzen. Helfen kann nur die Nordsee, denn auch die Oberfläche des Nachbarmeeres ist gut mit Sauerstoff versorgt. Der Weg ist allerdings beschwerlich, weil das sauerstoffreiche Wasser sich zwischen dem schwedischen Festland und dem zerklüfteten Archipel dänischer Inseln durch das Kattegat quetschen muss. Seinen Namen hat das kleine Seegebiet nicht von ungefähr, denn übersetzt bedeutet es so viel wie Katzenloch. Die Bezeichnung stammt von niederländischen Seefahrern, die die vielen Untiefen und schmalen Fahrwasser im Mittelalter fürchteten. Die Stelle ist so eng und flach, dass, im übertragenen Sinn, gerade mal eine Katze hindurchkäme. Unzählige Wracks am Grund bezeugen, dass die Angst der Seeleute nicht unbegründet war. Ähnlich beschwerlich ist der Weg für das sauerstoffreiche Nordseewasser. Hinzu kommt, dass der Süßwasserüberschuss der Ostsee im Mittel dazu führt, dass Wasser über Sund und Belt eher Richtung Nordsee ausströmt. All das führt dazu, dass die Ostsee rund 30 Jahre braucht, um all ihr Wasser einmal auszutauschen.

In geringen Mengen gelangt gut durchlüftetes Nordseewasser jedoch ständig in die Ostsee, vor allem wenn Westwinde wehen. Da die das jedoch selten kräftig und dauerhaft tun, nimmt der Sauerstoffgehalt tendenziell von West nach Ost ab. Obwohl sich das schwerere Nordseewasser unter die leichte, süßere Oberfläche der Ostsee schiebt und das Tiefenwasser belüftet, werden die weit im Osten liegenden tiefen Becken kaum mal mit Sauerstoff versorgt.

Und dann stellt sich auch noch die Darßer Schwelle in den Weg. Als die riesigen Gletscher während der letzten großen Eiszeit vorstießen, schoben sie ungeheure Massen an Sedimenten zusammen und türmten sie zu einem unterseeischen Gebirge auf. Die Darßer Schwelle schiebt sich vom Zipfel der Halbinsel Darß in Mecklenburg-Vorpommern 50 Kilometer weiter zwischen die dänischen Inseln Falster und Møn auf einer Fläche, die so groß ist wie Lübeck und Rostock zusammen. Somit teilt ihr Rücken die Ostsee in einen westlichen und einen östlichen Teil. Da sie über ihrem Kamm nur rund 18 Meter Platz bis zur Wasseroberfläche lässt, bleibt frisches Nordseewasser hängen wie ein Tennisball im Netz. Im Herbst und Winter nehmen die Stürme zu, sodass neues Wasser doch mal über die Darßer Schwelle schwappt und zumindest die flacheren Becken versorgt. Wenn die Frühjahrsbelebung einsetzt, beginnen all die marinen Wesen am Grund jedoch den Sauerstoff zu veratmen, sodass am Ende des Sommers wieder ein Mangel herrscht.

Welches Geschenk Zoltan der Ostsee machte

Die tiefen Becken sind aber lange Zeit, manchmal Jahre, sauerstoffarm, schnell auch sauerstofffrei. Das ändert sich nur unter ganz bestimmten meteorologischen Bedingungen, wie sie zum Beispiel im Dezember 2023 herrschten. Als viele Menschen noch mit ihren Weihnachtseinkäufen beschäftigt waren, peitschten starke Ostwinde über die Wasseroberfläche, die genügend Kraft besaßen, Meerwasser über die Darßer Schwelle zu drücken und bis in die Nordsee zu schieben. So entledigte sich die Ostsee des verbrauchten Wassers und senkte gleichzeitig ihren Meeresspiegel etwas ab. Als die Menschen vor ihren Tannenbäumen saßen, überreichte das Sturmtief Zoltan der Ostsee ein seltenes Weihnachtsgeschenk, indem es die Windrichtung drehte und tobende Westwinde erzeugte. Die drückten innerhalb weniger Tage so viel frisches Nordseewasser in das Ostseebecken, wie sonst durchschnittlich in einem

guten halben Jahr einströmt. Die ungeheuren Salzwassermassen überfluteten die Darßer Schwelle, sanken aufgrund ihrer Schwere ab und belüfteten die Tiefen der Becken. Dieses Großereignis hat die Ostsee belebt, obwohl der Sauerstoff mancherorts schon nach wenigen Monaten wieder aufgebraucht war. Auf einen solchen Salzwassereinstrom hatte die Ostsee neun Jahre lang warten müssen. Der vom Jahr 2014 war sogar größer und konnte das kleine Meer längere Zeit beatmen. Nichtsdestotrotz bleiben solche Phänomene selten und deshalb werden die Atemprobleme in den tiefen Bereichen der Ostsee immer bleiben, so wie es schon ab ihrer Geburt war. Wann der nächste große Einstrom kommt, kann die Wissenschaft nicht voraussagen. Sie weiß nur, dass meist mehrere Jahre vergehen und solche Phänomene unregelmäßig passieren.

Nur zu sagen, dass die Sauerstoffversorgung von der Wassertiefe, der Entfernung zum Kattegat, den Jahreszeiten und Stürmen abhängt, beschreibt zwar Tendenzen, wird den Eigenschaften der Ostsee aber nicht gerecht. Jede Förde oder Bucht, jedes Boddengewässer, Ästuar und Becken hat sehr eigene Sauerstoffeigenschaften. Manchmal treffen die Charaktere aufeinander und üben einen schlechten Einfluss aus. Das lässt sich gut an den Becken rund um Gotland zeigen. Das Aquarium im polnischen Gdynia zeigt ein Modell der Ostsee, das kein Wasser trägt und das unterseeische Gebirge offenlegt. Wenn wir auf die Darstellung schauen und uns einen großen Salzwassereinstrom vorstellen, können wir verstehen, dass er im Grunde eine scharfe Linkskurve nehmen muss, um der Ostsee in ihre nordöstliche Ausweitung zu folgen. Dadurch drückt sich der Nordseestrom tatsächlich zuerst in das Tiefenwasser des östlichen Gotlandbeckens, wodurch es gut belüftet wird. Das verbrauchte Wasser, gen Norden hinausgeschoben, prallt dort aber gegen einen Hang, dreht sich gegen den Uhrzeigersinn und fließt zurück in leicht südwestlicher Richtung. Es drängt ins westliche Gotlandbecken und vermischt sich dort mit dem ebenfalls sauerstofffreien Wasser. Trotz, ja eigentlich aufgrund eines großen Salzwassereinstroms vergrößert sich die sauerstofffreie Zone in der Tiefe des westlichen Gotlandbeckens. Die Messstationen, die dort stehen, konnten dieses Phänomen 2003 bereits gut belegen.

Marine Organismen können also nicht überall gleich gut atmen, sodass sie die Sauerstoffsituation vor große Herausforderungen stellt. Die Folgen des Klimawandels und die Überdüngung verstärken das naturgegebene Problem noch. Ein Beispiel dafür ist der Rückgang der Dorsche.

Artenreich: Der Dorsch auf Diät am Ostseebüfett

Dorsch ist nicht gleich Dorsch, denn es gibt in der Ostsee zwei Populationen, die sich äußerlich zum Verwechseln ähnlich sehen, genetisch aber klar voneinander zu unterscheiden sind. Westdorsche kommen vor allem von der Beltsee zwischen den dänischen Inseln bis nach Bornholm vor. Das Reich der Ostdorsche erstreckt sich von der Arkonasee nördlich von Rügen bis nach Finnland.

Dorsch im Stralsunder Ozeaneum

Im Arkonabecken treffen sich beide Bestände, nutzen aber unterschiedliche Etagen. Während das Vorkommen der Westdorsche von oben nach unten abnimmt, steigt die Zahl der Ostdorsche an. So gehen sich die Bestände aus dem Weg, damit beide dasselbe Becken nutzen können. Der Fischereibiologe Uwe Krumme vom Thünen-Institut für Ostseefischerei mit Sitz in Rostock konnte keine Durchmischung der beiden Populationen sehen. Gemeinsam mit norwegischen Kollegen konnte er jedoch nachweisen, dass sich in den 1980ern durchaus Fische beider Bestände gepaart haben, wobei eine klare Tendenz zu sehen war: Wenn es zu Paarungen kam, dann am häufigsten von Ostdorschweibchen mit Westdorschmännchen. Wobei Uwe Krumme vermutet, dass keine zeugungsfähigen Nachkommen entstanden sind, weil es sonst heute eine Mischpopulation geben müsste. Warum es jedoch ausgerechnet zu dieser kuriosen Konstellation kam, bleibt ein Geheimnis der Ostsee. Warum es sie gegeben hat, lässt sich jedoch sehr einfach erklären: Früher gab es wesentlich mehr Dorsche, sodass sich Individuen der westlichen und östlichen Ostsee viel häufiger begegneten und beeindrucken konnten. Die Wahrscheinlichkeit für einen Paarungstanz war höher, bei dem Weibchen und Männchen zur Wasseroberfläche schwimmen, um dort abzulaichen. Dann nahmen die Bestände aber so drastisch ab, dass an Paarungen über die Populationsgrenzen hinweg nicht mehr zu denken war.

Nach Daten des Thünen-Instituts für Ostseefischerei zappelten 1985 noch rund 355000 Tonnen Ostseedorsch in den Netzen der Fischer. Schon 1990 waren es mit 171000 Tonnen nicht mal mehr als die Hälfte. Der Abwärtstrend setzte sich fort, bis 2015 nur noch 51000 Tonnen Dorsch angelandet wurden. Jahrhundertelang hatte die Art als Brotfisch gegolten, der die Existenz der Fischer und ihrer Familien sicherte. Doch dann brachen die Bestände nahezu komplett ein, sodass die Fischer 2021 sogar nur noch 3000 Tonnen fingen, weniger als ein Prozent der Anlandungen in den 1980ern.

Bei den Mengen, die die Kutter aus der Ostsee holten, war es fast erstaunlich, dass die Dorsche überhaupt so lange durchhielten. Der internationale Rat für Meeresforschung, zu dem auch das Rostocker Thünen-Institut gehört, empfahl strenge Fangvorgaben. Die zuständige EU-Kommission folgte den Empfehlungen der Wissenschaft mal weniger, mal mehr. Im Jahr 2017 wurden die Fangquoten um 56 Prozent in der westlichen, um 25 Prozent in der östlichen Ostsee heruntergeschraubt. Im Westen durften die Fischer insgesamt noch knapp 5600 Tonnen Dorsch fangen, im Osten rund 30850 Tonnen. Da sich die Bestände jedoch nicht erholten, wurde die Europäische Union strenger: Dorsche dürfen seitdem überall in der Ostsee nicht mehr gezielt gefischt werden. Nur als Beifang, wenn Fischer auf andere Arten gehen und dennoch Dorsche in den Netzen landen, darf der einstige Brotfisch noch angelandet werden. Auch die Beifangquote wurde drastisch reduziert, sodass sie heute insgesamt bei weniger als 700 Tonnen liegt.

Durch diese Entwicklung hat sich auch die Zahl der Fischer drastisch reduziert. Bei den wenigen, die übrig geblieben sind, setzt ein Umdenken ein, sodass einige die Decks ihrer Kutter auch der Forschung zur Verfügung stellen. Dort erprobt zum Beispiel das Thünen-Institut für Ostseefischerei smarte Netze, die Plattfische fangen, ohne einen großen Beifang von Dorschen zu riskieren. Wenn Fische plötzlich von einem Netz umgeben sind, versuchen sie instinktiv zu flüchten. Allerdings weichen Dorsche eher nach oben aus, während Plattfische lieber nach unten fliehen. Das macht sich das smarte Netz zunutze. Es ist nach oben hin offen wie ein Cabrio, sodass die Dorsche hinausschwimmen können, die Schollen, die es noch relativ häufig gibt, aber gefangen bleiben. Bald könnte es noch einen Schritt weiter gehen, denn an den Netzen ließen sich Kameras anbringen, die mithilfe einer Künstlichen Intelligenz erkennen, welche Fischarten sich zwischen den Maschen befinden, wie groß diese sind, wie sie sich verhalten und wie ihr Gesundheitszustand ist. Das hilft nicht nur, Fischbestände zu erforschen, sondern könnte auch auf Kuttern eingesetzt werden. Würde die KI erkennen, dass zu viel unerwünschter Beifang im Netz vorhanden ist, könnten sich automatisch Klappen dort öffnen, wo es am sinnvollsten ist, um gefährdeten Fischen die Möglichkeit zu geben, unbeschadet zu entweichen.

Manche Fischer gehen noch weiter und lassen sich vom Sea Ranger-Verein in Wismar, unterstützt von der Fischereigenossenschaft, zu Fachwirten für Fischerei und Meeresumwelt ausbilden. Die Zusatzqualifikation haben 2024 erstmals elf Absolventen erhalten, die nun als sogenannte Sea Ranger bei öffentlichen und privaten Trägern tätig werden können. So geht das über Jahrhunderte weitergegebene Wissen der Fischereizunft nicht verloren. Alle Seiten profitieren: Die Fischer erschließen sich neue Einnahmequellen, indem sie nun zum Beispiel längerfristig Wissenschaftler*innen helfen, moderne Netze zu entwickeln oder Daten zu sammeln, sie Behörden unterstützen, marine Gebiete zu schützen, Schülerinnen und Schülern das Meer vor ihrer Haustür näher bringen oder großen wie kleinen Tourist*innen Kenntnisse über die Natur der Ostsee vermitteln. Wenn es nach dem Initiator des Projektes Oliver Greve geht, soll es die Förster der Meere bald auch in Schleswig-Holstein und dann in anderen Ostseestaaten geben.

Allerdings ist es nicht nur die Fischerei, die den Dorschen zu schaffen macht. Auf die Freizeit-Anglerei geht rund ein Viertel der Dorschfänge zurück, weshalb 2017 das erste sogenannte Baglimit eingeführt wurde. Es gibt an, wie viele Exemplare dieser Fischart jeder pro Tag fangen und sich quasi in die eigene Tasche stecken darf; anfangs waren es maximal fünf Dorsche, in der Laichzeit nur drei. Im Jahr 2022 durften Angler*innen nur noch einen Dorsch als Tagesbeute mitnehmen. Seit 2024 haben sie das Baglimit schon erreicht, bevor sie überhaupt eine Rute in die Hand nehmen, denn es liegt bei Null.

Trotz der strikten Fangquoten und Angelverbote: Die Dorsche kehrten nicht zurück. Während Berufsfischerei und Freizeitangeln die Dorschbestände zwar in der Vergangenheit stark geschwächt haben, scheinen sie heute diesbezüglich kaum mehr einen Einfluss zu haben. Fischereiexpert*innen sind sich sicher, dass die schlechten Umweltbedingungen der Ostsee diese Rolle übernommen haben. Dabei wirken sie sich auf die Bestände ganz unterschiedlich aus.

Um das Schicksal des Westdorsches besser verstehen zu können, begeben wir uns in die Mecklenburger Bucht, genauer gesagt an die Steilküste bei Boltenhagen. Dort haben Uwe Krumme und sein Team ein Versuchsfeld von zehn Quadratkilometern mit vier großen gelben Tonnen abgesteckt, die auf der Wasseroberfläche schwimmen. Im Feld ragen 26 Bojen aus dem Wasser, die jeweils einen Abstand von 500 Metern zur nächsten haben und wie die Tonnen mit einem Seil fest am Meeresgrund verankert sind. Jede dieser Verankerungen ist mit einem Messgerät ausgestattet. So werden Daten zu Sauerstoffgehalt, Temperatur und Salzkonzentration in Wassertiefen zwischen sieben und 24 Metern aufgenommen, da der Boden von der Küste aus stark abfällt. Zu den Geräten gehört auch ein Empfänger, der in der Lage ist, Signale aufzunehmen. Das Forschungsteam um Uwe Krumme hat Dorsche gefangen, ihnen Sender in die Bauchhöhle eingepflanzt und sie anschließend wieder ins Versuchsfeld zurückgesetzt. Die Sender geben alle paar Minuten Schallimpulse ab, die von den Empfängern im Versuchsfeld aufgenommen werden. So können die Wissenschaftler*innen herausfinden, wann die Dorsche auf- und abschwimmen, sich der Küste nähern oder sich weiter draußen bewegen. Dieses Verhalten bringen sie dann mit den Umweltdaten überein.

Dabei hat das Team erstaunliche Entdeckungen gemacht: Die Ostsee nimmt die Dorsche in die Zange. Mit jedem Sommertag schluckt sie Wärme, die sich Zentimeter um Zentimeter nach unten ausbreitet. Westdorsche sind zwar besser als ihre Nachbarn im Osten an höhere Temperaturen angepasst, weil die flachen Gebiete sich schneller aufheizen, doch bei 15 Grad Celsius wird es selbst ihnen eindeutig zu warm. Solche Temperaturen herrschen im Sommer aber bis in Tiefen von 15 Metern.

Aufgrund ihres Überlebensinstinktes flüchten die Dorsche nach unten ins kühlere Wasser, kommen allerdings nicht weit. Denn am Grund leben Mikroorganismen so richtig auf, vermehren sich rasant und verbrauchen dabei munter Sauerstoff. Die tödliche Zone wächst nach oben und erreicht schnell eine Wassertiefe von 18 Metern. Der Sauerstoffgehalt sinkt auf unter zwei Milligramm je Liter, was als kritischer Wert für Dorsche gilt. Die Kiemen können nicht mehr genügend Sauerstoff filtern, wodurch derartigen Fischen der Erstickungstod droht. Sie stecken nun in einer Falle, sind zwischen einer warmen Wasserschicht oben und einer sauerstoffarmen unten gefangen. Nur ein schmaler Gürtel von gerade einmal drei Metern bleibt ihnen im Sommer als Lebensraum.

Der Dorsch in der Sommerzange

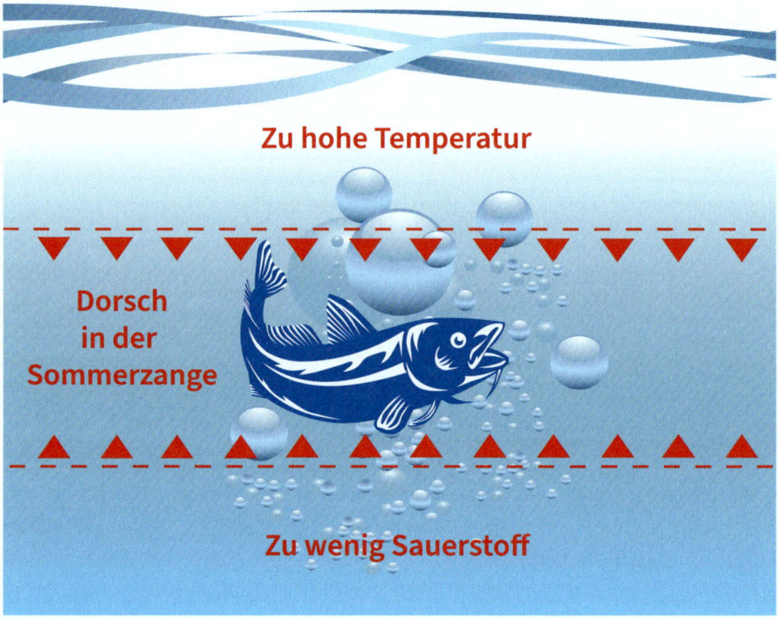

Uwe Krumme spricht dann von der sogenannten Sommerzange, weil die Dorsche zwischen zwei für sie lebensfeindlichen Wasserschichten eingeklemmt sind. Sie sammeln sich auf engstem Raum und konkurrieren um die wenige Nahrung, die in diesem Bereich zu jagen ist. Das ist ein Grund dafür, warum Dorsche immer dünner werden; heute wiegt ein einzelnes Tier 18 Prozent weniger als ein entsprechend großes, wie es noch vor 30 Jahren durch die westliche Ostsee geschwommen ist. Um Energie zu sparen, bewegen sie sich in der Sommerzeit nicht viel, fast so, als müssten sie übersommern. Sie warten auf günstigere Umweltbedingungen. Wer jedoch mitten im Wasser schwebt, wird leicht entdeckt von Räubern wie Robben und Kormoranen. Hinzu kommt, dass Dorsche, die zwar durch den Sommer gekommen sind, dann jedoch gestresst und schwach in die nächste Laichzeit gehen, keine guten Voraussetzungen mitbringen, gesunde Nachkommen zu zeugen.

Forschungsfahrt 1987 *Forschungsfahrt 2016*

Verschärft wird diese Sommer-Tragödie noch bei ablandigem Wind, der Oberflächenwasser hinaus auf die See drückt. In einem solchen Fall strömt sauerstoffarmes Wasser aus der Tiefe gen Küste nach, klettert den Hang hinauf und trifft auf die warme Wasserschicht. Die Dorsche versuchen dann zu fliehen, wobei sie dies meist nicht gerichtet tun. Einigen gelingt es, sich von der Küste zu entfernen und dem tödlichen Mix aus Hitze und Sauerstoffarmut zu entkommen. Andere schwimmen zur oder entlang der Küste, wo sie nicht lange überleben können. Wenn sie zu Tausenden an den Strand gespült werden, kann selbst die Wissenschaft nicht mehr sagen, ob zuerst der Hitze- oder der Erstickungstod eingesetzt hat.

Szenen wie diese gab es im September 2025 an den Küsten von Heiligendamm bis Markgrafenheide. Kurzum schnappte sich Michael Naumann, Geograph am Leibniz-Institut für Ostseeforschung Warnemünde, ein Messgerät und sein Surfbrett, um mögliche Ursachen auf dem Wasser zu erforschen. Seine Daten bestätigten, dass höhere Temperaturen und Sauerstoffmangel herrschten. Dorsche sah er zwar nicht, weil sie zu selten sind, aber er beobachtete Plattfische, die noch weit vor der Küste nur einen halben Meter unter der Wasseroberfläche schwammen. Das ist

Michael Naumann mit Surfbrett und Messsonde im Namen der Wissenschaft

für die Bodenbewohner äußerst ungewöhnlich und zeigt, dass sie dem Erstickungstod entkommen wollten. Nur zwei Wochen zuvor waren in Schleswig-Holstein zwischen Scharbeutz und Niendorf ebenfalls verendete Fische an die Küste gespült worden. In der Eckernförder Bucht treten solche Ereignisse mittlerweile nahezu jedes Jahr auf.

Für den Bereich der östlichen Ostsee spielt die Sommerzange wohl keine so entscheidende Rolle, da sie im Gegensatz zu westlichen Gebieten viel tiefer ist. Es gibt mehr Platz zwischen der warmen Schicht oben und der sauerstoffarmen Zone unten. Die Ostdorsche haben einen weiteren Vorteil gegenüber den Westdorschen: Ihr Hämoglobin, das wie bei allen Wirbeltieren und manch anderen Tiergruppen für den Sauerstofftransport im Blut verantwortlich ist, kann das Atemgas besser binden. Das ist auch dringend nötig, weil sie sich gern in den tieferen Becken aufhalten, wo sie möglichst viele der wenigen Sauerstoffmoleküle verwerten müssen, um zu überleben. Dass es den Ostdorschen trotz fehlender Sommerzange, effektiven Blutkörperchen und strikten Fangverboten gleichfalls schlecht geht, muss also andere Gründe haben.

Eine Erklärung könnte eine Studie aus dem Jahr 2024 von Markus Steinkopf liefern, der am Leibniz-Institut für Ostseeforschung Warnemünde das Nahrungsnetz der Ostsee untersucht hat. Dazu musste der Meeresbiologe nicht etwa in die Ostsee springen und Dorschen beim Fressen zusehen. Ihm reicht ein winziges Stück Muskelfleisch der Fische, das bequem auf einen Teelöffel passt. Es wird gefriergetrocknet, indem man es zunächst Temperaturen von mindestens -50 Grad Celsius aussetzt und anschließend im Vakuum von allem Wasser befreit. Dann wird es zu Pulver zermahlen und chemisch analysiert. Weil Fisch reich an Eiweißen ist, lassen sich diese natürlich auch untersuchen. Markus Steinkopf nutzt eine Methode, die seine Kollegin Natalie Loick-Wilde entwickelt hat, mit der sich die Eiweiße erstmals sehr detailliert erforschen lassen. Dabei stehen die verschiedenen Stickstoff-Varianten, ein Grundbaustein der Eiweiße, im Fokus.

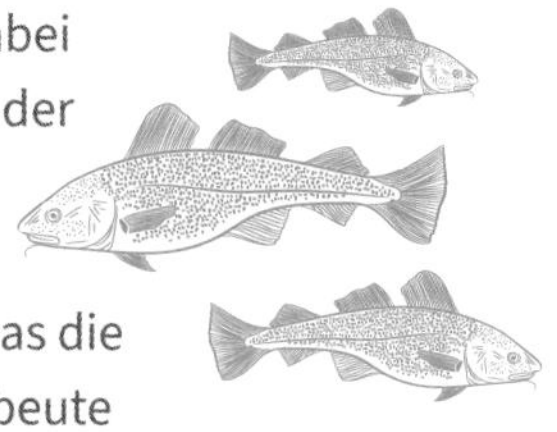

Ihre Zusammensetzung hat Markus Steinkopf nicht nur verraten, was die Ostdorsche gefressen, sondern auch, was deren Beute und Beutesbeute verspeist hatten. Als der Meeresbiologe seine Daten überblickte, machte er plötzlich eine Entdeckung, die ihm sofort ein zwiegespaltenes Gefühl gab. Einerseits war er froh, weil sich ihm ein deutliches Bild zeigte, das niemand zuvor gesehen hatte, andererseits wusste er, dass seine Ergebnisse eine schlechte Nachricht für die Ostdorsche bedeuteten. Die Analyse zeigte, dass sich das Nahrungsgefüge verändert hat und die Dorsche Hunger leiden.

Stellen wir uns das komplexe Gefüge als einfache Nahrungskette vor, so sah sie noch in den 1980ern typischerweise wie folgt aus: Die Grundlage bildeten all die kleinen Algen des Phytoplanktons, die die winzigen Krebse des Zooplanktons verspeisten. Diese wiederum dienten Schwarmfischen wie Heringen als Nahrung, die von Dorschen gefressen wurden. Die Kette bestand also aus vier Gliedern. Seit die Cyanobakterien durch Klimawandel und Nährstoffüberfluss die Kleinstalgen verdrängen, hat sich die Kette jedoch verlängert. Da sich diese Bakterienarten im Gegensatz zu Mikroalgen zu langen Fäden zusammenschließen, sind sie zu groß für die kleinen Krebse, die zudem nicht mit den Giften klarkommen, welche die Einzeller produzieren. Es schalten sich Mikroben in die Kette, die in der Lage sind, die Reste der Cyanobakterien nach ihrem Tod zu verwerten. Die Mikrokrebse stellen ihren Speiseplan um, fressen die Mikroben, weil es zu wenige Kleinstalgen gibt, und werden wiederum zur Beute von Heringen, denen die Dorsche nachjagen. Nun könnten wir annehmen, dass alles wieder im Lot ist, da doch jedes Glied der Kette Nahrung hat. Doch die Kette hat fünf statt wie zuvor vier Glieder. Von einem zum nächsten Glied geht rund 90 Prozent der Energie als Wärme verloren.

Damit wir uns den Energieverlust besser vorstellen können, schauen wir auf eine traditionelle Fehmarnsche Kuchentafel. Das Besondere auf der Ostseeinsel ist: Die Kuchen und Torten auf einer Feier werden nicht einfach in die Mitte gestellt, sondern stattdessen von einem Gast zum nächsten weitergereicht. Das hat den Vorteil, dass jeder selbst entscheiden kann, wie groß ein Stück sein soll. Nehmen wir an, die Gastgeberin lässt ihren Besucher*innen den Vortritt. Der erste Gast schneidet sich bereits ein riesiges Stück der Kalorienbombe ab, reicht den Rest weiter, von dem sich der zweite Gast ein nur wenig kleineres Stück gönnt. Der dritte ist etwas bescheidener, sodass für die Gastgeberin immerhin noch ein kleines Stück vom ganzen Kuchen übrigbleibt. So haben alle etwas im Magen und ihren Kuchenjieper gestillt. Drängt nun aber noch ein fünfter, unerwarteter Besucher an die Kuchentafel, bleiben für die Gastgeberin am Ende vermutlich allenfalls noch Krümel übrig, sodass sie auf ihrer eigenen Feier hungern muss. Ähnlich geht es den Ostdorschen, die einfach zu wenig Energie am Ende einer fünfgliedrigen Kette abbekommen. Von den 100 Prozent Energie, die das Phytoplankton stellt, kamen früher bei den Dorschen noch 0,01 Prozent an, was geradeso ausreichend war. Durch die Kettenverlängerung sind es jetzt nur noch 0,001 Prozent. Eine Entwicklung, die nachvollziehbar macht, warum die Natur bestrebt ist, keine so langen Nahrungsgefüge zu bilden. Die Dorsche sind in einer Ausnahmesituation und quasi auf Diät, trotz oder vielmehr wegen einer überdüngten Ostsee. Ihnen fehlt schlichtweg die Kraft, um sich vernünftig fortpflanzen zu können.

Die wenigen Nachkommen des Ostdorsches müssen zudem schon mit dem Sauerstoffmangel kämpfen, bevor sie überhaupt geboren sind. Die befruchteten Eier schweben frei im Wasser, was ihnen schon einmal wenig Schutz vor Fressfeinden bietet. Außerdem sind sie physiologisch so beschaffen, dass sie in Wassertiefen sinken, in denen ein Salzgehalt von 11 Gramm je Liter herrscht. Solche Werte zeigen Messgeräte nur in den tieferen, salzigeren Schichten der östlichen Ostsee an. Folglich schweben die Eier um die 70 Meter nach unten in einen Bereich, der in der Laichzeit an vielen Stellen sauerstoffarm ist. Deshalb kommen die kleinen Dorsche schon geschwächt zur Welt. Viele schaffen es gar nicht und ersticken, weil immer häufiger auch sauerstofffreie Zonen entstehen.

Die Mechanismen, die zum Rückgang der Ostdorsche geführt haben, mögen sich von denen, die auf die Westdorsche wirken, unterscheiden, doch sind die Gründe ähnlich: Beide Populationen leiden aufgrund der

schlechten Umweltbedingungen, die eine Folge von Klimaveränderung, Überdüngung und Sauerstoffmangel sind. Solange sich diese Situation nicht ändert, werden sich die Bestände nicht erholen können, egal wie streng Fangquotenbeschränkungen und Angelverbote sind.

Gestrandeter Dorsch

Wann wir von Todeszonen sprechen

Die Umweltbedingungen sind so schlecht, dass mittlerweile rund 20 Prozent der Meeresgrundfläche unserer Ostsee niedrige Sauerstoffwerte aufweisen. Nicht nur Dorsche, sondern nahezu alle marinen Bewohner können unter solchen Voraussetzungen nicht überleben. Eine gemeinsame Studie der Universitäten in Aarhus, Stockholm und Lund von 2014 verweist auf die drastischen Veränderungen des Sauerstoffgehaltes der Ostsee. Das Wissenschaftsteam hat Daten der vergangenen 115 Jahre ausgewertet und festgestellt, dass sich die Sauerstoffmangelzonen um mehr als das Zehnfache ausgebreitet haben. Für die fast permanent sauerstofffreien Becken hat sich in der Öffentlichkeit der Begriff Todeszonen durchgesetzt. Manche Wissenschaftler*innen nutzen diesen recht plakativen Begriff selbst, um auf die ernste Lage der Ostsee aufmerksam zu machen. Andere meiden ihn, weil er suggeriert, dass in diesen Bereichen keine Organismen vorkommen können. Doch tatsächlich wimmelt es in diesen Todeszonen vor Leben, auch wenn Fische, Krebse oder Muscheln dort nicht mehr anzutreffen sind. Stattdessen fühlen sich hier Myriaden kleiner Bakterien so richtig wohl, weil sie auf Sauerstoff gar nicht angewiesen sind, er sogar Gift für sie ist. Deshalb nennt die Wissenschaft die Phase, in der Cyanobakterien eine neue Welt erschufen, die große Sauerstoffkatastrophe.

Viele Arten starben aus, manche zogen sich in die entlegenen sauerstofffreien Winkel der Erde, wie eben ein tiefes Becken, zurück. Unzählige Urzellwesen, Bakterien und Pilze veratmen statt Sauerstoff Stickstoffverbindungen wie Ammoniak oder Nitrat, andere Eisen oder Mangan. Schwefelbakterien setzen statt auf Wasser (H_2O) einfach auf Schwefelwasserstoff (H_2S). Somit entsteht kein Sauerstoff, sondern Schwefel, der sich in den Tiefenzonen anreichert und sie zu einer Brühe macht, die nach verfaulten Eiern stinkt. Aus menschlicher Sicht klingt das furchtbar, für die Bakterien ist es das Paradies. Ob es nun Todeszonen sind oder nicht, bleibt damit wohl eine Frage der Perspektive.

Fakt ist jedoch, dass die Artenvielfalt in diesen Bereichen sehr eingeschränkt ist, weil die allermeisten Lebewesen eben doch auf Sauerstoff angewiesen sind. In einem gesunden Ökosystem werden bestimmte Jobs von mehr als einer Art besetzt. Fällt eine aus, können die anderen das kompensieren. Sterben jedoch mehrere aus, gerät das System ins Wanken. Die Ostsee ist ohnehin schon ein artenarmes Meer, weil sich viele Lebewesen entweder an Salz- oder an Süßwasser angepasst haben. Denn für diese unterschiedlichen Lebensräume sind ganz gegensätzliche Stoffwechsel notwendig. Ein echter Meeresfisch zum Beispiel muss ständig trinken, da ihm das Salzwasser Flüssigkeit entzieht wie Zucker bei Erdbeeren. Ein Süßwasserfisch muss immerzu pinkeln, weil er sonst wie eine Kirsche im Regen voll Wasser laufen und platzen würde. Die Brackwasserbedingungen der Ostsee liegen irgendwo zwischen diesen Gegensätzen, sodass Fischarten ihren Stoffwechsel ständig umstellen müssen. Das verbraucht Energiereserven, die sie aber ohne Sauerstoff nicht auffüllen können. Selbst wenn die tiefen Becken nicht wirklich tot sind, so bleibt unbestritten, dass sie dem Leben in der Ostsee nicht guttun. Denn ihre Sauerstoffarmut dringt mittlerweile, zumindest zeitweise, auch in Flachwasserzonen vor. Der Lebensraum wird also in der gesamten Ostsee kleiner.

Weshalb Fieber und Völlegefühl zu Atemnot führen

Dass sich die sauerstoffarmen Zonen derart ausbreiten, ist nicht mehr nur mit den natürlichen Voraussetzungen in einem Binnenmeer zu erklären. Vielmehr kommen hier mit Fieber und Völlegefühl zwei uns bereits bekannte Einflüsse zum Tragen. Wir haben bisher schon viele Folgen der klimatischen Veränderungen kennengelernt, aber noch nicht darüber gesprochen, dass die Temperaturerhöhungen auch einen ganz unmittelbaren Einfluss auf den Sauerstoffgehalt haben. Wärme verringert, genau wie Salzgehalt und Dichte, die Fähigkeit des Wassers, Sauerstoff aufzunehmen. Der Unterschied beträgt bei einem Grad Celsius nur um die zehn Prozent, was aber ausreicht, damit aus einer gerade noch lebensbejahenden Schicht eine Todeszone wird. Außerdem verstärkt das wärmere Wasser die Schichtung der Ostsee, sodass oben produzierter Sauerstoff noch schwerer nach unten gelangen kann.

Noch größere Wirkung hat die Überdüngung, weil sie, wie wir bereits wissen, die Cyanobakterienblüten fördert. Durch ihre Dominanz weben sich die Einzeller aber nicht nur in Nahrungsnetze ein; sie lösen eine Kaskade aus, die zu Sauerstoffmangel führt. Weil die Cyanobakterien so zahlreich, groß und giftig sind, werden sie nicht vom Zooplankton gefressen, sondern sterben massenhaft ab, sodass ihre Überreste als Flocken Richtung Meeresgrund rieseln. Die Wissenschaft spricht dann von marinem Schnee. Auf dem Weg nach unten stürzen sich andere Bakterien darauf und vermehren sich ihrerseits massenhaft. Dabei handelt es sich vor allem um Einzeller, die Sauerstoff atmen. Gibt es von ihnen also viele, nimmt auch der Sauerstoffgehalt drastisch ab. Hinzu kommt, dass sie ebenfalls bei wärmeren Temperaturen besser arbeiten können, da ihr Stoffwechsel unter solchen Bedingungen richtig aktiv wird.

Es schneit in der Ostsee

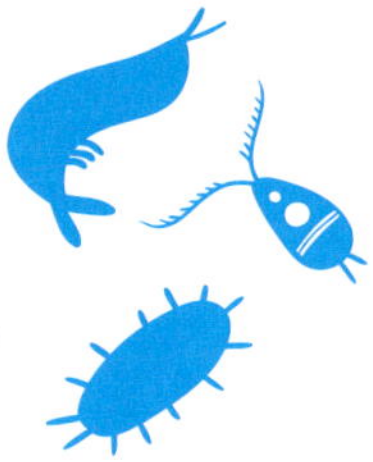

Wir können aber nicht den Cyanobakterien oder anderen Einzellern die Schuld an der Misere geben. Wir sind es selbst, die ihnen optimale Bedingungen liefern, solange wir das Meer erwärmen und füttern. So wird aus natürlichen Atemproblemen der Ostsee eine echte Atemnot.

Wenn Fähren zu Forschungsschiffen werden

Daher ist es so wichtig, dass die Patientin ständig überwacht wird. Die Messgeräte der Wissenschaft sind wie die Vitaldatenmonitore in Krankenhäusern, die unter anderem auch die Sauerstoffsättigung des Erkrankten anzeigen. Dass für die Beurteilung auch die Temperatur und der Salzgehalt ermittelt wird, scheint logisch, weil sie direkte Auswirkungen auf den Sauerstoffgehalt haben. Um diese wichtigen Daten zu sammeln, sind regelmäßig Forschungsschiffe aller Ostseeanrainer unterwegs. Wenn die „Atair“ oder die „Deneb“ des Bundesamtes für Seeschifffahrt und Hydrographie ablegen, um den Meeresboden zu vermessen oder nach Schiffwracks zu suchen, sammeln sie auf ihren Fahrten zugleich Umweltdaten. Das Leibniz-Institut für Ostseeforschung Warnemünde wiederum führt mit seinem Hausschiff, der „Elizabeth Mann Borgese“, jährlich fünf fest geplante Ausfahrten durch, die meist drei Wochen dauern und dazu dienen, Daten zu erhalten. Dafür betreiben die Wissenschaftler*innen einen ungeheuren Aufwand, schon Monate, bevor sie überhaupt einen Fuß auf das Schiff setzen. Mal von dem aufwendigen Antragsprozedere abgesehen, muss minutiös geplant werden, wer später wann und für welche Ermittlung von Daten zuständig ist. Dann geht es meist vom Heimathafen in Rostock-Marienehe in die Kieler Bucht und anschließend über die Darßer Schwelle, herum um Bornholm bis zu den Gebieten um Gotland. Manche Fahrten führen auch in die entlegensten Zipfel des weit im Norden gelegenen Bottnischen Meerbusens oder des Finnischen im Osten. In mehreren Schichten halten die elf Forschenden an Bord ihre Messgeräte Tag und Nacht ins Wasser, während die zwölfköpfige Crew das Schiff auf Kurs hält und alle an Bord versorgt. Damit setzt das Institut nicht nur Datenreihen an ganz bestimmten Punkten fort, die seit 1969 erhoben werden, sondern erweitert auch das Messportfolio um viele weitere Parameter.

Und dennoch liefern die Ausfahrten nur eine Momentaufnahme vom Zustand der Ostsee, weshalb auch kontinuierliche Messungen wichtig sind.

Dabei hilft das Fährgastschiff „Finnmaid“ seit 2003, das mindestens alle zwei Tage zwischen Travemünde und Helsinki unterwegs ist. Es misst im Oberflächenwasser neben Kohlendioxid, Lachgas, Methan und vielem mehr auch den Sauerstoffgehalt.

Die Forschenden erheben jedoch nicht nur von Schiffen aus Daten, sondern auch von Land. Sie gehen jeden Dienstag auf die Seebrücke in Heiligendamm, um Messwerte zu nehmen. Diese Zeitreihe ist so wichtig, weil sie schon seit 1998 ein wöchentliches Update liefert. In den zehn Jahren davor kamen sie aus Warnemünde.

Wie ein Stahlkoloss spurlos verschwinden kann

Jedoch brauchen die Wissenschaftler*innen auch kontinuierliche Daten von der offenen See. Dabei hilft das Messnetz MARNET, zu dem fünf Stationen in der westlichen Ostsee gehören. Sie stehen unter der Aufsicht des Bundesamtes für Seeschifffahrt und Hydrographie. Die deutsche Behörde überwacht zwei davon: zum einen den Kieler Leuchtturm, der Sensoren an seinem Fundament trägt, ergänzt durch eine kleine Plattform mit Messgeräten in 70 Metern Entfernung; zum anderen die Großtonne Fehmarnbelt mit einem Durchmesser von zwölf Metern, die früher nur Navigationshilfe war, seit über 25 Jahren aber auch Umweltdaten aufnimmt. Die anderen drei Stationen betreut das Leibniz-Institut für Ostseeforschung Warnemünde. Dazu zählt ein Messmast auf der Darßer Schwelle, 1993 errichtet, eine Großtonne in der Oderbank, die seit 1996 vor allem den Einflussbereich des Stettiner Haffs überwacht, und eine Plattform im Arkonabecken, die seit 2002 über 16 Meter in die Höhe ragt und dennoch als treibende Boje zu verstehen ist. Das Warnemünder Forschungsteam rüstet diese Stationen mit Messtechnik aus, überprüft sie auf den Ausfahrten und verwertet die Daten.

Eine der ältesten Zeitserien-Stationen weltweit ist das Boknis Eck am Ausgang der Eckernförder Bucht. Es begann alles im Jahr 1957 mit regelmäßigen Ausfahrten von Forschungsschiffen, die dort Messungen zu Sauerstoff, Temperatur und Salzgehalt durchführten. Seit 1975 ist an diesem Standort eine feste Messstation eingerichtet, mit deren Hilfe das GEOMAR Helmholtz-Zentrum für Ozeanforschung Kiel mittlerweile einfacher Daten erheben kann. Forschende fahren einmal im Monat heraus,

Unterwasser-Observatorium von Boknis Eck

Wartung der Messstation vom Boknis Eck an Bord

Messtonne im Fehmarn Belt

um dort mehr als 50 Parameter aufzunehmen. Ein Messknoten ist am Boknis Eck zudem seit 2017 ständig ausgesetzt, der ununterbrochen eine große Datenmenge sammelt.

Die Schwierigkeit der Meeresforschung besteht allerdings darin, eine Station so zu errichten, ohne in Konflikt mit anderen Nutzer*innen der Ostsee zu kommen. So waren die beiden riesigen, tonnenschweren Gestelle samt Sensor 2019 auf einmal verschwunden. Eines wurde 200 Meter weiter beschädigt entdeckt, das andere ist nie wieder aufgetaucht, trotz Polizeibeamt*innen und Berufstaucher*innen, die danach suchten. Es bleibt bis heute ein Rätsel; vielleicht hat sich ein Schleppnetz in der Station verfangen und sie mit sich gerissen. Aus Angst vor Konsequenzen hat jemand wohl den Stahlkoloss verschwinden lassen. Neben dem finanziellen Schaden ist nun auch eine Datenlücke entstanden, welche die mehr als 60 Jahre alte Zeitreihe unterbricht. Auch wenn das

Forschungsplattform Nienhagen

GEOMAR versucht hat, Daten mit Schiffen zu erheben, so konnte es das nur sporadisch tun. Es hat bis 2024 gedauert, einen neuen Messknoten zu installieren.

Die Forschung will sich auch für die Zukunft wappnen und nutzt dafür ein Areal vor Nienhagen an der mecklenburgischen Küste. Am Strand können Spaziergänger*innen durch ein fest installiertes Fernglas schauen, das nicht dafür gedacht ist, Schiffe auf der Ostsee zu beobachten. Es nimmt vielmehr eine gelbe Plattform ins Visier, die seit 2010 aus dem Wasser ragt und derzeit unter Obhut der Landesforschungsanstalt für Landwirtschaft und Fischerei Mecklenburg-Vorpommern steht. In den 1990ern wurde dort ein künstliches Riff aus 1400 Betonelementen und 2500 Tonnen Naturstein auf einer Fläche von 50000 Quadratmetern errichtet. Hintergrund war, dass man bereits damals versuchte, den schwindenden Fischbeständen einen Lebensraum zu geben und entsprechende Forschungen zu betreiben. Mittlerweile kann dort vieles erforscht werden, wie ein Blick von Nienhagen aus zeigt. Neben realen Bildern liefert das Fernglas Informationen und Animationen, die erklären, was am Riff wissenschaftlich untersucht wird.

Das Fraunhofer-Institut für graphische Datenverarbeitung nutzt das Testfeld beispielsweise für sein Digital Ocean Lab. Das Riff ist mit Kameras ausgestattet, die über Solarpaneele auf der Plattform mit Strom versorgt werden. Ihre Bilder übertragen sie direkt zum Ocean Technology Campus im Rostocker Fischereihafen. Dort haben sich neben dem Fraunhofer-Institut mehrere der Meeresforschung verschriebene wissenschaftliche Einrichtungen und Unternehmen zusammengetan. Auf riesigen Monitoren können die Forschenden beobachten, was vor Nienhagen passiert. Sie testen selbst aus 15 Kilometern Entfernung Unterwasserroboter und Sensoren, die unter anderem den Meeresboden vermessen können, Unterseekabel verlegen oder eben Umweltdaten wie den Sauerstoffgehalt ermitteln.

Doch die Forschungsschiffe, Messstationen und Forschungsareale können nicht überall sein. Dafür ist selbst die kleine Ostsee viel zu groß. Da sie aber auch so viele verschiedene Eigenschaften hat, können die Forschenden noch mehr Daten gebrauchen. Wer einen Blick über die Ostsee wirft, sieht dort unzählige Segelboote. Die könnten helfen, Sauerstoffdaten in dem Meer aufzunehmen.

Tiefgang: Toste Tanhua – Segel setzen für mehr Daten

Dr. rer. nat. Toste Tanhua hat an der Universität Göteborg Analytische Chemie studiert und sich dort anschließend auf Marine Chemie spezialisiert. Nach einem wissenschaftlichen Aufenthalt im US-amerikanischen San Diego kam er ans GEOMAR Helmholtz-Zentrum für Ozeanforschung Kiel. Dort leitet er im Forschungsbereich der Marinen Biogeochemie die Arbeitsgruppe „Ozeanbeobachtungen und Tracer". Sein Hauptaugenmerk liegt auf dem Austausch zwischen Luft und Wasser an der Meeresoberfläche. Er hat bereits bei vielen Schiffsexpeditionen neben der Ostsee auch den Atlantik, das Mittelmeer, das Schwarze Meer, die Arktis und den Antarktischen Ozean erforscht.

Herr Dr. Toste Tanhua, Sie rufen Hobbysegler:innen auf, sich einzubringen und Daten für die Wissenschaft zu sammeln. Welche Verbindung haben Sie selbst zum Segeln?

Ich segle schon, solange ich denken kann. Geboren bin ich in einer kleinen Stadt namens Oskarshamn in der Provinz Småland in Südschweden. Die liegt direkt an der Ostseeküste, vor einem Schärengebiet mit tausenden Inseln voll wunderschöner Natur. Ein perfekter Ort zum Segeln. Meine Eltern waren auch segelbegeistert und haben mich immer mitgenommen. Und dabei wuchs auch die Liebe, die Natur zu entdecken, Vögel zu beobachten und Pflanzen zu erkunden. Dann kam noch das Tauchen dazu, wodurch ich die Unterwasserwelt kennenlernte. Und so hat sich alles zusammengefügt, weshalb ich mich mit Stoffkreisläufen zwischen Luft und Wasser beschäftige.

Dann ist ja der Weg nicht weit, Segelboote zu nutzen, um Daten über Sauerstoffgehalte in der Ostsee zu sammeln. Wann haben Sie diese beiden Dinge zusammengebracht; wann war Ihr Projekt namens „Sailing for Oxygen" geboren?

Ich denke da schon länger drüber nach, spätestens seit 2017 immer dann, wenn ich die Segelboote in der Kieler Förde sehe. Plötzlich kamen ein paar Zufälle zusammen und die Zeit war gekommen. Der erste Zufall war, dass sich die Messtechnik sehr gut entwickelt hat. Mittlerweile ist es möglich, Sauerstoffdaten mit einem Sensor direkt im Meer aufzunehmen. Lange waren dafür chemische Analysen im Labor nötig. Die Sonden sind mit rund 6000 Euro auch gar nicht so teuer, wenn wir das mit anderen Geräten vergleichen, und leicht zu bedienen. Der zweite Zufall war, dass der Trans Ocean Verein zur Förderung des Hochseesegelns aus Cuxhaven gerade eine Umfrage mit seinen Mitgliedern gemacht hat. Dabei kam raus, dass die Segler*innen gerne etwas für die Meeresumwelt machen wollen. Also haben wir uns getroffen. Das GEOMAR übernimmt den wissenschaftlichen Teil und kümmert sich sowohl um den

Transfer als auch die Auswertung der Daten; Trans Ocean betreut die Segelsportler*innen und Häfen. Und der dritte Zufall war, dass das Bundesministerium für Bildung und Forschung genau zu diesem Zeitpunkt marine Wissenschaftsprojekte für Hobbywissenschaftler*innen fördern wollte. Also haben wir einen Antrag geschrieben und Fördermittel vom Bund bekommen.

Bei so einem Antrag mussten Sie das Ziel des Projektes ganz genau beschreiben: Was ist der Kern von „Sailing for Oxygen"?

Ganz viele Daten zu sammeln. Je mehr Details wir haben, desto besser ist unsere Forschung. Wir wollen verstehen, wie unterschiedlich das Sauerstoffangebot in den einzelnen Wasserschichten zwischen den Beltbrücken, die im Nordwesten die dänischen Inseln verbinden, und dem Leuchtturm in Warnemünde ist. Der Sauerstoffgehalt kann jahreszeitlich und räumlich sehr stark schwanken. Um diese Veränderungen zu sehen, reichen die bisherigen Daten nicht aus. Und diese Lücken können Segler*innen schließen.

Auf Forschungsfahrten messen Sie und andere Institute jedes Mal an ganz bestimmten Stellen. So machen es auch die festen Messstationen, damit Sie die Daten gut vergleichen können. Doch die Segelboote fahren kreuz und quer, messen mal hier, mal dort.

Es gibt natürlich ein paar Standorte in der Ostsee, die wir für die Messungen bevorzugen und bei denen wir die Segler*innen bitten, dort hinzufahren. Aber sie sind völlig frei, denn uns helfen auch Daten von anderen Stellen. Es gibt ja gute Programme, die auch konfuse Zahlen nutzbar machen können. Das ist also kein Problem. Wir beschränken niemanden: Wer Daten auch außerhalb unseres Forschungsgebietes, also weiter östlich oder nördlich, sammeln möchte, kann das machen. Dort fehlen uns aber noch Häfen, die sich beteiligen. Man muss dann also wieder zurücksegeln, um die Sonde an einer Partner-Marina abgeben zu können.

Für die, die segeln und sich beteiligen möchten: Wie läuft das Ganze ab?

Man lädt sich die App „Sailing for Oxygen" herunter und registriert sich und sein Boot dort. Auf einer Karte sieht man dann, bei welcher Marina es eine der insgesamt acht Sonden gibt. Die bucht man sozusagen, holt sich einen kleinen Koffer ab, in dem die Sonde und alles, was man sonst noch braucht, enthalten ist. Dann kann man damit auf seinem Segeltörn messen, auch über eine längere Zeit. Obwohl das Gerät länger durchhält, sollte man es nach drei bis vier Tagen wieder abgeben, damit möglichst viele Menschen es nutzen können. Wenn man mit den Messungen fertig ist, gibt man die Sonde wieder an einem Hafen ab. Das muss nicht derselbe sein, an dem man die Sonde abgeholt hat. Wir sind da mittlerweile ganz gut vernetzt.

Toste Tanhua beim Datenangeln

*Und wie führen die segelnden Hobbywissenschaftler*innen ihre Messungen genau aus?*

Wenn es passt, also der Wind nicht zu kräftig bläst, die Welle nicht zu hoch ist, die Kinder versorgt sind und der Kaffee fertig ist, legt man bei, bringt das Segelboot also zum Stehen. Am besten an einem Ort mit mindestens 15 Metern

Wassertiefe. Dann öffnet man den kleinen Koffer, in dem alles enthalten ist. Die Sonde aktiviert man und verbindet sie mit dem dazugehörigen Handy über Bluetooth. Dann lässt man sie an einem Seil langsam herunter, bis sie sanft auf dem Boden ankommt. Auf dem Weg misst das Gerät in unterschiedlichen Wassertiefen die Sauerstoffkonzentration, aber auch die Temperatur und den Salzgehalt. Denn diese Parameter beeinflussen ja das Sauerstoffvorkommen besonders. Zusätzlich ermittelt das Gerät noch den Wasserdruck, der ja mit der Tiefe zunimmt. So weiß es, in welcher Wasserschicht die Messungen erfolgen. Nach einer Weile zieht man die Sonde wieder an Bord.

Jetzt schlummern die Daten also auf dem Messgerät, aber wie kommen die zu Ihnen?

Die Hobbywissenschaftler*innen beenden die Messung per Knopfdruck, die Daten werden heruntergeladen und landen dann in der App. Und die sendet die Werte per Mail direkt ans GEOMAR und in unser digitales Datenportal Beluga. Immer zum Jahresende schauen wir uns die Messungen genau an und unterziehen sie einer Qualitätskontrolle. Auf die Daten können nicht nur wir, sondern zum Beispiel auch weitere wissenschaftliche Einrichtungen, Umwelt- und Fischereibehörden zugreifen. Und wenn wir irgendwann viele Segler*innen haben, die große Datenmengen sammeln, könnte das auch für das europäische Erdbeobachtungsprogramm „Copernicus“ spannend werden, das ja Daten für Wetter, Klima, Umwelt und Katastrophenvorsorge braucht.

Sie stehen im engen Austausch mit den Segler*innen. Was sagen die denn, nachdem sie sich als Hobbyforschende ausprobiert haben?

Im Großen und Ganzen sind sie begeistert, weil sie etwas zum Meeresschutz beitragen können. Wir nennen das „Ocean Literacy“, das Verständnis darüber, dass die Meere den Menschen und der Mensch die Meere beeinflusst.

Über dieses Wissen dann auch ins Handeln zu kommen, das ist wichtig. Manche sagen völlig zu Recht: „Wir sind jetzt ein Forschungsschiff! Wir machen Wissenschaft!“ Sie könnten in der Zeit, in der sie beiliegen, natürlich auch mal nichts tun. Doch viele wollen aktiv sein und etwas über das Meer lernen. Einige möchten das beim Segeln auch ihren Kindern vermitteln. Es gibt verständlicherweise auch mal Kritik. Denn noch läuft nicht alles rund. Das kann auch mal zu Frust führen.

Was waren denn die gedanklichen Riffe, die sie umschiffen mussten?

Das fängt schon bei der Technik an, wenn die Sonde sich nicht mit dem Handy verbinden will. Anfangs dachten wir, dass ja jeder ein Smartphone hat, dass man nutzen könnte. Doch es sind zu viele Einstellungen nötig. Also haben wir jetzt in jedem Messpaket ein Telefon dabei, das voreingestellt ist. Dann gab es Probleme mit dem Internet auf hoher See, wodurch die Daten nicht durchkamen. Die kann man nun aber auch selbst eingeben und versenden, sobald anderswo die Internetverbindung stabil ist. Erst war unsere Idee auch, die Sonde an einer Hochseeangel ins Wasser zu lassen. Das hat den Vorteil, das Messgerät weiter entfernt von der Bordwand eintauchen zu können, damit Sonde und Boot heil bleiben. Doch mit so einer Angel umzugehen, wenn man das sonst nie macht, ist zu schwer. Die Angel kann nutzen, wer sich damit wohlfühlt, aber ein Seil reicht auch, weil die Segler*innen sehr vernünftig mit der Technik umgehen. Wir sind eben noch in der Testphase und lernen in der Praxis immer wieder Neues dazu.

Wenn bald alles reibungslos läuft: Welche Wünsche haben Sie für das Projekt noch – wo könnte die Reise in Zukunft hingehen?

Ein Traum wäre es natürlich, wenn es eine globale Bewegung würde. Der Profisegler Boris Hermann hat für uns ja schon während einer Regatta um die Welt gemessen.

Und auch der Abenteurer Arved Fuchs hatte unsere Sonde bei einer Expedition in der Ostsee dabei. Trans Ocean ist ja auch sehr gut vernetzt mit 175 Stützpunkten weltweit. Erstmal könnten wir das Projekt in der Ostsee erweitern und dann in den großen, weiten Ozean blicken. Außerdem müssen wir uns nicht nur auf Segler*innen beschränken. Das Thünen-Institut für Ostseefischerei in Rostock hatte ja bereits ein gemeinsames Projekt mit dem Leibniz-Institut für Ostseeforschung Warnemünde mit Fischerbooten. An den Fanggeräten waren auch Datenlogger angebracht, die Sauerstoff und andere Parameter gemessen haben. Den Fischern ist ja ebenfalls daran gelegen, dass es der Ostsee wieder besser geht. Und schön wäre es doch, wenn wir aus den Daten Maßnahmen ableiten könnten, um den Sauerstoffmangel der Ostsee einzudämmen und ihn in anderen Meeren zu vermeiden.

Wann Norwegen die Fjorde reanimieren wollte

Für den Kampf gegen die Atemnot der Ostsee hat es ähnliche Überlegungen zu technischen Methoden wie bezüglich ihres Fiebers gegeben. Analog zur Idee, Kohlendioxid in die Sedimente der Meere zu verklappen, könnte auch Sauerstoff in die Todeszonen gepumpt werden. In der Ostsee wird das aktuell nicht gemacht, aber es gibt Überlegungen für die Zukunft. Dabei könnte man auch auf Erfahrungen bauen, die in der Nordsee von 1980 bis Anfang der 2000er gesammelt wurden. Dort leiteten sogenannte Sauerstofflanzen, Schläuche mit 100 Metern Länge, Sauerstoff in norwegische Fjorde. Gleichzeitig wurde dadurch Blasenströmung erzeugt, die das sauerstoffarme Tiefenwasser mit sauerstoffreichem Oberflächenwasser durchmischte. Ziel war es, das saisonale Fischsterben zu verhindern. Einzelne Anlagen beförderten bis zu fünf Tonnen Sauerstoff am Tag in Tiefen zwischen 20 und 50 Metern.

Tatsächlich reicherte sich im Wasser Sauerstoff an, der Schwefelgehalt sank und Fischbestände erholten sich teilweise. Dennoch hagelte es Kritik, weil der Energieverbrauch sehr hoch war: Die Anlagen benötigten zwischen einer und zwei Kilowattstunden, um ein Kilogramm Sauerstoff ins Meer zu pumpen. Rechnen wir das hoch, hat der Prozess täglich so viel Energie verbraucht wie eine Stehlampe, die mehr als eine Million Stunden brennt. Außerdem hatte man ungeheure Mengen Sauerstoff einzuleiten, die irgendwo gewonnen werden mussten. Letztendlich war die Methode auf lange Sicht zu teuer, aufwendig und ökologisch nicht vertretbar. Die Nutzung großer Energiemengen strahlt meist auch Wärme ab und produziert unter Umständen Treibhausgase, die das Klima wiederum aufheizen. Es liegt kein Mehrwert darin, die Atemnot zu therapieren und damit das Fieber hochzutreiben.

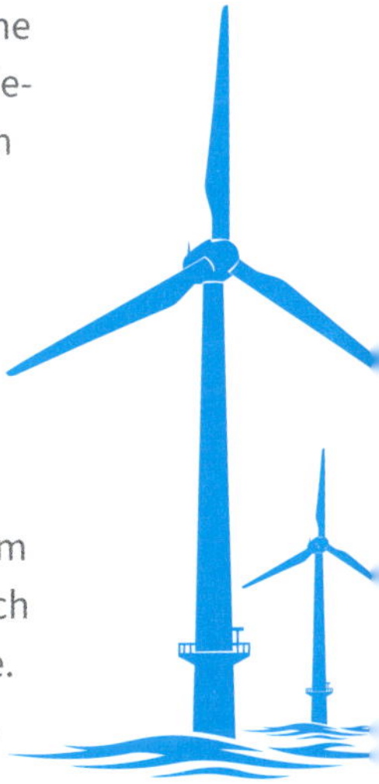

Wieso Windräder indirekt die Ostsee belüften könnten

Dennoch ist die Idee nicht ganz gestorben; sie lebt wieder auf, seitdem grüner Wasserstoff als energiereicher Quell immer mehr im Gespräch ist. Dabei nutzt die Industrie eine abgewandelte Form der Fotosynthese. Wasser wird gespalten, allerdings hilft hier statt Sonnen- Stromenergie, die aus nachhaltiger Erzeugung wie beispielsweise Windparks stammt. Bei der Spaltung des Wassers geht die Energie auf den Wasserstoff als eine Art Speicher über, was praktisch ist, wenn Windkraftanlagen mal einen Überschuss erzeugen. Genau wie bei der Fotosynthese entsteht dabei Sauerstoff als Nebenprodukt. Er kann industriell eingesetzt werden, um zum Beispiel Metalle zu schmelzen, analog zu einem Grill, dessen Kohle man anheizt, indem man ihr Luft zufächelt. Auch in der Medizin findet der Sauerstoff Anwendung, etwa zur künstlichen Beatmung von Patient*innen mit Atemwegserkrankungen oder als Teil von Anästhesiegasen zur Betäubung vor Operationen.

Allzu oft wird der Sauerstoff aus der Wasserproduktion aber noch einfach in die Atmosphäre entlassen. Dabei könnte er, so die Idee, die sauerstofffreien Zonen der Ostsee belüften. Das klingt gar nicht so weit hergeholt, denn die Ostseeküste scheint sich zu einem wahren Nährboden für Anlagen zu entwickeln, die Wasserstoff und somit fast nebenbei Sauerstoff herstellen. Allein im vorpommerschen Lubmin sind vier Anlagen geplant. Das ist kein Zufall, denn die Kraft des Stroms, der an diesem Standort zu Wasserstoffenergie umgewandelt werden soll, kommt von den Windparks vor der Halbinsel Fischland-Darß-Zingst und vor der Insel Rügen.

Somit ist denkbar, dass der in Lubmin abfallende Sauerstoff ebenso in die Ostsee geleitet werden könnte, gezielt dort, wo er fehlt.

Noch besser wäre es, wenn der Sauerstoff direkt auf der Ostsee entstehen würde. Potential hätte die Energieinsel, die auf dem dänischen Bornholm geplant ist. Die Macher*innen sprechen von der dänischen Mondlandung bis 2030, weil das Projekt so groß aufgezogen werden soll, dass der Strom von drei Windparks mit einer Leistung von knapp vier Gigawatt nicht nur drei Millionen Haushalte in Dänemark und Deutschland, sondern auch eine riesige Wasserstoffanlage versorgen soll. Der Vorteil der Energieinsel ist sicherlich, dass der Strom nicht erst ans Festland zu einer Wasserstoffproduktionsstätte transportiert werden muss, denn dabei geht Energie verloren, von den Kosten mal ganz abgesehen. Windräder um Bornholm könnten auf kurzem Weg die Anlage speisen. Möglich erscheint auch, den Sauerstoff, der bei diesem Prozess entsteht, direkt ins Tiefenwasser des Bornholmbeckens und das anderer Meeresgebiete zu leiten.

Allerdings funktioniert das Verfahren bisher nur mit gereinigtem Süßwasser. Die Salze im Ostseewasser, mögen sie auch gering sein, können die Anlagen beschädigen oder zur Bildung giftiger Gase während der Produktion führen. Das Meerwasser müsste erst entsalzt und dann gereinigt werden, was hohe Kosten erzeugt. All diese Probleme will ein Projekt lösen, das vom GEOMAR Helmholtz-Zentrum Kiel geleitet wird. Die Forschenden erproben Materialien, die mit dem aggressiven Salzwasser zurechtkommen. Unterstützen sollen zudem Mikroben aus der Nord- und Ostsee, die in der Lage sind, die schlechten Eigenschaften der Salze abzumildern. Doch bisher stehen weder die Wasserstoffanlagen, noch ist die Forschung dazu abgeschlossen. Bis sich ein Wasserstoffnetz spinnen wird, das dann auch noch den Gedanken einfängt, das Meer mit Sauerstoff zu füttern, werden noch Jahrzehnte vergehen. Damit verlieren wir nötige Zeit zu verhindern, dass die Ostsee nicht vollständig erstickt.

Weshalb Hilfe schaden kann

Sicherlich würden sich bei einem solchen Vorhaben, ähnlich wie an den norwegischen Fjorden, relativ schnell positive Effekte zeigen, jedoch muss die Wissenschaft erst die Langzeitfolgen abschätzen können. Chemische Prozesse versteht sie zwar schon ganz gut, aber biologische Abläufe, so sind sich Forschende einig, bleiben oft unberechenbar. Sauerstoff könnte nicht nur dazu führen, dass Muscheln, Krebse, Fische und andere Meeresbewohner die tiefen Becken wieder beleben. Es besteht auch die Möglichkeit, dass sich aus den Sedimenten Lebewesen freisetzen, die in Massen Schaden anrichten. Wir haben hier schon über Algen gesprochen, die rund 7000 Jahre im Sediment des Gotlandbeckens überdauerten. Es könnte massive Folgen haben, wenn sie Sauerstoff bekämen, ihren langen Schlaf beendeten, aus dem Gotlandbecken steigen und die Blüten derart verstärken würden, dass sie ein nie dagewesenes Ausmaß annähmen. Stürben diese Massen irgendwann ab und sänken zu Boden, würde das Bakterienwachstum angekurbelt werden. Dabei verbräuchten die Einzeller wiederum große Mengen Sauerstoff, was das Ausgangsproblem nicht lösen, sondern sogar verschlimmern könnte. Auch mit den für Menschen gefährlichen Vibrionen wäre dann vermehrt zu rechnen. Und wir müssen die Altlasten am Grund der Ostsee bedenken, desgleichen die Massen von Nährstoffen, die dort fixiert sind. Eine Menge davon würde sich aus dem Sediment lösen und die Ausbreitung der Blüten noch vorantreiben.

Es sind jedoch nicht nur organische Verbindungen wie Nährstoffe, sondern auch anorganische wie Schwermetalle, die mit ins Kalkül gezogen werden müssen. Im folgenden Kapitel kommen wir noch auf Thallium und Blei zu sprechen, die ebenfalls mit Sauerstoff reagieren und die Ostsee vergiften könnten. All das sind nur ein paar mögliche Folgen, die nicht einmal annähernd zeigen, wie komplex das Ökosystem reagieren kann. Wir sollten uns also genau überlegen, ob wir massiv ins System der Ostsee eingreifen. Der aktuelle Gesundheitszustand des Meeres zeigt, dass wir ihm schaden können, vor allem immer dann, wenn wir unbedacht handeln. Außerdem bekämpfen wir nur die Symptome, wenn wir Sauerstoff in die Ostsee pumpen, und nicht die Ursachen der Atemnot.

Warum Fiebersenken und Diät auch gegen Atemnot helfen

Dabei könnten wir auf alle Maßnahmen setzen, die bereits in den ersten zwei Kapiteln Thema waren. Wenn wir den Klimawandel drosseln, nimmt auch die Wassertemperatur der Ostsee nicht weiter zu; wenn wir uns anstrengen, sinkt sie vielleicht sogar. So wäre das kältere Wasser auch wieder aufnahmebereiter für Sauerstoff. Außerdem müssen die Nährstoffeinträge drastisch reduziert werden, um die Algen- und Cyanobakterienblüten einzudämmen, damit ihr Tod nicht zu einer Wachstumsexplosion sauerstoffverbrauchender Bakterien führt. Das Fieber und das Völlegefühl zu therapieren, hilft logischerweise auch gegen die Atemnot. Das sollte uns doch Motivation genug sein, wenn wir mit denselben Maßnahmen gleich mehrere Krankheitssymptome der Ostsee behandeln können. So bringen wir die Ostsee wieder in einen natürlichen Zustand, einen, in dem sie zwar weiterhin an verschiedenen Stellen Sauerstoffmangel hat, aber in einem Ausmaß, mit dem die Meeresflora und -fauna umgehen kann, weil sie sich über Jahrtausende angepasst haben.

Und wenn wir wollen, dass die Flachwasserbereiche Sauerstoff produzieren, sollten wir statt Mikroalgen und Cyanobakterien eher das Wachstum von Seegräsern und Großalgen fördern. Wer einmal durch eine Seegraswiese taucht und die unscheinbaren Pflanzen ganz genau betrachtet, sieht, wie sich an ihren Blättern kleine Bläschen bilden. Sie bestehen aus dem Gas, das uns atmen lässt.

Ein Versuch: Blasentang wächst auf einem Ziegelstein

Während die Wiederaufforstung von Seegraswiesen in den vergangenen Jahren häufiger Anklang in den Medien fand, ist die der Großalgen nur ein Randthema. Über den Rostocker Verein Alles Alge haben wir bereits gesprochen; er setzt darauf, den Nährstoffüberfluss für das Algenwachstum nutzbar zu machen. In der Eckernförder Bucht gibt es auch ein interessantes Projekt des GEOMAR Helmholtz-Zentrums für Ozeanforschung Kiel gemeinsam mit der Christian-Albrechts-Universität zu Kiel und der Universität Rostock: An Fundamenten, die denen in Offshore-Windparks ähneln, züchten Forschende Blasentang. Die glatten Strukturen des Betons sind ideal, damit sich die Großalgen mit ihren Saugnäpfen festhaften können. Es entsteht ein unterseeischer Wald, der Nährstoffe bindet, Sauerstoff produziert und so die Wasserqualität der überdüngten Bucht verbessert. Ein solcher Vorgang würde zudem wieder einen positiven Effekt für die Verbreitung von Seegräsern haben. Dieses Pilotprojekt soll dazu dienen, die Idee künftig rund 200 Kilometer weiter östlich großflächig umzusetzen. Denn vor Rügen drehen sich mehr als 130 Windräder, mindestens genauso viele sind in Planung. Sie alle haben ein Fundament, das sich als Zuhause für den Blasentang anbietet. So könnten Windparks eine zweite Aufgabe bekommen und neben der Stromerzeugung über Wasser zu Sauerstoffproduzenten unter Wasser werden. Einen Haken hat das Ganze noch: Irgendwann stirbt der Blasentang ab und gibt seine Nährstoffe wieder frei. Er müsste also regelmäßig abgeerntet werden, könnte dann aber als grüner Brennstoff oder als Produkt für die Kosmetikindustrie verwendet werden.

Wer weiß, welche Ideen die Wissenschaft noch entwickelt. Ein ums andere Mal hat sie schon Erkenntnisse gewonnen, die Positives bewirkt haben, manchmal vielleicht sogar, ohne es zu merken. Ähnlich wie Carl Wilhelm Scheele: Für die Entdeckung des Sauerstoffs hätte es wohl keinen besseren Ort als das schwedische Uppsala geben können. Es ist, als würde der Klang des Stadtnamens selbst Überraschung oder Verwunderung darüber ausdrücken, dass Scheele nicht nur das Lebenselixier entdeckt hat, sondern ihm verborgen blieb, dass genau vor den Toren Uppsalas Wassermassen fließen, die für die Sauerstoffversorgung der Ostsee unabdingbar sind. Doch ohne seine unermüdliche Arbeit und die anderer Wissenschaftler*innen wüssten wir das heute nicht und wären nicht mal in der Lage, die Ostsee schützen zu können. Dank solcher Persönlichkeiten haben wir das Wissen, dies tun zu können. Wir müssen nur einmal tief einatmen, die Ostsee schmecken und loslegen.

Schadstoffeinfluss in die Ostsee

KAPITEL

VERGIFTUNG 4

Wie eine Frau dem Tod den Kampf ansagte

Rachel Carson hat drei dicke Wälzer geschrieben, die das Wesen des Ozeans samt der Poesie seiner Tiefsee und Küsten in eine Sprache kleideten, wie sie nie jemand vor und nach ihr gefunden hat. Ein kleiner Sandregenpfeifer flötet sein weiches „Tüü ih“ in die Druckerschwärze, Aale wandern über das Papier der Seiten zu ihren Laichgebieten, Strandschnecken, Pfeilschwanzkrebse und Wattwürmer lugen zwischen den Zeilen hervor.

Seit ihren Kindertagen in den 1920ern schrieb die US-Amerikanerin Geschichten, da hatte sie das Meer noch gar nicht gesehen. Sie begann Englisch zu studieren, weil sie unbedingt Schriftstellerin werden wollte, doch ihre Begeisterung für die Natur veranlasste sie dazu, ein Biologiestudium anzuschließen. Dadurch brachte sie ein Praktikumsaufenthalt am Marine Biological Laboratory nach Woods Hole, einer Landzunge an der Ostküste, die sich weit in zwei Buchten des Atlantiks ausstreckt. Erst dort, im Alter von 22 Jahren, sah die junge Frau zum ersten Mal das Meer.

Dieser Augenblick sollte Rachel Carson nie mehr loslassen, weshalb sie sich fortan den Meeren verschrieb. Ihren Traum, einen Doktortitel zu erlangen, musste sie aufgeben, weil das Geld fehlte. Um sich und ihre Familie daheim in Springdale durchzubringen, nahm sie einen Job in der US-Fischereibehörde an. Zum Glück bedeutete er ganz und gar nicht die öde Sekretariatsarbeit, die sie als Frau zu jener Zeit üblicherweise zugewiesen bekommen hätte. Carson schrieb Artikel für Zeitschriften, Skripte für eine Radiosendung und kam so mit Forschenden und Fischenden in Kontakt. Bis dahin hatte sie gedacht, dass sie sich für eines, Literatur oder Wissenschaft, entscheiden müsse. Plötzlich begriff sie, dass sich beides wunderbar vereinen ließ. So kam es, dass sie im Jahr 1941 ihr erstes Buch – „Unter dem Meerwind" – veröffentlichte, das sofort zum Erfolg wurde. Rachel Carson kündigte ihren Job und beschloss, sich nur noch dem Schreiben zu widmen. In den 1950ern folgten die beiden anderen Teile ihrer Meeres-Trilogie.

DDT-Einsatz in Wäldern und auf Feldern der ehemaligen DDR in den 1950ern

Ihr viertes Buch aus dem Jahr 1964 sollte das mit Abstand kritischste Werk werden, fernab der Fesseln, die ihr Vorgaben der staatlichen Fischereibehörde angelegt hatten. „Der stumme Frühling", eines der wichtigsten Sachbücher des 20. Jahrhunderts, entstand, nachdem Armeen im Zweiten Weltkrieg wieder einmal chemische Waffen gegen Menschen eingesetzt hatten.

Während das Unheil tobte, wurde in der Schweiz die Wirkung einer Chemikalie entdeckt, die tödliche Macht besaß. Amerikanische und britische Soldaten führten sie vor allem in südostasiatischen Kampfgebieten in ihrem Marschgepäck mit sich: Dichlordiphenyltrichlorethan, weltbekannt geworden unter seiner Abkürzung DDT. Es war ein Mittel gegen Malariamücken, das die Kämpfenden schützen sollte. Doch als die Waffen der Streitmächte verstummten, wurde der Krieg gegen Insekten fortgesetzt, und zwar nicht nur gegen Mücken, sondern auch gegen Kleiderläuse und Milben, Holzwürmer und Kartoffelkäfer sowie alle erdenklichen kleinen Lebewesen, die der Mensch als Schädlinge ansah. In den USA, aber auch im geteilten Nachkriegsdeutschland zogen Sprühwagen wie Panzer durch Felder, Obstplantagen und Weingärten. Luftunterstützung kam von

Flugzeugen, die, als wären sie Kampfjets, Gift über schwer zugängliches Terrain der Wälder abfeuerten. In vielen Haushalten galt DDT als Wundermittel, mit dem aus Sprühflaschen auf lästiges Getier geschossen werden konnte.

Rachel Carson war es, die darauf aufmerksam machte, dass DDT und weitere Vernichtungsmittel nicht unterscheiden, welches Insekt nun schädlich oder welches nützlich für den Menschen ist. Die Pestizide legten sich wie ein weißer Schleier des Todes auf Fische, Lurche, Reptilien, Vögel und Säugetiere, ja auch auf Menschen: Sie alle wurden krank oder starben schleichend. Und die Insekten kamen wieder, stärker als zuvor, mit verändertem Erbgut und ohne Feinde, die mit Mäulern und Schnäbeln nach ihnen hätten schnappen können.

Darüber schrieb Rachel Carson schonungslos, detailliert und wissenschaftlich fundiert, in einer Sprache, die jede und jeder verstand. Für die einen wurde sie zur Heldin, die die Umweltbewegung losgetreten hatte. Für die anderen war sie eine Verrückte, welche die Industrie zerstören wollte, noch dazu eine Frau, die nicht einmal einen Doktortitel besaß. Zum Glück bekam kein geringerer als der damalige US-Präsident John F. Kennedy einen Vordruck vom „Stummen Frühling" in die Hand, ausgerechnet er, der sich während des Krieges noch selbst für den Einsatz von DDT stark gemacht hatte. Er war jedoch so beeindruckt von dem Werk, dass er dessen Inhalt von Behörden prüfen ließ. Die Berichte gaben Carson Recht. Nur ein paar Jahre nach Veröffentlichung des Buches traf eine Kugel den Präsidenten und wenige Monate später der Krebs die mutige Literatur-Biologin. Beide bekamen nicht mehr mit, dass DDT in den Staaten schließlich 1972 verboten wurde. Im selben Jahr folgte dem die Bundesrepublik.

Wieso das Meer nicht vergisst

Doch ausgerechnet „Der stumme Frühling", der das grüne Land der Erde ins Rampenlicht rückte und dem blauen Ozean allenfalls eine Rolle als kleinem Nebendarsteller zusprach, sollte das entscheidende Buch für die Gesundheit der Ostsee sein. Denn in dem kleinen Meer zeigten sich die Folgen des tödlichen Giftes deutlich, was die Menschen zum Handeln aufrief. Ähnlich wie bei den Nährstoffen, brachten Flüsse die tödliche Fracht vom Land ins Meer. Das antwortete und spülte immer mehr verendete Robben an. 18000 Robben raffte das Pestizid allein im Jahr 1988 an der deutschen Meeresküste dahin, womit die Population um die Hälfte schrumpfte. Autopsien bestätigten, dass sich DDT im Fettgewebe der Tiere angereichert hatte. Es ließ ihre Nervenzellen ständig feuern, wodurch sie dauerhaft in Erregung waren. Der Stress führt zu Verhaltensänderungen. DDT störte auch den Hormonapparat der Meeressäuger, besonders in Bezug auf die Fortpflanzungsorgane. Die Hälfte der untersuchten Weibchen hatte eine verengte, verschlossene oder gar keine Gebärmutter. Sie waren unfruchtbar oder verloren ihren Nachwuchs noch im Mutterleib, manche auch bei der Geburt. Das Gift schwächte zudem die Abwehrkräfte der Robben derart, dass sich Krankheitserreger ohne Gegenwehr auf und in ihnen breit machen konnten. Viele der angeschwemmten Tiere hatten sich mit dem Staupe-Virus infiziert, dem gleichen Erreger, der an Land so gefährlich für Hunde, Füchse und Marder ist.

Jedoch kommt die Frage auf, wieso es 16 Jahre nach dem Verbot von DDT in der Bundesrepublik zu einem solchen Unglück kommen konnte. Zum einen war der Stoff in der ehemaligen DDR weiterhin erlaubt; erst nach der Wende verschwand er aus den Regalen. Zum anderen braucht die Natur lange, um DDT zu entfernen. Denn marine Lebewesen müssen nicht unmittelbar mit dem weißen Pulver besprüht werden, um Schäden davonzutragen. Das Nahrungsnetz gibt das zähe Gift von Knoten zu Knoten weiter. Pflanzen und Tiere können diesen künstlichen Stoff nämlich kaum abbauen und ausscheiden, weshalb er sich mit jeder Nahrungsaufnahme in ihren Körpern anreichert. Besonders schlimm trifft es Tiere, die an der Spitze des Nahrungsnetzes stehen. Eine bereits belastete Robbe zum Beispiel frisst einen verseuchten Fisch, der zuvor vergiftete Krebse verspeist hat, die an einem kontaminierten Seegras geknabbert hatten. Am Ende häufen die Robben das DDT an, was sich im Nahrungsnetz verfangen hatte.

DDT hatte jedoch mehrere Komplizen, die gleichfalls die Ostsee heimsuchten. Zusammen sind es zwölf organische Schadstoffe, die als „Dreckiges Dutzend“ in die Geschichte eingingen. Darunter sind weitere, die ebenfalls als Pestizide eingesetzt wurden, aber auch Verbindungen, die sich in den dunklen Rauchwolken und dem braunen Abwassersud der Industrie gen Ostsee aufmachten. Nach und nach wurden sie verboten, jedoch war der Weg dahin holprig. Seit Ende der 1990er hielt die Weltgemeinschaft fünf zähe Verhandlungsrunden ab, auf denen sie sich nicht einig wurde. Während es in den reichen Industriestaaten bereits Alternativen zum „Dreckigen Dutzend“ gab, fehlten diese in den Entwicklungsländern, weil sich Geld auf unserem Globus weniger gleichmäßig verteilt als Umweltgifte. Schließlich fanden die Staaten doch einen Kompromiss, sodass sich am 22. Mai 2001 Delegationen aus 152 Ländern an der Ostseeküste trafen, um in Schwedens Hauptstadt das Stockholmer Übereinkommen zu unterzeichnen. Drei Jahre danach sollte das „Dreckige Dutzend“ mit dem Vertrag weltweit ein für alle Mal verboten oder zumindest so weit eingeschränkt werden, dass es nach heutigem Wissen keinen Schaden mehr in der Umwelt anrichten kann. Ihre Namen sind eingemeißelt auf der sogenannten Liste der persistenten organischen Schadstoffe. Da die Industrie jedoch sehr schnell sein kann, verbotene Substanzen gewinnbringend zu ersetzen, kommen die Vertragsstaaten alle zwei Jahre zusammen, um zu entscheiden, ob der Gebrauch weiterer Stoffe untersagt werden muss. Mittlerweile stehen mehr als 30 gefährliche Chemikalien, einschließlich Verbindungen, die aus ihnen hervorgehen, auf der Liste. Nach dem Vorsorgeprinzip haben sich die Staaten auch darauf geeinigt, Stoffe regulieren zu können, selbst wenn eindeutige wissenschaftliche Beweise über ihre Giftigkeit noch fehlen.

Wo das Leben schwer wie Blei wird

Ähnlich alte Bekannte der Ostsee sind Schwermetalle, die allerdings im Gegensatz zum „Dreckigen Dutzend“ in kleinen Mengen ganz natürlich vorkommen. Doch die gesellschaftliche Entwicklung in den vergangenen 100 Jahren hat so große Mengen dieser Schadstoffe produ-

Rauch steigt an Land in die Luft und dann ins Meer hinab

ziert, dass marine Lebewesen geschädigt wurden und werden. Schwermetalle wirken sich negativ auf Nieren, Leber und Fortpflanzungsorgane aus und greifen das Nervensystem an. Ihr Einfluss nahm in der Ostsee vor allem in den Nachkriegsjahren zu und erreichte in den 1980ern seinen Höhepunkt. Viele der Metalle krochen aus den Schornsteinen der Fabriken und Kraftwerke oder verteilten sich über deren Abwasser. Und durch den Verkehr entstehen ebenfalls schwermetallhaltige Abgase; Bremsen und Reifen enthalten Kupfer, Nickel, Chrom und Blei, die durch Abrieb auf der Straße landen, bis der Regen sie einsammelt und über Flüsse ins Meer spült. In den 1950ern und 1960ern war es in Schweden zudem völlig legal, dass die Druckindustrie Fässer voller Quecksilber in die Ostsee entsorgte. Aus dieser Zeit liegen noch bis heute rund 23000 dieser Giftfässer mit knapp neun Tonnen Quecksilber vor der Küstenstadt Sundsvall wie tickende Zeitbomben.

Seit den 1990ern haben die Schwermetalleinträge nach Angaben des Umweltbundesamtes stark abgenommen – Blei, Cadmium und Quecksilber sogar um 70 Prozent. Dabei spielen wiederum verbesserte Filteranlagen für Industrieabgase, strengere Vorschriften bei der Entsorgung und effizientere Klärwerke eine entscheidende Rolle. Bei Blei war außerdem ausschlaggebend, dass es in der Bundesrepublik zwischen 1988 und 1996 schrittweise als Zusatz im Benzin verboten wurde; Anfang des Jahres 2001 zog die Europäische Union nach. Seit August 2021 gibt es weltweit kein verbleites Benzin mehr, mit Ausnahme von Flugzeugkraftstoffen. Schwermetalle in Farben sind streng reguliert, nicht nur an Land, sondern auch auf dem Wasser, wo sie verwendet wurden, um Boote und Schiffe vor Algenbewuchs zu schützen. Seit 2003 dürfen Rümpfe nicht mehr mit Farben gestrichen werden, die Blei-, Zinn-, Zink- oder Kupferverbindungen enthalten. Zudem kontrollieren Umweltbehörden und Forschungseinrichtungen ständig die Schwermetallbelastung des baltischen Meeres.

All das hat zwar dazu geführt, dass die Gehalte im Ostseewasser in großen Teilen mittlerweile unter den vorgeschriebenen Grenzwerten liegen, doch einige Gebiete, insbesondere dort, wo Hafenanlagen und Fabriken an die Küste reichen, sind weiterhin belastet. Allerdings neigen viele Schwermetalle aufgrund ihrer chemischen Eigenschaften dazu, mit anderen Stoffen zu reagieren und sich im Meeresgrund festzusetzen. Obwohl also die Einträge deutlich gesunken sind, hält der Boden die

Altlasten seit Jahrzehnten fest. Immer dann, wenn Anker sich festkrallen, Schleppnetze den Meeresgrund pflügen oder Kräne Hafenbecken und Schiffsfahrrinnen ausbaggern, drohen die schlafenden Schwermetalle wieder aufzusteigen. Deshalb wird vor und während einiger Arbeiten streng überwacht, wie viele Schadstoffe sich lösen könnten. Denn vor allem, wenn sie im Wasser schweben, gelangen sie ins Nahrungsgefüge. Quecksilber reichert sich besonders gut in Organen vieler Meerestiere an, weshalb die Grenzwerte nach Angaben des Landesamtes für Umwelt, Naturschutz und Geologie in Mecklenburg-Vorpommern in deutschen Ostseegebieten noch oft überschritten werden. Wenn Mikroorganismen es zersetzen, entsteht Methylquecksilber, das noch rund 40-mal giftiger ist. Fische aus der Ostsee werden dadurch allerdings so toxisch, dass wir sie nicht essen können. Die Umweltgrenzwerte sind so festgelegt, dass Tiere an der Spitze der Nahrungskette, also Meeressäuger und -vögel, nicht durch Schwermetallbelastung geschädigt werden. Sie ernähren sich fast ausschließlich von Fisch, sodass die Grenzwerte strenger sein müssen als für uns Menschen. Laut dem Landesamt für Lebensmittelsicherheit, Landwirtschaft und Fischerei in Mecklenburg-Vorpommern liegen die Schwermetallwerte für Ostseefische deutlich unter den für die menschliche Nahrung festgelegten Limits. Obwohl für uns also keine Gefahr besteht, sollten wir uns bewusst machen, dass Fische und Co. stellenweise sehr wohl durch Schwermetalle gestresst sind.

Welche Worte einen Aufschrei erzeugten

Ein lange in Vergessenheit geratenes Schwermetall, das als das giftigste der Welt gilt, erhielt im Mai 2024 plötzlich global große Aufmerksamkeit, als ein amerikanisches Meeresforschungsinstitut eine Studie herausgab. Demnach sei die Ostsee das am stärksten mit Thallium kontaminierte Meeresgebiet der Welt; große Teile, wenn nicht sogar die meisten, wären mit diesem Schwermetall belastet, schrieb der Däne Sune Nielsen, Mitautor der Untersuchung. Auch Olaf Dellwig vom Leibniz-Institut für Ostseeforschung Warnemünde war an der Auswertung beteiligt. Plötzlich lief sein E-Mail-Postfach über; sein Telefon stand nicht mehr still. Besorgte Bürger*innen meldeten sich, Medien witterten eine starke Geschichte und sogar das Umweltbundesamt rief an. Doch der Geochemiker konnte nur Entwarnung geben: Es bestehe keine Gefahr für Badegäste und auch nicht für die Flora und Fauna der

Ostsee. Es stimme zwar, dass Thallium im Meeresboden der Ostsee gespeichert sei, Emissionen der Zementindustrie hätten es in den 1950ern und 1960ern über die Luft hierhergebracht, allerdings gäbe es bisher nur Untersuchungen eines einzigen Bohrkerns aus dem Sediment des tiefen Gotlandbeckens. Es bräuchte also noch weitere Analysen aus anderen Teilen der Ostsee, um zu behaupten, dass Thallium überall im Meeresboden vorkomme.

Ein entscheidender Unterschied besteht zudem darin, ob das Gift im Sediment eingeschlossen, quasi sicher verwahrt vorhanden ist oder frei im Wasser. Olaf Dellwig nahm extra eine Wasserprobe am Warnemünder Strand und analysierte diese. Der Thalliumgehalt war so gering, dass ein Mensch an einem Tag mindestens 1000 Liter Ostseewasser trinken müsste, um die vom Bundesinstitut für Risikobewertung maximal empfohlene Menge zu überschreiten. Kurzum: Es ist völlig unmöglich, sich mit Thallium in der Ostsee zu vergiften. Richtig ist, dass unter bestimmten Umständen Tiere leiden können. Wenn die großen Salzwassereinströme aus der Nordsee die Ostseebecken mit Sauerstoff versorgen, setzt ein chemischer Prozess ein, der Thallium aus dem Sediment löst. Doch laut Olaf Dellwig steigen die Konzentrationen nur kurz an, meist nur wenige Wochen bei wirklich großen Einströmen. Dennoch sollten wir das im Hinterkopf haben, wenn wir in Zukunft vielleicht Wege finden sollten, die Becken künstlich zu belüften.

Wenn Wäschen nicht säubern, sondern verschmutzen

Ein Problem direkt auf der Ostsee sind auch die Rauchfahnen von Schiffen, die Treibstoffe hinterlassen, wenn sie verbrannt werden. Darin befindet sich ein giftiges Gemisch aus Schwefel- und Stickoxiden, Schwermetallen sowie Feinstaub- und Rußpartikeln, allen voran die sogenannten Polyzyklischen Aromatischen Kohlenwasserstoffe, als PAKs bekannt, die aus unvollständiger Verbrennung entstehen. Diese Stoffe verpesten die Luft, was vor allem deutlich wurde, als man feststellte, dass Menschen, die in der Nähe von Hafenanlagen lebten, überdurchschnittlich oft unter Lungenerkrankungen litten. Insbesondere die Feinstaubpartikel setzen sich in den Atemwegen fest.

Forschungsschiff aus Warnemünde mit Zeppelin an Bord

Aber auch die marine Umwelt wird geschädigt, weil die Stoffe sich im Wasser verteilen. Das geschieht nicht nur in den Schifffahrtsrinnen, sondern in der gesamten Ostsee, wie ein Forschungsprojekt im Jahr 2023 zeigen konnte. Helena Osterholz vom Leibniz-Institut für Ostseeforschung Warnemünde hat gemeinsam mit anderen Wissenschaftler*innen die Abgase von Schiffen untersucht. An Bord wurden Messinstrumente installiert, desgleichen auf dem Forschungsschiff, das sich in den Abwind der Abgasfahne stellte und Messungen durchführte. Gleichzeitig ließ das Forschungsteam einen zwölf Meter langen Zeppelin aufsteigen, der ferngesteuert ebenfalls hinter den Schiffen herflog, Messdaten erhob und sich dabei immer weiter zurückfallen ließ, um Erkenntnisse darüber zu gewinnen, wie die Abgase sich in weiterer Entfernung verteilten. Außerdem nahm das Team Wasserproben von der Oberfläche bis fast auf den Meeresgrund.

Ein Zwischenergebnis war unter anderem, dass die aufgewirbelten Wassertröpfchen hinter den Schiffen wohl in der Lage sind, Schadstoffe aus der Luft einzufangen und dann ins Wasser zu verfrachten. Das Projekt ergänzt außerdem lange Datenreihen, die zeigen, dass die Schadstoffbelastung durch Schiffe abgenommen hat, jedoch derzeit nicht weiter gesenkt wird. Die Abnahme gelang, weil die Internationale Maritime Organisation IMO 2005 einen Grenzwert von 4,5 Prozent für den Anteil von Schwefel in Schiffstreibstoffen festgelegt hat. Dieser wurde immer weiter gesenkt, sodass er heute bei 0,5 Prozent liegt. Die Ostsee nimmt jedoch eine Sonderrolle ein, weil sie eines von insgesamt fünf Abgaskontrollgebieten weltweit ist, weshalb hier eine Obergrenze von 0,1 Prozent Schwefelanteil gilt. Ähnlich ist die Senkung von Stickoxiden vorangetrieben worden. Für Schwermetalle und PAKs gibt es allerdings keine Grenzwerte in Schiffstreibstoffen.

Viele Reedereien nutzen jedoch weiterhin Schweröl als Treibstoff und setzen eher auf Scrubber, Abgaswaschanlagen, die Schadstoffe filtern, bevor sie als Teil der Rauchwolke aus dem Schiffsschornstein emporsteigen können. Die Abgase aus den Schiffsmotoren gelangen in den Scrubber, wo sie im Waschwasser gebunden werden. Bei offenen Systemen jedoch wird das kontaminierte Waschwasser direkt ins Meer geleitet. Jährlich gelangen so rund 200 Millionen Kubikmeter Waschwasser in die Ostsee, was dem Volumen von 80000 olympischen Schwimmbecken entspricht. Hinzu kommt, dass die Waschanlagen zwar größere Rußpartikel herausfiltern, ein Großteil des Feinstaubs, der sich insbesondere in der Lunge festsetzt, aber in der Abgasfahne verbleibt. Im Endeffekt erzielt ein Scrubber also kaum einen positiven Effekt für die Menschen, schadet aber der marinen Umwelt deutlich mehr. Abhilfe könnten geschlossene Systeme schaffen, die das Waschwasser auffangen, sodass es transportiert und an Land entsorgt werden kann. Allerdings gibt es kaum Schiffe, die diese geschlossenen Systeme benutzen, weil sie einerseits teuer sind, andererseits sich der Transport und die Landentsorgung aufwendig gestalten. Es gibt auch kaum Entsorgungsanlagen, weshalb es sich für Reedereien von vornherein nicht lohnt, auf geschlossene Systeme umzurüsten.

Ohnehin wäre es optimaler, wenn Abgase erst gar nicht entstünden, was nur zu erreichen ist, wenn bei Schiffen auf Elektromotoren gesetzt würde. Um nur ein Beispiel zu nennen: Gerade einmal acht der 35 Kreuzfahrtschiffe haben laut dem Hafenbetreiber Rostock Port in Warnemünde Landstrom bezogen. Containerschiffe, Frachter und Tanker nutzen noch wesentlich seltener diese Form der Energiezufuhr. Es wird noch eine Weile dauern, bis alle Schiffe mit grünem Strom statt fossilem Schweröl unterwegs sein werden.

Wodurch die Ostsee zum Pulverfass wird

Solange Öl jedoch für den maritimen Verkehr und darüber hinaus wichtig ist, werden auch Tanker auf der Ostsee unterwegs sein. Eine besondere Gefahr für das kleine Meer ist durch die geopolitische Lage entstanden. Nach dem Ausbruch des russischen Angriffskrieges auf die Ukraine verhängte der Westen strenge Sanktionen, unter anderem ein Ölembargo. Um dieses zu umgehen, schmuggeln nun hunderte Tanker unter Flaggen diverser Länder täglich mehrere Millionen Tonnen russisches Rohöl über die Ostsee. Meist schalten sie das AIS – ihr Automatisches Informationssystem – aus, um nicht entdeckt zu werden, wodurch das Risiko steigt, mit anderen Schiffen zu kollidieren. Außerdem sind die Schiffe meist alt und mangelhaft gewartet. Sie stellen ein Risiko für die Verkehrssicherheit und die Natur dar. So fielen auf der 274 Meter langen „Eventin" unter der Flagge Panamas in einer Januarnacht 2025 plötzlich alle Systeme aus. Stundenlang trieb der marode Tanker manövrierunfähig und ohne Licht nördlich von Rügen, mitten in den Winterstürmen, beladen mit rund 100 000 Tonnen Öl. Rettungsteams reagierten schnell, schleppten das Schiff trotz meterhoher Wellen in den sicheren Hafen von Sassnitz und konnten so ein Unglück verhindern. Doch das ist kein Einzelfall, immer wieder kommt es innerhalb der Schattenflotte zu Motorenversagen, Nahezu-Unfällen und Kollisionen. Aus Sicht von Umweltschutzorganisationen ist es nur ein Spiel auf Zeit, bis es zu einer Marée noire – einer schwarzen Flut – in der Ostsee kommt, wie eine Ölpest in Fachkreisen genannt wird.

Neben Öl spielt auch Gas eine Rolle im Krieg mit den Rohstoffen. Das bis dato größte Aufsehen erzeugte sicherlich die Sprengung der Nord Stream 2 Gaspipelines im September 2022. Auch wenn die Umstände noch nicht aufgeklärt sind: Im Verdacht stehen Ukrainer, die von Rostock aus mit einer Yacht in die Gewässer vor Bornholm gefahren sein sollen, um Sprengkörper anzubringen. Was jedoch sicher ist, sind die Umweltschäden. Durch die Sprengung wurden rund 465 000 Tonnen Methan freigesetzt, dass bis zu 84-mal klimaschädlicher als Kohlendioxid ist. Um die vier Austrittstellen bildeten sich kreisförmige Blasenfelder auf der Wasseroberfläche, die jeweils einen Durchmesser von einem Kilometer maßen.

Bei der Untersuchung war auch Gregor Rehder vom Leibniz-Institut für Ostseeforschung federführend beteiligt. Er und seine Kolleg*innen konnten das ausgetretene Methan zwar im Meer nachweisen, besonders in unmittelbarer Nähe der Lecks, nach spätestens zwei Monaten war in der Ostsee jedoch kaum etwas von dem Gas mehr messbar. Der Meereschemiker geht davon aus, dass das Methan in die Luft entwichen ist und somit kaum negativ auf die marinen Bewohner eingewirkt hat, zumindest nicht direkt. Denn Rehder hat auch ausgerechnet, dass der Gasaustritt zu einem theoretischen Umweltschaden von 1,8 Milliarden Euro geführt hat. Infolge der Sprengungen wurden in extrem kurzer Zeit rund 20 Prozent der jährlichen Methanausstöße Deutschlands freigesetzt. Indirekt hat dieser Sabotageakt also doch wieder Auswirkungen auf die Ostsee.

Artenreich: Miesmuscheln mitten in Munitionsbergen

Der Meeresboden der Ostsee wäre eine Unterwasserwüste aus Sand, Schlick und anderen Sedimenten, gäbe es keine Organismen, die ihn besiedeln. Milliarden von Muscheln haben in gewisser Weise eine Hochhaussiedlung in den Meeresboden gebaut. Ganz unten wohnt die Sandklaffmuschel, die sich bis zu 30 Zentimeter tief eingräbt und ein fingerdickes Rohr, den Sipho, durch den Meeresboden schiebt, um Nahrung zu filtern. Kommen Krabben, Vögel oder andere Störenfriede, zieht die Sandklaffmuschel ihren Sipho reflexartig binnen weniger Millisekunden ein, wobei sie einen kräftigen Wasserstrahl in die Höhe schießt, der das Loch verschließt. Eine Etage über der Sandklaffmuschel lebt die Herzmuschel, die sich in fünf Zentimetern Tiefe versteckt. Wird sie freigespült und von einem Raubtier entdeckt, drückt sie sich mit ihrem muskulösen Fuß von der Oberfläche ab, wodurch sie bis zu 50 Zentimeter seitlich nach oben springt, sich woanders eingräbt und verdutzte Fressfeinde zurücklässt. Knapp über der Herzmuschel ist – nur leicht im Sand vergraben – die kleinere Baltische Plattmuschel zuhause. Als die Plattmuschel noch jung war, hatte sie schwimmfähige Schleimfäden, wodurch sie sich von der Strömung in andere Gebiete tragen lassen konnte. So breitet die Art sich in alle Richtungen aus.

Die bisher beschriebenen Muschelarten suchen Sedimente nicht nur auf, um sich vor lästigen Fressfeinden zu verstecken, sondern auch, damit Strömungen sie nicht forttragen. Auf diese Hilfe des Meeresbodens kann die Miesmuschel verzichten. Denn ihr Name leitet sich nicht von ihrer vermeintlich schlechten Laune ab, vielmehr stammt er vom Wort Moos, womit bartartige Auswüchse gemeint sind, die aus ihrem Schalenspalt ragen. Mit diesen klebrigen, sogenannten Byssusfäden heftet sich die

Miesmuscheln an alter Ankerkette

Miesmuschel an Steine, Felsen, Pfähle und gern auch Artgenossen, um so Strömungen zu trotzen. Es entstehen stabile Muschelbänke, die bei günstigen Bedingungen bis zu 20 Zentimeter über den Meeresgrund aufragen können. Verändert sich ihre Umwelt zum Schlechten, atmet eine Miesmuschel einfach nicht mehr aus. Dadurch sammeln sich Gase im Inneren ihrer festverschlossenen Schale, wodurch sie nach oben steigt. Sie lässt sich von der Strömung spazieren tragen, bis ihre Sinne einen geeigneten Ort wahrnehmen. Dann atmet sie wieder aus und sinkt zu Boden. Im neuen Zuhause angekommen, wirft sie ihre Byssusfäden wie Anker aus. Wie alle Muschelarten hat die Miesmuschel eine sehr wichtige Aufgabe in der Ostsee: Sie fungiert als kleine Niere des Meeres, die das Wasser reinigt. Eine einzige derartige Muschel kann bis zu zwei Liter pro Stunde filtrieren. Auch wenn nicht bekannt ist, wie viele Miesmuscheln genau es in der Ostsee gibt, haben Schätzungen ergeben, dass alle zusammen nur etwa ein Jahr bräuchten, um die knapp 22 Billionen Liter Wasser des baltischen Beckens einmal zu säubern.

So befreit sie die Ostsee von Schadstoffen wie DDT, Schwermetallen und vielen anderen. Dazu gehören immer häufiger auch Stoffe, die seit über 80 Jahren auf dem Meeresgrund lagern und sich nun allmählich freisetzen. Auf dem Boden der Ostsee liegen rund 300 000 Tonnen Munition aus dem Ersten, vor allem aber aus dem Zweiten Weltkrieg. Die Nationalsozialisten hatten sie noch schnell ins Meer gekippt, als sie wussten, dass ihre Zeit abgelaufen war. Doch noch größere Mengen stammen von den Alliierten, die deutsche Soldaten entwaffneten, die ganze Munition jedoch nicht mit nach Hause schleppen wollten. Das dokumentiert das Deutsche Militärarchiv in Freiburg, durch das sich kilometerlang Regale ziehen, die Akten voller Informationen zu dem Thema enthalten. Der Kieler Historiker Uwe Wichert hat all diese schwer lesbaren Dokumente studiert und der Meeresforschung wichtige Erkenntnisse geliefert. Die Briten haben sehr genau Buch darüber geführt, wo von ihnen wie viel Munition ins Meer verklappt wurde. Die Soldaten sind mit Schiffen herausgefahren, deren Bäuche voller Waffen und Kampfstoffe waren. Sofern vorhanden, öffneten sie die Verladungsklappen. Tausende Granaten, Bomben, Minen, Torpedos und Patronen fielen ins Wasser und auf den Grund. Auch Fischkutter wurden angeheuert, um die riesigen Mengen zu bewältigen. Die Hauptgebiete lagen an der schleswig-holsteinischen Küste.

Vor allem in der Noltenberger Heide, der Kieler und der Lübecker Bucht stapeln sich Munitionskisten kilometerweit, hier und da liegt eine riesige Bombe. Über die Gewässer vor Mecklenburg-Vorpommern ist weniger bekannt, da die Sowjets nicht so akribisch Buch geführt haben und die Forschenden derzeit aufgrund der politischen Situation in Russland nicht ohne Weiteres an historische Dokumente kommen. Die Wissenschaftler*innen gehen aber davon aus, dass es weniger ist, was Aufnahmen von Unterwasserfahrzeugen und Untersuchungen mit Sonaren gezeigt

Munitionskisten am Grund der Ostsee

haben. Größere Gebiete gibt es zwar vor Boltenhagen und vor dem Darß, allerdings lagern die Sprengkörper dort nicht so dicht wie im Westen. In der Nordsee befindet sich mit rund 1,6 Millionen Tonnen sogar wesentlich mehr Munition, allerdings ist sie weitestgehend entschärft, weil die stärkeren Tiden und Strömungen sie unter dem Sand vergraben haben. In der Ostsee liegt die Munition blank im direkten Kontakt zum Wasser. Explodieren können sie zwar nicht, weil vor dem Verklappen die Zünder ausgebaut wurden, jedoch rosten die Hülsen immer mehr durch und geben steigende Mengen Trinitrotoluol, besser bekannt als TNT, und andere Sprengstoffe in die Ostsee ab.

Genau da wird die Miesmuschel zur Verbündeten der Wissenschaft, weil die Sprengstoffkonzentrationen im Wasser und im Sediment noch so gering sind, dass sie sich dort mit den aktuell zur Verfügung stehenden Messmethoden als schwer nachweisbar erweisen. Doch eine Miesmuschel filtriert das Gift raus und reichert es an. Das konnten Uve Edmund Maser, Direktor des Instituts für Toxikologie und Pharmakologie für Naturwissenschaftler am Universitätsklinikum Schleswig-Holstein in Kiel, und sein Team erstmals 2009 nachweisen. In einer Muschel, die direkt auf einer Bombe saß, steckten knapp 400 Nanogramm Sprengstoff pro Gramm Muskelfleisch. Ob das Auswirkungen auf das Tier hatte, konnte der Toxikologe äußerlich aber nicht erkennen. Die Miesmuschel schien unversehrt und vollkommen gesund. Die sensiblen Sonden des Instituts verrieten ihm jedoch, dass das Tier gestresst war, was sich auf molekularer Ebene zeigte. Das TNT war tief in ihren Organismus eingedrungen, hatte schon begonnen, Zellen zu beschädigen, woraufhin die Gene der Muschel anfingen, Schutzmechanismen zu bilden.

Um herauszufinden, wie stark die Auswirkungen der Weltkriegsmunition sind, hat das Institut eine Reihe weiterer Studien durchgeführt. In der Kolberger Heide haben die Wissenschaftler*innen einen einfachen, mit Beton beschwerten Eimer an einem Seil in die Ostsee gelassen, genau neben einem Munitionsbrocken von der Größe eines Basketballs. Eine Art kleine Boje wurde ans Ende des Seils geknotet und gab ihm Auftrieb. Vom Boden bis zur Wasseroberfläche wurden in Abständen von 30 Zentimetern Netzbeutel mit jeweils 20 Miesmuscheln gehängt. Die Ergebnisse waren eindeutig: Je näher sich eine Miesmuschel am Sprengkörper befand, desto mehr TNT und andere Sprengstoffe reicherte sie an. Das Experiment hat Uve Edmund Maser nicht nur in die Höhe, sondern auch in die Breite gezogen, mit weiteren Eimern, Leinen und Auftriebskörpern

– und mit den gleichen Ergebnissen. Allerdings gab es eine interessante Ausnahme. Am Meeresgrund ging die Sprengstoffkonzentration in den Muscheln nur minimal zurück, je weiter ein Tier von der Munition entfernt war. Dies könnte daran liegen, dass verstreut noch weitere, wenn auch kleinere Munitionsreste auf dem Sediment lagen, oder aber bodennahe Strömungen das TNT dort besser verteilt haben.

Um zu verstehen, wie sich die TNT-Gehalte der Miesmuschel auch über die Zeit verändern, haben Maser und seine Kolleg*innen weitere Untersuchungen vorgenommen. Dabei konnten sie auf Miesmuscheln zugreifen, die die Umweltprobenbank des Bundes mit Sitz in Nordrhein-Westfalen jedes Jahr seit 1985 eingefroren hat. Darunter sind Weichtiere aus zwei Standorten der Nordsee und einem aus der Ostsee, direkt vor dem Darßer Ort, einer Landzunge in der vorpommerschen Boddenlandschaft. Die Proben waren bis 2011 völlig unauffällig. Doch ab 2012 ist in den Muscheln TNT nachweisbar, weil wohl viele der Munitionshülsen nun so weit durchgerostet waren, dass sie ihr Gift freisetzen konnten. Seitdem steigen die Konzentrationen Jahr um Jahr exponentiell an.

Der Stress für die Miesmuschel nimmt also zu, was sich in Zukunft darin zeigen könnte, dass sie ihre Klebefäden nicht mehr richtig ausbilden kann. Außerdem gibt sie ihren Stress im Nahrungsnetz weiter. In einigen Fischarten wurden bereits Lebertumore festgestellt. Da diese aber auch durch andere Schadstoffe hervorgerufen sein könnten, hat Uve Edmund Maser jene Fische untersucht, die sich in Schiffswracks verstecken. Auch hier war schnell klar, dass sich die Tiere in Wracks ohne Munition gesünder zeigten. Rund 60 Prozent der Fische, die sich in gesunkenen Schiffen mit Munition an Bord aufhielten, hatten Lebertumore. Noch sind die TNT-Gehalte so gering, dass ein Mensch ein Leben lang tagtäglich 500 Gramm Fisch aus einem der munitionsbelasteten Wracks verzehren könnte, ohne Negativfolgen davontragen zu müssen. Da der Gehalt aber immer rasanter zunimmt, rechnet Maser schon in 20 bis 40 Jahren mit einer Gefahr auch für uns. Nicht nur, um das zu verhindern, sondern auch um die bereits gestressten Muscheln, Fische und anderen Meerestiere zu schützen, muss die Munition dringend aus der Ostsee verschwinden.

Seit 2015 haben sich deshalb Forscher*innen verschiedener Institute zusammengeschlossen. Federführend ist das GEOMAR Helmholtz-Zentrum für Ozeanforschung in Kiel. Eine Arbeitsgruppe um den Meeresgeologen Jens Greinert hat modernste Technik genutzt, um herauszufin-

den, wo große Mengen Munition liegen. Eine weitere Arbeitsgruppe um den Umweltchemiker Aaron Beck untersucht die chemische Seite. Das Universitätsklinikum um Uve Edmund Maser hat weiterhin die toxischen Auswirkungen der Sprengstoffe im Blick. Das Leibniz-Institut für Ostseeforschung Warnemünde ergänzt dies mit Ulf Gräwe – der Modelle konzipiert, die zeigen, wo Munition liegt und wie sich diese unter bestimmten Umständen verlagern kann – und Ralf Prien; er entwickelt ozeanographische Sensoren, die Konzentrationen von austretenden Schadstoffen messen. Hilfe gab es vom Kampfmittelräumdienst des Landes Schleswig-Holstein, der Bundespolizei und von Munitionsbergungsunternehmen. Im Oktober 2024 ging es dann mit den ersten Pilotprojekten vor dem Pelzerhaken und Haffkrug in der Lübecker Bucht los. Von einer Arbeitsplattform an der Wasseroberfläche ließ ein Kran seinen Arm, ausgestattet mit Kamera und Sonargeräten, gen Meeresboden, um zunächst jede einzelne Bombe bewerten zu können. Aufgrund der schlechten Sicht dienten Tauchroboter und Lasertechnik als zusätzliche Augen. Je nach Zustand der Bombe wurde sie entweder liegen gelassen, wenn sie sich als zu brüchig erwies, oder geborgen. In einem solchen Fall kommen Magnete oder Greifer zum Einsatz, die die Munition in Container auf dem Meeresgrund sortieren. Die großen Kisten werden später auf die Plattform transportiert. Auch Tauchteams helfen, die um größere Bomben Seile vertäuen, damit sie hochgezogen werden können. Eine weitere Testbergung erfolgte im August 2025 vor Boltenhagen in der Mecklenburger Bucht. Im Zuge beider Einsätze wurden 50 Tonnen Altlasten geborgen. Der Aufwand ist enorm: Ein solches Projekt setzt meist jahrelange Planung voraus, die Bergung an sich dauert mehrere Monate. Deutlich mehr als 10000 solcher Bergungen wären nötig, um die gesamte Munition aus der Ostsee zu holen.

Hinzu kommt die Herausforderung, die geborgene Munition zu entsorgen. Unterwassersprengungen bei solch großen Mengen haben sich als wenig sinnvoll erwiesen. Sie verursachen Lärm, worauf wir später noch genauer eingehen werden. Außerdem wird dabei nicht der ganze Sprengstoff verbrannt, sodass der toxische Gehalt am Ort der Maßnahme um das Millionenfache ansteigen kann. Die Munition auf Sandbänken zu sprengen, ist ebenfalls nicht zielführend, denn sobald diese überspült werden, landet der ganze Sprengstoff wieder im Wasser. Eine andere Idee war, das aus dem Wasser Geborgene der Gesellschaft zur Entsorgung chemischer Kampfstoffe und Rüstungsaltlasten im niedersächsischen

Munster zu übergeben, wo alles professionell vernichtet werden sollte. Allerdings gibt es für Transporte dieser Größenordnung keine Regelungen, sodass sie aufgrund strenger Vorschriften gar nicht erlaubt sind. Davon abgesehen hätte die Spezialfirma keineswegs die Kapazitäten, solche Mengen zu entschärfen, der Transport wäre zudem auch sehr teuer.

Nun soll eine eigens dafür entwickelte schwimmende Plattform helfen, auf der die Munition gleich auf der Ostsee kontrolliert und ohne Gefahr für die Umwelt unschädlich gemacht werden kann.

Diese groß angelegte Munitionsbergung ist ein schönes Beispiel dafür, wie Wissenschaft, Politik und Wirtschaft Hand in Hand etwas bewegen können. Beim Thema Sprengstoffe haben wir die einmalige Möglichkeit, etwas zu beseitigen, bevor es größere Umweltschäden verursacht. Im Gegensatz zu allen anderen Nähr- und Schadstoffen liegen TNT und Co. schön verpackt in Kisten und Hülsen, weshalb wir sie wieder aus der Ostsee holen können. Somit würden wir einen Stressfaktor für Miesmuscheln und andere marine Bewohner eliminieren.

Womit wir die Ostsee unter Drogen setzen

Eine weitere Gruppe macht die Vielzahl von Medikamenten aus, die uns gesund halten sollen, die Ostsee aber krank machen. Es handelt sich um ein relativ neues Untersuchungsgebiet, weshalb es noch viel Forschung bedarf.

Für die Ostsee gibt es bisher nur wenige Daten. Was man jedoch schon weiß, ist, dass Arzneimittel verschiedenster Art ins Abwasser gelangen, die Kläranlagen dafür technisch aber nicht ausgestattet sind. Dass es so schwer ist, sie zu filtern, liegt unter anderem daran, dass die Konzentrationen sehr gering sind. In der Ostsee können allerdings schon Kleinstmengen an Hormonpräparaten, psychotherapeutischen Mitteln oder Antibiotika großen Schaden anrichten. Hormonpräparate beispielsweise beeinträchtigen die Fortpflanzung von Fischen. Als Hobbyangler Mitte der 1990er-Jahre in Großbritannien berichteten, sie hätten männliche Fische mit vielen äußeren weiblichen Merkmalen gefangen, führte der Endokrinologe John Sumpter ein Experiment durch. Er platzierte Käfige mit Fischen dort, wo Kläranlagen ihr Abwasser in die See leiteten. Anschließend stellte er fest, dass der Gehalt eines bestimmten Eiweißes im Blut der Tiere um das 10000-fache angestiegen war. Da das Eiweiß typischerweise unter dem Einfluss von Östrogenen gebildet wird, folgerte er, dass die Hormone im Abwasser zu der Zwitterbildung führten.

In Antibabypillen sind es künstliche Östrogene wie Ethinylestradiol, die bei männlichen Fischen zur Verweiblichung führen können. Bei Experimenten mit Zebrafischen in Belgien wurden beispielsweise funktionslose Hoden und fehlende Spermienbildung beobachtet. Bereits nach einer Generation war die Fruchtbarkeit drastisch reduziert, und in Folgestudien konnten bei hohen Östrogenbelastungen fast keine geschlechtsreifen Nachkommen mehr erzeugt werden. Hormone können auch Verhaltensveränderungen auslösen, sodass die Paarung gestört wird. Das kann gleichfalls verheerend für den Fortbestand einer ganzen Population sein. Das Schlimme ist, dass diese Effekte in der Natur bei einzelnen Individuen kaum zu beobachten sind. Es ist eher eine schleichende, aber anhaltende Veränderung der Meeresbestände. Einige Beobachtungen aus der Ostsee deuten bereits darauf hin, dass Fischbestände in stark besiedelten Küstenregionen geringere Reproduktionsraten aufweisen als weiter draußen lebende Populationen, was ein möglicher Hinweis auf die geografisch konzentrierten Hormoneinträge aus städtischen Abwassernetzen sein könnte. Auch Krebstiere, Schnecken und Muscheln könnten Missbildungen davontragen. Und Meeressäuger häufen die Hormone ähnlich wie andere Schadstoffe in ihren Körpern an, was ihren Hormonhaushalt ebenfalls auf den Kopf stellen kann.

Wenn Anti sich auch gegen die Ostsee richtet

Psychotherapeutische Mittel wie Antidepressiva und Beruhigungsmittel führen ebenfalls schon in sehr geringen Mengen zu Verhaltensveränderungen von Tieren. Wie eine Studie der Universität Heidelberg zeigt, verlieren Fische beispielsweise ihre natürlichen Reaktionen auf Stress. Normalerweise reagiert der Nachwuchs von Zebrafärblingen sehr hektisch auf Licht, versucht ihm zu entkommen und sich zu verstecken. Je höher jedoch die Konzentration typischer Antidepressiva war, desto eher verloren sie ihre Angst und blieben im Rampenlicht. Wenn Fische in der Ostsee ähnlich reagierten, würden sie zur leichten Beute für Fressfeinde. Antibiotika wiederum haben andere Effekte und sind vor allem für kleine Lebewesen gefährlich. Die Bezeichnung dieser Medikamente bedeutet ja nichts anderes als: „gegen das Leben“. Die Mittel sind dafür erschaffen worden, Bakterien und Pilze zu bekämpfen. Genau das tun sie auch in der Ostsee und bringen so das natürliche Gleichgewicht durcheinander. Bekannt ist ja auch, dass ein zu häufig eingesetztes Antibiotikum zu Resistenzen führt. Es verliert seinen vernichtenden Charakter, weil sich Mikroorganismen daran angepasst haben.

Ähnliches konnte ein Forschungsteam verschiedener Institutionen aus Greifswald und der nahegelegenen Insel Riems Ende 2024 zeigen. Wissenschaftler*innen des Helmholtz-Instituts für One Health, der Universitätsmedizin, des Friedrich-Loeffler-Instituts sowie der Universität stellten fest, dass resistente Krankheitserreger bereits in der Ostsee vorkommen. Das Team nahm ein Jahr lang 120 Proben vor Greifswald und in der Umgebung, unter anderem in einem Badebereich, in der Nähe von Kläranlagen sowie in einem Schutzgebiet auf der Insel Riems. Vor allem bei den Kläranlagen waren infektiöse Bakterien entstanden, die nicht mehr auf Antibiotika reagierten. Im Bodden konnten die Forschenden ebenfalls resistente Erreger nachweisen, allerdings in deut-

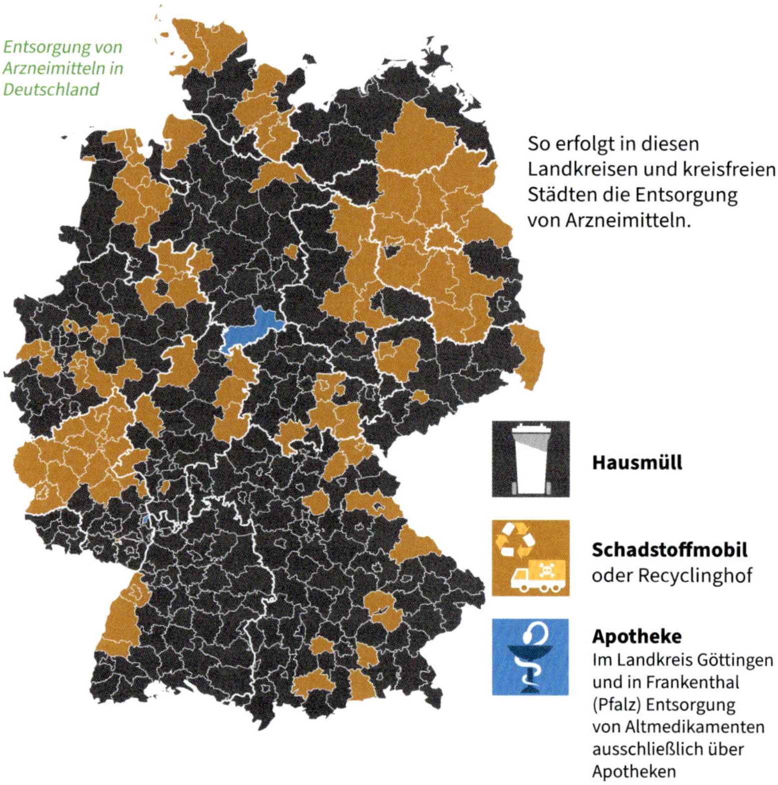

Entsorgung von Arzneimitteln in Deutschland

lich geringerer Anzahl. Noch besteht kein Grund zur Besorgnis, zumindest nicht für gesunde Menschen; doch Medikamente gelten allgemein ebenfalls als langlebig, sodass sich Rückstände anreichern können. Infiziert sich ein Mensch mit den immunen Keimen, können Antibiotika kaum mehr helfen.

Wieder einmal stehen die Kläranlagen im Mittelpunkt, die nun Wege finden müssen, neben Nähr- und anderen Schadstoffen auch Arzneimittelrückstände herauszufiltern. Und erneut steht die Landwirtschaft im Fokus, weil auch dort Medikamente eingesetzt werden.

Doch im Bereich Arzneimittel können wir uns stärker als in anderen an die eigene Nase fassen. Denn wenn wir Pillen oder Kapseln schlucken, verwerten unsere Körper nur einen Teil davon. Die Rückstände scheiden wir auf der Toilette aus und spülen sie letztlich in die Ostsee. Es ist natürlich ein sensibles Thema, wann wer auf welche Arznei verzichten sollte. Dennoch können wir darauf achten, bewusster mit der Einnahme umzugehen. Wir sollten jedes Mal die Notwendigkeit hinterfragen, bevor wir etwas einnehmen, zum Schutz für uns und für die Umwelt. Eine Überdosis bringt uns ohnehin keine positiven Effekte, leitet aber noch mehr Inhaltsstoffe in die Natur ein.

In der Apotheke empfiehlt es sich, kleinere Packungen zu kaufen, damit sich in unseren Schränken nicht Berge ungenutzter Medikamente türmen, die irgendwann unbrauchbar sind und weggeschmissen werden müssen. Sollten wir das tun, sind Toilette und Spülbecken tabu. Abgelaufene Medikamente müssen unbedingt fachgerecht entsorgt werden, was jedoch nicht so einfach ist, weil jede Kommune damit anders umgeht. Der Verein DECHEMA Gesellschaft für Chemische Technik und Biotechnologie verwaltet eine Internetseite über mögliche Wege der Arzneimittel-Entsorgung in einer Stadt oder Gemeinde, die vom Bundesministerium für Forschung, Technologie und Raumfahrt gefördert wird. Sie zeigt, dass in vielen deutschen Ostseestädten Apotheken abgelaufene Medikamente entgegennehmen, obwohl sie dazu nicht gesetzlich verpflichtet sind. Oft bieten dies auch Recyclinghöfe an. In vielen Gemeinden sollen Arzneimittel im Restmüll entsorgt werden; in Greifswald und Stralsund ist das sogar die einzige Möglichkeit. Mancherorts sind Schadstoffmobile unterwegs, die Gemeinden monatlich oder saisonal aufsuchen. Aufgrund der Unübersichtlichkeit fordern Naturschutzverbände und Wissenschaft deshalb schon länger, dass das Netz der Entsorgungsmöglichkeiten vereinheitlicht und enger gespannt sein sollte.

Warum die Wellen vor Wut schäumen

Komplex ist auch die Situation bei den sogenannten per- und polyfluorierten Alkylsubstanzen, besser bekannt als PFAS. Drei Leitverbindungen dieser Gruppe finden sich neben dem zu Beginn besprochenen „Dreckigen Dutzend“ bereits im Stockholmer Katalog verbotener persistenter, heißt schwer abbaubarer organischer Schadstoffe. Eine davon ist seit 2009 nicht mehr erlaubt, mit nur ganz wenigen Ausnahmen, die anderen zwei sind seit 2020 beziehungsweise 2022 vollständig verboten. Eine weitere, nicht im Katalog aufgeführte Verbindung steht gerade in der Diskussion, gleichfalls reguliert zu werden. Zusammen werden sie als PFAS-4 bezeichnet, einerseits weil sie gleichfalls als krebserregend gelten und sich in der Umwelt stark anreichern können, andererseits da sie schon relativ gut erforscht sind.

Weniger Wissen haben wir über 16 weitere Stoffe, die als potenziell gefährlich eingestuft werden und gemeinsam mit den vier Leitsubstanzen als PFAS-20 bezeichnet werden. Dennoch debattiert die Europäische Union darüber, auch von diesen einige vorsorglich zu verbieten. Es gibt jedoch so viele PFAS-Verbindungen, dass sie wohl noch Diskussionsstoff für viele folgende Generationen bereithalten. In einer bei weitem nicht vollständigen Liste der US-amerikanischen Umweltbehörde sind mehr als 12000 eingetragen. Es wäre wohl aber möglich, mehrere Millionen verschiedener PFAS herzustellen.

Diese Stoffe sind erst in den vergangenen Jahren so richtig ins Licht der Öffentlichkeit gerückt, auch in Bezug auf die Ostsee. Und das, obwohl viele PFAS bereits seit den 1940ern vom Menschen entwickelt wurden. Trotz fehlenden Wissens über ihre Wirkungen auf die Natur haben sie großflächig Einzug in unser tägliches Leben gehalten. Weil sie hitzebeständig und abweisend sind, beschichten sie unsere Pfannen, damit sich das heiße Öl besser verteilt und wir sie nach dem Braten leichter reinigen können. Aus ähnlichen Gründen überziehen PFAS Backpapier oder Pizzakartons, damit diese nicht durchweichen. All die Kabel in unseren vier Wänden sind mit PFAS ummantelt. Wir imprägnieren mit den Stoffen unsere Schuhe, Jacken und Hosen, damit Schmutz und Wasser an ihnen abperlen. Regenjacken, Wanderschuhe und Rucksäcke verlassen die Fabriken bereits mit dem Wetterschutz aus PFAS. Und zu guter Letzt decken wir uns jeden Abend damit zu, weil unser Bettzeug schmutzabweisend sein soll.

PFAS werden auch als Ewigkeitschemikalien bezeichnet. Für die Industrie haben sie einen entscheidenden Vorteil: Sie sind sehr stabil und äußerst langlebig. Doch für die Natur, uns natürlich eingeschlossen, haben sie

Julios Kontchou bei der Probenentnahme in Kühlungsborn 2025

auch einen entscheidenden Nachteil: Sie sind sehr stabil und äußerst langlebig. Bei ihrer Produktion in Industrieanlagen oder ihrer Lagerung auf Mülldeponien werden sie ausgewaschen und gelangen so auch in die Ostsee. Jedes Mal, wenn wir unsere Pfannen schruppen oder Kleidung in der Waschmaschine rotieren lassen, lösen sich Spuren von PFAS und suchen sich mit dem Wasser den Weg ins Meer, werden von den dortigen Bewohnern aufgenommen.

An die Ostseeküste wurde das Thema erst so richtig gespült, als der Ökotoxikologe Julios Kontchou von Greenpeace im Januar 2025 Gummistiefel anzog, im Spülsaum Meeresschaum mit einem Löffel in Tüten abschöpfte, die Proben analysierte und die Ergebnisse öffentlich machte. Dabei kamen angsteinflößende Werte zutage: Vor Boltenhagen lag der PFAS-20-Gehalt bei 19861 Nanogramm je Liter und vor Kühlungsborn stellenweise sogar bei 158800. Für sich genommen sagen diese Daten wenig aus, weil es einen Grenzwert bräuchte, der verlässlich verrät, ab welchem Gehalt ein Stoff schädlich ist. Greenpeace zog jedoch drei Werte heran, die im Vergleich erschreckend gering sind. In Dänemark dürfen in Badegewässern 40 Nanogramm je Liter der PFAS-4 nicht überschritten werden. Für deutsches Trinkwasser gilt seit Januar 2026 ein Grenzwert von 100 Nanogramm je Liter für die PFAS-20; ab 2028 wird eine Höchstmenge von 20 Nanogramm für die PFAS-4 eingeführt.

Doch die Vergleiche hinken, weil unterschiedlich viele PFAS-Verbindungen aufsummiert wurden und Meeresschaum weder Bade- noch Trinkwasser ist. Erst wenn Winde das Wasser einer Welle schaumig schlagen, wie ein Schneebesen das Eiklar, entsteht der Meeresschaum. Im Labor wird aus dem großen Volumen der Watte nur eine kleine Pfütze Wasser, in der PFAS viel höher konzentriert sind als im Ostseewasser selbst. Badegäste müssten also riesige Mengen Meeresschaum schlucken, um sich dauerhaft mit PFAS zu vergiften. Und als Trinkwasserreservoir wird die Ostsee nicht genutzt, mal abgesehen von wenigen Anlagen, die beispielsweise Meerwasser mit großem Aufwand für das Personal des Kieler Leuchtturms aufbereiten, weil er von Süßwasserquellen abgeschnitten ist. Es bleibt also wichtig, die Greenpeace-Daten richtig einschätzen zu können. So recht lässt sich mit ihnen noch nichts anfangen.

Wie dem Schadstoff Grenzen gesetzt werden

Ganz nutzlos war die Arbeit von Julios Kontchou und seinen Greenpeace-Mitstreiter*innen aber nicht. Sie machten darauf aufmerksam, dass Grenzwerte für den Meeresschaum fehlen, da niemand ihn untersucht. Gesundheitsbehörden warnen zwar präventiv davor, Kinder und Haustiere im Spülsaum spielen zu lassen, eben weil sich dort Schadstoffe aller Art anhäufen, aber eine Datengrundlage haben sie nicht. Und auch in Bezug auf die Umwelt kann wohl niemand so richtig abschätzen, welchen Einfluss der Meeresschaum hat. Das Landesamt für Umwelt, Naturschutz und Geologie in Mecklenburg-Vorpommern untersucht zwar Meeresböden, Wasser, Fische und Muscheln, lässt den Meeresschaum aber außen vor, weil er nicht als Lebensraum gilt. Nicht nur die Wirkung auf die Ostsee, sondern auch auf das Land ist größtenteils unerforscht. Wer weiß schon, was passiert, wenn das Meer vor Wut schäumt und Winde ihre Schadstoff-Watte auf Äckern und Wiesen verteilen. PFAS könnten Böden kontaminieren, die Pflanzen und Tiere anstecken.

Neben dem Meeresschaum gibt es auch in Bezug auf Wasser und Tiere nur wenig umfassende Regeln zu PFAS-Gehalten. Lediglich für einen einzigen Stoff wurde überhaupt ein Grenzwert festgelegt: die Perfluoroctansulfonsäure, kurz PFOS. Für diese gilt nach EU-Recht eine Höchstmenge von 7,2 Nanogramm je Liter Ostseewasser, wobei ein Jahresdurchschnitt von 0,13 Nanogramm nicht überschritten werden darf. Für Fische und Muscheln liegt der Grenzwert bei 9100 Nanogramm pro Kilogramm

Frischgewicht. Die Werte für Wasser und Tiere werden nach Angaben der Umwelt- und Lebensmittelbehörden der Küstenbundesländer in der deutschen Ostsee selten überschritten.

Die Datenlage ist auf das gesamte Meer betrachtet allerdings noch sehr lückenhaft. Und die Messreihen sind zu kurz, um valide Aussagen machen zu können. Es braucht weitere Forschung, damit dringend notwendige Grenzwerte auch für andere PFAS-Verbindungen festgelegt werden können. Diese dürfte es in naher Zukunft aber geben, weil sie Teil einer überarbeiteten Wasserrahmenrichtlinie der Europäischen Union sein sollen. Das Landesamt für Umwelt, Naturschutz und Geologie in Mecklenburg-Vorpommern ist bereits vorbereitet, hat vor seinen Küsten schon Messungen für knapp 30 verschiedene PFAS-Verbindungen durchgeführt. Doch solange weitere Erkenntnisse der Wissenschaft und Reaktionen der Politik darauf fehlen, warten diese Daten noch darauf, dass ihnen jemand Aussagen entlocken kann.

Die Menschheit sollte aber nicht verharren, bis sich die Ewigkeitschemikalien in gefährlichen Gehalten in der Ostsee angesammelt haben. Ähnlich wie bei der Munition haben wir die Chance, reagieren zu können, bevor Schadstoffe großflächig zu negativen Folgen führen. Noch bevor PFAS uns oder die Ostsee vergiften, könnten sie aufgehalten werden. Drei verbotene Substanzen reichen da nicht aus. Die Europäische Union hat bereits reagiert: Seit 2026 verschwinden stufenweise rund 10000 verschiedene PFAS-Verbindungen aus unserer Kleidung sowie aus Papier- und Pappverpackungen für Lebensmittel. Bis Ende 2029 sollen Verbote auch in der Industrie erfolgen, mit einigen Ausnahmen dort, wo es noch keine Alternativen gibt, wie beispielsweise in Kathetern, Implantaten und anderen medizinischen Produkten.

So ganz werden wir diese PFAS also nicht vermeiden können. Sie auf ein Minimum zu reduzieren, ist aber wohl wahrscheinlicher als bei den klassischen Kunststoffen, die noch eine größere Rolle in unserem Alltag spielen. Das ist vielleicht auch ein Grund, warum es mehr Diskussionen in der Öffentlichkeit über Plastik als über PFAS gibt. Es mag außerdem daran liegen, dass Plastik in unserem täglichen Leben wesentlich offensichtlicher ist und sich PFAS eher verstecken. Was auch immer die Gründe sind, fest steht, dass Plastik in die Ostsee gelangt. Wie jedoch genau, will ein internationales Projekt herausfinden.

Tiefgang: Gabriela Escobar Sánchez – dem Plastik auf der Spur

Dr. Gabriela Escobar Sánchez ist wissenschaftliche Mitarbeiterin am Leibniz-Institut für Ostseeforschung Warnemünde. Sie hat Molekulare Ökosystemwissenschaften an der Georg-August-Universität Göttingen und Umweltmanagement an der Christian-Albrechts-Universität zu Kiel studiert. Ein Auslandssemester führte sie an die Wageningen University & Research in die Niederlande. Promoviert hat sie in Litauen, an der Universität Klaipėda. Ihr Schwerpunkt liegt auf der Untersuchung und der Vermeidung von Meeresmüll, nachhaltiger Abfallwirtschaft sowie der Nutzung von Luft- und Unterwasserdrohnen in der Umweltforschung.

Gabriela Escobar Sánchez, was war der ausschlaggebende Grund, dass Sie sich nicht nur für das Thema Meeresmüll interessieren, sondern gleich Ihre wissenschaftliche Laufbahn darauf ausrichten?

Ich komme aus Chile, einem Küstenstaat, weshalb ich mich mit Umweltbelastungen von Küstenbereichen beschäftigen wollte. Während meines Studiums habe ich viel über die drei großen Herausforderungen urbaner Gebiete gelernt: Luftverschmutzung, Wasser- und Abwassermanagement sowie feste Abfälle. Letztere haben mich besonders interessiert, weil viele Faktoren den Umgang damit beeinflussen, angefangen von sozialem Verhalten über wirtschaftliche Aktivitäten, technische Infrastruktur, politische Rahmenbedingungen bis hin zu Umweltauswirkungen. Ein großer Teil der Weltbevölkerung lebt an den Küsten. Deshalb ist Meeresmüll für mich ein bedeutendes Studienfeld, und so habe ich mich in verschiedenen Projekten – an den Küsten Chiles, Nordafrikas und auch der Ostsee – damit beschäftigt.

In puncto Ostsee forschen Sie im Projekt „Circular Oceanbound Plastic". Worum geht es da genau?

In Flüssen, die in die südliche Ostsee münden, sammeln und analysieren wir Makroplastik, also alles, was 2,5 Zentimeter oder größer ist. Finanziert wird das Projekt von Interreg South Baltic, einem europäischen Programm, das die Zusammenarbeit von Ostseeanrainern fördert. Wir kooperieren mit der Universität Rostock sowie mit acht Partnern aus Polen, Dänemark und Schweden. So wollen wir mehr über die Müllmengen und -eigenschaften herausfinden, um Hotspots für Plastikverschmutzung zu identifizieren. Aus den Ergebnissen leiten wir Maßnahmen ab, die helfen, den Müll in den Städten zu reduzieren. Unsere Ergebnisse besprechen wir mit Vertreter*innen aus der Abfallwirtschaft, dem Abwassersektor, dem Hafenmanagement, der Tourismusbranche und der Stadtverwaltung. Wir wollen als Wissenschaftler*innen niemandem eine Lösung aufzwängen, sondern gemeinsam mit den Interessengruppen Maßnahmen entwickeln, die zu der jeweiligen Küstenstadt passen.

Wie sammeln Sie denn in den Flüssen der Ostsee Ihre Daten?

Das ist von Ort zu Ort unterschiedlich. Im polnischen Gdańsk können Einheimische und Tourist*innen sich kostenlos Kajaks ausleihen und Müll sammeln. Dadurch werden Menschen ermutigt, sich zu beteiligen und mit dem Thema auseinanderzusetzen. Im dänischen Aarhus nutzen wir einen mechanischen Arm, den Sea Protector One. Der hat eine Spannweite von 9,5 Metern und sammelt den Müll bis zu einer Wassertiefe von 30 Zentimetern ein. Das funktioniert dort gut, weil der Fluss nur rund zehn Meter breit und kanalisiert ist. An seinen Betonwänden bleibt, anders als an Flüssen mit natürlicher Ufervegetation, kaum Müll hängen. All der Abfall, der in den letzten sechs Kilometern des Stadtgebiets in den Fluss gelangt, wird im Wesentlichen in die Ostsee gespült, es sei denn, wir fangen ihn ab. Der gesamte Müll wird über ein Förderband vom Wasser in einen Container an Land verfrachtet.

Und wie gehen Sie an der Unterwarnow am Rostocker Stadthafen vor?

Dort haben wir drei stationäre, sogenannte Port Bins. Das sind im Grunde schwimmende Mülleimer, die mit einer Pumpe Oberflächenwasser samt Feststoffen einsaugen.

Schwimmende Mülleimer im Stadthafen Rostock

Damit wollen wir Abfall so nah wie möglich an der Quelle einfangen. Sowohl 2024 als auch 2025 haben wir die Port Bins von Mai bis November täglich geleert, den Müll sortiert und in Beutel verpackt, versehen mit Datum und Ort.

Dann ging es in die Analyse des Mülls. Wie sind Sie da vorgegangen?

Den ganzen Müll haben wir entsprechend der Abfallliste der Meeresstrategie-Rahmenrichtlinie der EU in Kategorien eingeteilt und ausgezählt. Über beide Jahre hinweg kamen 13279 Teile zusammen. Knapp 10 Prozent machten Papier und Pappe, Glas und Keramik, Metall, Holz, Textilien und andere Materialien aus. Doch mehr als 90 Prozent konnten wir bei Plastik einordnen. Die Abfallliste ist sehr detailliert und ermöglicht uns, die Plastikteile nach Nutzungsart einzuteilen. Die drei häufigsten Kategorien waren Tabakwaren, hauptsächlich Zigarettenfilter und -verpackungen, Kunststofffragmente und -folien sowie Plastikverpackungen für Chips und Süßigkeiten. Alle diese Objekte sind schädlich für das Ökosystem der Warnow. Zigarettenfilter sind aber besonders problematisch, da sie nicht nur aus dem Kunststoff Celluloseacetat bestehen, sondern auch bis zu 8000 Schadstoffe wie Nikotin, Arsen, Blei, Benzol, Kupfer und Teer enthalten, oft in hohen Konzentrationen.

Waren Zigarettenstummel in den Partnerstädten ähnlich auffällig?

Sie waren häufig, aber nicht auf Platz eins. In Gdańsk waren Plastikflaschen am häufigsten, vielleicht auch, weil größere Gegenstände vom Kajak aus leichter zu sehen und einzusammeln sind. Ein weiterer Einflussfaktor könnte sein, dass Polen zum Zeitpunkt unserer Studie noch kein umfassendes Pfandsystem wie in Deutschland hatte; es wurde erst im Oktober 2025 eingeführt. Es wäre spannend zu beobachten, ob diese Verbesserung einen unmittelbaren Effekt hat und weniger Plastikflaschen im Wasser landen. Deshalb ist es so wichtig, Interessengruppen aus

Verwaltung, Politik und Wirtschaft der jeweiligen Städte einzubinden, da nur sie die Maßnahmen anpassen können. Das hat sich auch in Aarhus gezeigt. Dort dominierten bei der Analyse kleine Plastiktüten und Plastikbecher. Dies hängt wahrscheinlich damit zusammen, dass der dortige Ostseezufluss, die Aarhus Å, direkt durch die Innenstadt fließt, wo es viele Restaurants, Kneipen und Nachtlokale gibt und Einwegbecher häufig genutzt wurden. Seit 2024 gibt es jedoch ein Pfandsystem mit 93 Prozent Rücklaufquote, was den aktuellen Rückgang von Einwegbechern erklären könnte. Überall in der Stadt finden sich Automaten, an denen man Pfandbecher abgeben kann. Eine App zeigt einem, wo der nächste steht; das Pfandgeld gibt es digital zurück. Eine Firma leert die Automaten, reinigt die Becher und beliefert die Geschäfte damit.

So ein ausgeklügeltes System hat Rostock noch nicht aufzuweisen. Zwar setzt seit 2019 die Hanse Sail auf Mehrwegbecher. Dadurch konnte viel Müll eingespart werden. Doch besuchen mehr als eine halbe Millionen Menschen das maritime Volksfest. Insgesamt kommen an vier Tagen noch rund 50 Tonnen Müll zusammen. Zeigt sich das Ausmaß einer solchen Großveranstaltung auch in den Port Bins?

Ja, zur Hanse Sail haben wir die Port Bins alle zwei Stunden geleert. Genauso haben wir es an einigen anderen Wochenenden gemacht, um diese direkt mit der Hanse Sail vergleichen zu können. Plastikmüll hat auch bei der Hanse Sail eindeutig dominiert und die Müllkategorien blieben ebenfalls gleich.

Hinzu kommt, dass statt Plastikgeschirr immer mehr biologisch abbaubare und kompostierbare Alternativen auf der Hanse Sail genutzt werden. Ist das effektiv?

Um es kurz zu sagen: Nein. Das war ein Ergebnis meiner Doktorarbeit. Diese Alternativen sind auf dem Markt noch relativ neu. Obwohl sich unter Laborbedingungen nachweisen lässt, dass sie biologisch abbaubar sind, lässt sich dieser Befund nicht auf reale Bedingungen übertragen. In Rostock müssen diese Stoffe gemäß lokaler Regelung in der Biotonne entsorgt werden. Der Abfall kommt dann zur industriellen Kompostieranlage in Parkentin, wo wir zusammen mit der Stadtentsorgung Rostock unsere Experimente durchgeführt haben. Wir testeten fünf Materialien: den Biokunststoff Polylactid, Zuckerrohr, Palmblätter, Pappe und Holz. Der Bioabfall durchläuft in der Anlage einen 12-tägigen Fäulnisprozess. Die Reste werden dann ausgesiebt. In unserem Experiment zerfiel nur Polyactid in der 12-Tage-Phase. Die anderen Materialien zersetzten sich nicht ausreichend und stellten somit ein Problem im Kompostierungsprozess dar, da sie manuell entfernt und verbrannt werden mussten.

Dann liegt doch die Vermutung nahe, dass sich diese Stoffe auch nicht in Flüssen und der Ostsee abbauen.

Genau das haben wir uns auch gefragt. Kolleg*innen testeten in der Warnow ein Jahr lang, ob derartige Materialien weniger schädlich als Plastik sind. Zuckerrohr-, Pappe- und Palmblatt-Geschirr zerfielen innerhalb von fünf bis zwölf Monaten, Polylactid und Holz jedoch nicht. Bei all den Materialien bleibt die Frage, welchen Einfluss die freigesetzten Chemikalien und Zusatzstoffe im Wasser haben, ähnlich wie bei Plastik. Das Problem ist, dass Materialien in einer Umgebung zerfallen, in einer anderen aber nicht. Dies zeigt: Nicht alle Lösungen passen überall, daher ist eine Bewertung realer Auswirkungen wichtig, noch bevor die Stoffe in Umlauf kommen.

Also sind diese Stoffe keine wirklich gute Alternative. Und Zigarettenfilter lassen sich daraus auch nicht herstellen. Was kann denn helfen, damit dieser Müll erst gar nicht ins Wasser gelangt?

Bei einem Workshop mit den Interessengruppen in Rostock, auf dem wir unsere Port-Bin-Ergebnisse vorgestellt haben, entstand die Idee, sogenannte Warnow-Ascher am

Warnow-Ascher

Stadthafen aufzustellen. Davon gibt es nun fünf, die dort stehen, wo Menschen spazieren gehen, sitzen, grillen oder auf die Fähre warten. Raucher*innen können Spaßfragen wie „Ananas auf Pizza: Ja oder nein?“ und „Fußball oder Surfen?“ beantworten und mit ihren Zigarettenstummeln abstimmen. Darüber hinaus erklären Infotafeln, warum Zigarettenfilter der Warnow und der menschlichen Gesundheit schaden. Ob diese besonderen Ascher mit ihrem spielerischen Ansatz Wirkung zeigen, untersuchen wir wissenschaftlich, indem wir Zigarettenfilter und anderen Müll auf dem Boden im Stadthafen zählen. So können wir herausfinden, ob die Zahl der Kippen am Boden in Bereichen mit Ascher abnimmt im Vergleich zu Bereichen ohne. Gleichzeitig prüfen wir mit den Port Bins, ob weniger Filter ins Wasser gelangen.

Nun landen ja auch viele Verpackungen im Wasser. Was kann man dagegen tun?

Da helfen ausreichend geschlossene Mülleimer, damit der Wind den Abfall nicht hinausbläst oder Möwen alles rauspicken. Außerdem sollten die Behälter regelmäßig geleert werden, auf dass sie nicht überlaufen. Auch häufigeres Kehren hilft, selbst wenn die Maschinen nur eher größere Teile verlässlich aufnehmen und Filter zum Beispiel oft zurückbleiben. Rostock hat diese Maßnahmen umgesetzt und ist somit ein gutes Beispiel in Sachen Müllmanagement. In Gdańsk binden wir die Industrie ein, um Abfall zu reduzieren, der nicht aus Haushalten stammt. Auch das ist ein großer Hebel: Denn die EU-Einwegplastikrichtlinie nimmt die Produzenten ebenfalls in die Pflicht. Damit wandert die finanzielle Last und Verantwortung für Aufräumarbeiten, Aufklärung und Abfallmanagement vom öffentlichen Sektor zur Industrie. Das ist wichtig, um Hersteller für unvermeidbaren oder nicht recycelbaren Abfall haftbar zu machen. Ähnliches gilt für das Gewerbe. Daher arbeiten wir in Aarhus mit der Gastronomie an einem Mehrwegsystem bei Events, ähnlich wie bei der Hanse Sail in Rostock. In anderen Städten könnte es wichtig sein, mit Betreiber*innen von Kläranlagen zu sprechen, wenn zum Beispiel Hygieneprodukte wie Menstruationsbinden im Müllstrom dominieren.

Sind denn noch weitere Maßnahmen in Zukunft geplant?

Wir fassen alle Erkenntnisse und Maßnahmen aus den Partnerstädten in einem kommunalen Handlungsplan zusammen, um Plastikverschmutzung in jeder der drei Städte zu reduzieren. Das dient hoffentlich als Inspiration für ähnliche Küstenstandorte. Es wird vor Ablauf des Projektes noch weitere Workshops mit den Interessenvertreter*innen geben, um bereits umgesetzte Maßnahmen zu bewerten und Ideen aus den anderen Städten zu verbreiten. Wir hoffen, noch weitere Maßnahmen umsetzen zu können, um die Mülleinträge, besonders von Plastik, in den Flüssen auf lange Sicht zu verringern.

Wenn Netze in der Ostsee geistern

Neben den Einträgen von Landseite machen Geisternetze nach Angaben des Umweltbundesamtes schätzungsweise rund die Hälfte des Plastikmülls in der Ostsee aus. Das Ostseebüro der Umweltschutzorganisation Word Wide Fund for Nature (WWF) in Stralsund geht davon aus, dass verlorengegangene Fischernetze bis zu 600 Jahre brauchen, ehe sie zersetzt sind. Seit den 1960ern bestehen sie aus robusteren Kunststoffen statt aus Naturfasern wie Hanf, Sisal oder Leinen. Selten werden Fischer kaputte Netze einfach ins Meer werfen. In den meisten Fällen reißen Netze ab, weil sie sich an Felsen, Ankersteinen oder Schiffswracks verhaken. Sie hören damit aber nicht auf, Fische zu fangen, und werden so zum Konkurrenten der Fischer und zur tödlichen Falle für die Tiere. Der Geruch von deren Kadavern verbreitet sich und lockt Räuber ebenso in die Falle. Die Gefahren für Meeressäuger wie Robben und Schweinswale begegnen uns noch an anderen Stellen dieses Buches. Aber auch Seevögel wie Kormorane oder Möwen stoßen wie Torpedos aus der Luft in die Geisternetze hinein, wobei sich ihre Köpfe und Flügel verfangen.

Ihre Federn setzen sich wie Widerhaken in den Maschen fest, sodass sie sich nicht befreien können und von den Schnüren zu Tode stranguliert werden.

Um das sinnlose Sterben zu beenden, müssen die Geisternetze aus der Ostsee entfernt werden. Die WWF-Gruppe in Stralsund hat eine sogenannte Netzegge von polnischen Kolleg*innen getestet. Das Prinzip ist aus der Landwirtschaft übernommen, wo ein solches Gerät aus einem Geflecht aus Zinken hinter einem Traktor hergezogen wird, um beispielsweise Unkräuter aus dem Boden zu ziehen. Wird das Einsatzgebiet vom Feld ins Meer verlegt und die Landmaschine durch einen Kutter ersetzt, fängt die Netzegge am Meeresboden Geisternetze ein.

Damit das Gerät aber nicht unnötig Meeressedimente aufwirbelt und Seegraswiesen oder Riffe am Boden zerstört, müssen die Umweltschützer*innen genau wissen, wo verloren gegangene Netze liegen. Dazu nutzen sie spezielle Karten, auf denen Fischer Hindernisse, sogenannte Hacker, eingezeichnet haben. Die Wahrscheinlichkeit ist hier größer, auf Geisternetze zu treffen. Außerdem hat der WWF eine Handy-App entwickelt, mit der solche Netze gemeldet werden können. Taucher*innen ermöglicht sie – unterstützt von Sonargeräten, die Bilder erzeugen, und von KI-Programmen –, das Gesuchte mit hoher Wahrscheinlichkeit von anderen Dingen zu unterscheiden.

Leichte Netzteile können Taucher*innen mit eigener Muskelkraft nach oben bringen; schwerere müssen jedoch mit Hilfe einer Winde Meter für Meter an Deck eines Kutters gezogen werden. Sind die Netze besonders groß, können nur spezielle Arbeitsschiffe mit Stahlseilen und Kränen helfen. Durch etliche Aktionen konnte der WWF seit 2015 mehr als 26000 Tonnen Schlepp- und Stellnetze in einem Bereich von den Inseln Usedom und Rügen bis zur Flensburger Förde bergen, was knapp dem dreifachen Gewicht des Pariser Eiffelturms entspricht. Jede Aktion erfordert erfahrene Taucher*innen: Die Sicht ist schlecht, die Wracks sind voller scharfer Kanten und die oft mehrere hundert Meter langen Netze flattern unberechenbar in der Strömung.

Geisternetz vor Estland

Am besten ist, dass Geisternetze erst gar nicht ins Meer gelangen. Um zu vermeiden, dass ein Fischer auf die Idee kommen könnte, kaputte Netze gleich in der Ostsee zu lassen, gibt es in schleswig-holsteinischen Häfen gute Entsorgungsmöglichkeiten für unbrauchbare Fanggeräte. Diese Sammelcontainer fehlen allerdings in Mecklenburg-Vorpommern. Die Entsorgung bleibt zudem ein Problem, denn ein Großteil der Kunststoffe kann nicht recycelt werden. Geisternetze gelten als Sondermüll, weil sie mit Sand, oft auch mit Schwermetallen wie Blei aus den Netzgewichten, verunreinigt sind. Es bleibt nur die Möglichkeit, sie in Müllverbrennungsanlagen zu vernichten. Dadurch wird zwar Energie gewonnen, es gelangen aber auch Schadstoffe in die Luft, die letztlich wieder im Meer landen. Unterm Strich ist das allerdings immer noch besser, als die Netze direkt in der Ostsee zu lassen.

Weshalb Plastik unsichtbar wird

Egal ob von Land oder direkt auf der Ostsee eingetragen, irgendwann wird selbst großer Kunststoffmüll zu Mikroplastik, winzig klein und oft gar nicht sichtbar. Mikroplastikteile sind wie ein Schwamm, weil sich viele Schadstoffe auf ihrer Oberfläche festsetzen oder sogar in ihre Matrix dringen. Per Anhalter nehmen sie auch Viren oder Bakterien mit, die sich dann weiträumig verbreiten können. Meerestiere nehmen diesen

Schadstoff-Mix ungewollt auf und schlucken so bittere Pillen. Die Mikroplastikteile reiben dazu noch an den Organwänden wie Schleifpapier und führen zu Verletzungen und Entzündungen. Je höher eine derartige Belastung ist, desto größer das Leid der Meeresfauna.

Laut Joanna Waniek, Expertin für bio-physikalische Wechselwirkungen in Meeren am Leibniz-Institut für Ostseeforschung Warnemünde, liegt die Ostsee in Bezug auf die Verschmutzung mit Mikroplastik im mittleren Bereich, gilt aber dennoch als sehr belastet. Es gibt keinen Teil, der noch frei von Mikroplastik ist. Das zeigt eine Studie eines chinesischen Forschungsteams aus dem Jahr 2019, an der auch Waniek beteiligt war. Dabei nahmen die Wissenschaftler*innen Wasserproben in verschiedenen Tiefen an insgesamt 14 Stationen in der Ostsee. Sie konnten zeigen, dass Mikroplastik in der gesamten Wassersäule vorkommt. Leichte Teile schweben eher im Oberflächenwasser, während schwere bis zum Boden absinken können. Allerdings hängt es auch von der Dichte der Plastikteile ab. Durch die Schichtung der Ostsee nimmt der Salzgehalt, desgleichen die Temperatur und die Sauerstoffkonzentration, bei einer bestimmten Tiefe schlagartig ab. Genau in dieser Zwischenschicht sammelt sich das meiste Mikroplastik aufgrund seiner Dichte. Je nach Station konnte dort knapp ein Viertel bis über die Hälfte aller Teile festgestellt werden.

Im Gegensatz zur vertikalen Verteilung in der Wassersäule ist die räumliche nicht so eindeutig. Es gibt eine leichte, wenn auch nicht signifikante Tendenz, dass im dünner besiedelten Norden das Ostseewasser etwas weniger Mikroplastikteile aufweist als im Süden, wo mehr Menschen Einfluss auf das kleine Meer haben. Dennoch lässt sich noch kein Zusammenhang von Mikroplastikvorkommen und der Nähe zu Städten, Häfen und Industrieanlagen herstellen.

Auch in weiter abgelegenen Teilen der Ostsee ist Mikroplastik nachweisbar. Das bestätigte eine Untersuchung im Eis des Bottnischen Meerbusens, in dem sogar mehr Plastikteile zu finden sind als im Wasser. Das Leibniz-Institut für Ostseeforschung Warnemünde hat 2021 fünf Eisbohrkerne entnommen; Janika Reineccius hat sie gemeinsam mit weiteren Kolleginnen in Scheiben aufgetrennt, geschmolzen, gereinigt und die Mikroplastikteile analysiert. Da sie so klein sind, lässt sich nicht mehr genau herleiten, woher sie stammen. Die Wissenschaft kann aber zwischen Partikeln und Fasern unterscheiden. Knapp zwei Drittel der Mikroplas-

Messinstrument bei Gotland, mit Plastik verstopft

tikteile in den Eiskernen waren Partikel. Sie werden von der Industrie einerseits gezielt als winzige Teilchen hergestellt, um sie Produkten hinzuzufügen, und finden sich zum Beispiel in Kosmetikartikeln, Peelings und Zahnpasta, was besonders verheerend ist, weil wir sie meist gleich durchs Spülbecken Richtung Ostsee schicken. Aber sogar in Farben und auch im Granulat für Kunstrasen oder in Pellets, die zur Herstellung von Plastikprodukten dienen, kommen sie vor. Eine weitere Quelle sind Autoreifen oder Schuhsohlen, bei deren Gebrauch Mikroplastikteile abgerieben werden.

Andererseits entstehen Partikel durch den Zerfall von Makroplastik. Sonnenlicht macht Plastiktüten, -gefäße, -gehäuse, im Grunde alle Kunststoffartikel unseres täglichen Lebens spröde, sodass sie zerfallen. Ständige Temperaturwechsel zwischen Hitze und Kälte verstärken den Effekt. Wind, Wellen und Strömungen schmirgeln größere Teile auf Sand und an Felsen zu winzig kleinen Fragmenten, die sich in unterschiedlichsten Formen von rundlich über eckig bis hin zu unregelmäßig zeigen.
Gut ein Drittel der Mikroplastikteile im Ostseeeis machten Fasern aus. Sie entstehen, wenn sich unsere Kleidung abnutzt. Das passiert beim täglichen Tragen, vor allem jedoch in der Waschmaschine. Aber auch Teppiche, Polstermöbel und Gardinen bestehen aus Fasern. Und selbst

die schon angesprochenen Zigarettenfilter setzen sich aus Mikroplastikfasern zusammen. Sie sind meist relativ lang, dünn und flexibel und verbreiten sich hauptsächlich über den Wasserweg, teilweise aber auch über die Luft. In der Ostsee dominieren diese Fasern.

Mit Hilfe spektroskopischer Methoden, bei denen die Proben mit Licht beschossen werden, konnte Janika Reineccius ermitteln, welche Kunststoffe besonders häufig sind – weil alle unterschiedliche optische Eigenschaften haben. So machte Polyethylenterephthalat 44,4 Prozent aller Mikroplastikteile aus. Wir kennen es als PET-Partikel von Flaschen; es wird aber ebenfalls für andere Verpackungen verwendet. Doch dieses Polyester stellt auch nahezu alle Fasern, die im Eis des Bottnischen Meerbusens gefunden wurden, was kaum verwundert. Denn im Schnitt besteht mehr als die Hälfte unserer Kleidungsstücke aus PET, bei Funktionstextilien sind es oft bis zu 100 Prozent.

Wodurch Mikroplastik noch ein Geheimnis bleibt

Noch bleibt die Datengrundlage zu Mikroplastik in der Ostsee allerdings lückenhaft. Im Großteil des Meeres konnten noch keine Untersuchungen gemacht werden. Außerdem gibt es wenige Details darüber, wie sich das Plastikvorkommen in der Ostsee über die Zeit entwickelt hat. Juliana Ivar do Sul vom Leibniz-Institut für Ostseeforschung Warnemünde hat sich jedoch einen Bohrkern aus dem Sediment des Gotlandbeckens angeschaut, der sie bis ins Jahr 1857 blicken ließ. Lange war kein oder kaum Mikroplastik in den Schichten des Kerns zu sehen; ab 1950 konnte sie es jedoch nachweisen. Besonders zwischen 1960 und 1974 stieg das Vorkommen deutlich an. Allerdings war es nahezu unmöglich zu ergründen, wie sich der Gehalt von Mikroplastik seither verändert hat. Die Ostsee ist zu dynamisch: Stürme, Strömungen, aber auch Baggerarbeiten und Schleppnetze wirbeln den Boden auf, sodass sich Mikroplastikteile eines Zeitabschnittes nicht immer gänzlich in einer Sedimentschicht ablagern. Außerdem nehmen Tiere es auf, sodass vieles erst das Nahrungsgefüge durchläuft, bevor es sich im Meeresgrund wegen seines Gewichts ablagern kann.

Daten über Mikroplastik zu sammeln, bleibt bisher sehr schwierig und zeitlich aufwendig. Hinzu kommt, dass Vergleiche der Ostsee mit anderen Meeresgebieten oft nicht möglich sind, weil bei den Untersuchungen verschiedene Methoden genutzt werden und noch keine Einigkeit darüber herrscht, welche Standards der Probenentnahme zugrunde liegen sollen. Manche Wissenschaftler*innen bestimmen die Anzahl der Teile in einer Probe, andere die Masse. Einige Forschende nutzen Sedimentfallen mit sehr engmaschigen Netzen, fangen also auch größere Teile bis zu 5 Millimeter ein, andere nutzen weitere Maschen, die Mikroplastik nur im Mikrometerbereich sammeln. Janika Reineccius und Joanna Waniek haben den Aufwand betrieben, sich über 400 Feldstudien zu allen Ozeanen und einigen Binnenmeeren wie der Ostsee anzuschauen und sowohl die Methodik als auch die Ergebnisse zu überprüfen. Dadurch haben sie herausgefunden, dass die Belastung mit Mikroplastik in vielen Studien unterschätzt wird und sie eigentlich bis zu 15-mal höher liegt als angenommen. Die Wissenschaftlerinnen wünschen sich deshalb ein international einheitliches Protokoll zur Untersuchung von Mikroplastik, damit nicht Äpfel mit Birnen verglichen werden müssen.

Noch ist die Forschung zu Mikroplastik eine junge Disziplin, denn erst vor rund 20 Jahren nahmen die Diskussionen über die Gefahren derartiger Stoffe in der Umwelt Fahrt auf. HELCOM, die zwischenstaatliche Organisation zum Schutze der Ostsee, hat ebenfalls erst vor knapp 15 Jahren mit ersten Pilotprojekten beginnen können und treibt die Untersuchung und Aufklärung bezüglich Mikroplastik seitdem voran. Vor wenigen Jahren hat die Institution einen Leitfaden herausgebracht, nach dem Ostseeanrainer Mikroplastik analysieren können. Auch wenn uns noch viele Details fehlen, zeigen die wenigen Daten bereits eindeutig, dass Mikroplastik ein Problem der Ostsee ist – so wie in allen Meeren des Planeten.

Womit die Plastikflut versiegt

Wenn Mikroplastik erst einmal in der Umwelt ist, bekommen wir es im Grunde nicht mehr herausgefiltert, weshalb wir vorher handeln müssen. Seit 2022 treffen sich die Staaten immer wieder, um ein weltweites Plastikabkommen auszuhandeln, bisher allerdings erfolglos. Auf der einen Seite stehen mehr als 100 Nationen, unter anderem die der Europäischen Union gemeinsam mit vielen Entwicklungsländern, darunter auch Inselstaaten, deren Küsten besonders stark vom Plastikmüll überschwemmt werden. Sie wollen, dass Plastik in einen Kreislauf

Plastik, von Sand und Wellen in immer kleinere Stücke zerschmirgelt

geht, wiederverwertet und die Produktion drastisch reduziert wird, indem es Verbote für Einwegverpackungen gibt. Dagegen wehren sich vor allem jene Länder wie die USA, Russland, Saudi-Arabien oder der Iran, welche die größten Mengen an Öl produzieren und damit die Grundlage für die milliardenschwere Plastikindustrie. Der bisherige Entwurf für ein Plastikabkommen ist nur 18 Seiten lang, enthält aber rund 1500 eckige Klammern. Jede davon schließt einen Punkt ein, auf den sich die Staaten nicht einigen konnten.

Es bleibt also erst einmal Sache der einzelnen Staaten, das Plastikaufkommen zu reduzieren, wobei Deutschland bereits einige Maßnahmen eingeführt hat. Im Jahr 2019 erfolgte ein Verbot einiger Einwegprodukte aus Plastik, darunter Wattestäbchen, Plastikbesteck und -strohhalme. Die typischen Plastikbeutel sind seit 2021 verschwunden. Außerdem wurden gastronomische Einrichtungen, die Essen und Getränke zum Mitnehmen anbieten, 2023 verpflichtet, Mehrwegangebote zu machen. Doch fehlende Kontrollen der Ordnungsämter aufgrund von Personalmangel und undurchsichtige Pfandsysteme hemmen die erhoffte Wirkung der Gesetze. Es braucht also ein einheitliches System, ähnlich wie wir es bei den Pfandflaschen kennen.

Joanna Waniek hat mit ihren Studierenden das Experiment gewagt, drei Wochen lang auf Plastik zu verzichten. Alle sind gescheitert. Dennoch müssen wir uns bewusst machen, dass da, wo es viel Plastik gibt, auch viele Möglichkeiten schlummern, es einzusparen. Es geht nicht darum, gänzlich auf Kunststoffe zu verzichten, sondern vor allem Einwegplastik zu vermeiden. Schon zum Einkaufen können wir selbst einen Beutel mitbringen. In der Obst- und Gemüseabteilung lässt sich mittlerweile relativ einfach ein Bogen um eingeschweißte Produkte machen. Äpfel oder Paprika haben ihre eigenen, von der Natur designten Verpackungen und brauchen keine Plastikhülle. Oft wird argumentiert, dass es hygienischer sei, Obst und Gemüse zu verpacken, weil es so beim Transport geschützt werde und verdorbene Ware andere nicht anstecke. Derartiges passiert jedoch häufig nur, wenn die Lieferketten extrem lang sind, weshalb wir auf regionale Produkte setzen sollten.

Wenn wir die Obst- und Gemüseabteilung hinter uns lassen, wird es schon wesentlich schwieriger, plastikfrei einzukaufen. Eine Alternative bieten Unverpacktläden, die sich im Grunde auf traditionelle Kaufmannsläden zurückbesinnen. Aus großen Röhren kann man sich zum Beispiel Nudeln, Reis oder Müsli in wiederverwertbare oder mitgebrachte Gefäße zapfen. Allerdings sind diese Geschäfte rar und meist teurer; nicht jeder kann sich Umweltschutz leisten. So ist es auch beim Klamottenshopping: Baumwollfasern sind natürlich besser, weil sie sich in der Umwelt abbauen, doch wenn der Pullover auch noch unter fairen Bedingungen entstanden sein soll, kostet das gleichfalls. Fair gehandelte Ware, die sozial gerecht hergestellt wird, können sich sozial benachteiligte Menschen kaum leisten. Solange solche Missstände herrschen, sind die mit einem größeren Geldbeutel in der Pflicht, mehr Verantwortung zu übernehmen, auch im Kampf gegen die Plastikflut.

Wie eine Ostseestadt plastikfrei werden will

In Rostock hat Samuel Drews 2019 die Initiative „Plastikfreie Stadt" gegründet, die aufklären und Einwegplastik verbannen will. Für Kinder setzt sie auf spielerische Angebote. Auf Veranstaltungen wird das traditionelle Entchenangeln dadurch ersetzt, dass Kinder Müll vom Meeresgrund fischen müssen. In einem Anglerfisch sitzend, können sie mit Händen und Füßen Greifer am Kopf des Tieres bedienen, um Plastikmüll zu sortieren. Und beim Dosenwerfen bekommt der Nachwuchs nicht das einhundertste Wegwerfspielzeug, sondern ein Plüschtier mit zweitem Leben. Es wurde zuvor von einem Kind abgegeben, von einer Seniorengruppe geflickt und aufgehübscht, dann professionell gereinigt, ehe es als Preis in den Händen eines anderen Kindes landet. Die Initiative geht auch an Schulen und arbeitet mit Schüler*innen an plastikfreien Klassenzimmern und Schulkantinen.

Auch die Rostocker Stadtverwaltung macht bei der Aktion mit und versucht, auf plastikfreie Büromaterialien umzustellen oder Trinkbrunnen in Büros zu nutzen, um Plastikflaschen zu vermeiden. Da jede Abteilung und jedes Amt speziell ausgerichtet ist, kann auch an anderer Stelle zusätzlich Einwegplastik eingespart werden. Das Amt für Stadtgrün, Naturschutz und Friedhofswesen zum Beispiel will vor dem Mähen derartigen Müll von der Wiese sammeln, um zu verhindern, dass es beim Arbeiten kleingehäckselt, mit dem Grünschnitt entsorgt und so der Natur überlassen wird.

Ebenso hilft, wenn sich alle Gewerke an einen Tisch setzen, die sich mit Trauerfeiern beschäftigen, angefangen von Friedhofsverwaltungen, über Gärtnereien und Blumenläden bis hin zu Trauerredner*innen und Bestattungsunternehmen. Es geht darum, etwa für Pflanztöpfe, die sonst einfach weggeschmissen werden, ein Kreislaufsystem zu etablieren; oder über Alternativen zu plastikhaltigem Moosschaum und anderen Materialien im Grabschmuck zu sprechen.

Beratungen bietet die Initiative auch für Unternehmen an – in Rostock beteiligen sich bislang rund 25 meist kleinere. Das größte ist ein Hotel, das seinen Plastikmüll um 50 Prozent reduzieren konnte. In einem Jahr hat es 2,5 Tonnen eingespart, weil Lieferanten darauf verzichteten, Paletten und Rollwagen voller Essen und Wäsche mit Plastikfolie zu umwickeln oder weil nicht mehr in jedes Hotelzimmer kleine Tuben mit Duschgel oder Haarwaschmittel gestellt wurden.

So ist Rostock zwar bislang nicht plastikfrei, aber plastikärmer geworden. Es geht letzten Endes darum, möglichst viel Plastik zu vermeiden, denn was nicht da ist, kann der Umwelt nicht schaden. Kunststoffe, auf die wir nicht verzichten können, sollten in einem Kreislauf außerhalb der Ostsee recycelt werden. Wir können sicher sein: Wenn Rachel Carson heute leben würde, hätte sie ein Buch über die Plastikverschmutzung der Meere geschrieben, um damit zu einem veränderten Verhalten aufzurufen. Wir können ihren Kampf gegen Schadstoffe mit vielen kleinen Aktionen weiterführen. Die Entscheidung liegt bei uns, ob das Ostseewasser ein Giftcocktail aus Pestiziden, Schwermetallen, Sprengstoffen, Medikamenten, PFAS, Plastik und unzähligen weiteren Schadstoffen sein soll oder nicht.

Müllanglerfisch für Groß und Klein

Kaum genutztes Sonnenlicht
vor der finnischen Küste

KAPITEL SEHSCHWÄCHE 5

Warum ein Sternengucker in das Meer schaute

Eigentlich bestand die Leidenschaft von Angelo Secchi darin, seinen Blick weit nach oben zu richten. Dort im Firmament, im Reich der Himmelskörper, lag für den 1818 geborenen italienischen Physiker und Astronomen die Faszination des Göttlichen. Weil er sie ergründen wollte, entschied sich der Sohn aus einfachem Hause bereits im Alter von 15 Jahren gegen die für ihn vorgesehene Schneiderlehre. Er trat dem Jesuitenorden bei, der ihn nach Herzenslust forschen ließ. Wenig später zerlegte er das Licht der Sterne in seine Spektralfarben, hielt die Beschaffenheit des Mars auf Papier fest, erforschte die Korona der Sonne, belegte die Existenz dreier Kometen und erstellte die Karte eines Mondkraters.

Doch am 20. April 1865 stand Angelo Secchi an Bord der Dampfkorvette „Immacolata Concezione", dem Flaggschiff der päpstlichen Flotte. Dort war er nicht, um den Kirchenstaat gegen Piraten zu verteidigen, sondern um seinen forschenden Blick nach unten zu richten. Statt in den Himmel schaute er nun ins tiefe Blau des Tyrrhenischen Meeres vor Ostia – im Auftrag von Papst Pius IX. und auf Wunsch des päpstlichen Kommandanten und Nautikers Alessandro Cialdi. Letzterer wollte sein Schiff sicherer durch gefährliche Gewässer navigieren und deshalb mehr über Meeresströmungen erfahren. Cialdi sah einen Zusammenhang zwischen Strömungen und Mustern, die er während seiner Reisen immer wieder auf der getrübten Wasseroberfläche bemerkt hatte. Um dies genauer zu erforschen, brauchte er die Weisheit von Angelo Secchi: Der hatte sich gleich eifrig daran gemacht, ein Messinstrument zu entwickeln, das Aussagen über die Trübung des Wassers machen kann und sich nicht nur als einfach, sondern auch als genial erwies.

In seinen Händen hielt Secchi ein Seil, an dem eine Scheibe vertäut war. Er experimentierte zwar mit unterschiedlichen Farben, Größen und Beschaffenheiten, am Ende setzte sich aber eine weiße Scheibe von ziemlich genau dem Durchmesser einer neapolitanischen Pizza durch. Über die Reling gelehnt, ließ der Jesuit diese am Schiffsrumpf herab, bis sie über der Wasseroberfläche baumelte. Als er sie gemächlich ins Wasser tauchte, muss Angelo Secchi seine Augen leicht zusammengekniffen haben, um das verschwimmende Bild scharf zu stellen. Doch irgendwann reichte sein menschliches Augenlicht nicht mehr aus, sodass er die Scheibe in den Tiefen des Wassers an einem bestimmten Punkt nicht mehr sehen konnte. Dann notierte er die Länge des Seils von der Wasseroberfläche bis zur Scheibe und wiederholte das an vielen Stellen. Daraus konnte der Universalgelehrte schlussfolgern, wie tief das Sonnenlicht ins Meer drang. Je schneller die Scheibe verschwand, desto stärker musste die Trübung des Wassers sein.

Aufgrund seines detaillierten Wissens über das Licht wird Angelo Secchi schon damals peinlich genau darauf geachtet haben, wie er seine Messungen durchführte. Wahrscheinlich stand er immer auf der Schattenseite des Schiffes bei möglichst ruhigem Wellengang und wolkenlosem Himmel. Denn unter diesen Bedingungen kann das Spiel des Sonnenlichtes auf dem Wasser die Ergebnisse kaum verfälschen. Aus demselben Grund führte er seine Messungen immer zwischen 10 und 14 Uhr aus, weil dann die Sonne auf ihrer Reise am Zenit senkrechter auf das Meer schien. Dabei schaute er wohl auch möglichst mit den Sonnenstrahlen Richtung Scheibe.

Das Erstaunliche der Erfindung ist, dass es fast egal ist, wer die Messungen durchführt. Beachtet man die wenigen Regeln, sind die Ergebnisse verblüffend gleich. Es hat sich herausgestellt, dass menschliche Augen ziemlich genau zum gleichen Zeitpunkt die Scheibe nicht mehr erkennen können. Später wurde das Gerät als Secchi-Scheibe bekannt.

Der italienische Padre war jedoch nicht der Erste, der einen Gegenstand ins Wasser tauchte, um die Trübung beurteilen zu können. Schon vor ihm tunkten Neugierige Porzellanteller, rote Tücher, Kessel und sogar Obst in Seen und Meere, um die Transparenz zu beschreiben. Vermutlich gab es ähnliche Versuche auch in der Ostsee. Der österreichische Wissenschaftler Josef Roman Lorenz von Liburnau stellte sogar infrage, warum das Gerät nun Secchi-Scheibe heiße, habe er doch bereits in den 1850ern unter anderem mit einer weißen Scheibe Messungen in der Kvarner-Bucht an der kroatischen Mittelmeerküste gemacht. Dennoch: Vor Angelo Secchi gab es niemanden, der so umfangreiche und systematische Experimente zur Sichttiefe durchgeführt hatte.

Wie klare Daten die getrübte Ostsee widerspiegeln

Wahrscheinlich waren es diese Einfachheit, mit der das simple Gerät angewendet werden konnte, und Angelo Secchis Schriften genauso wie der immer regere internationale Austausch der Wissenschaften, die sein Messinstrument sehr bald in den Ostseeraum brachten. Schöner ist die Vorstellung, dass er selbst von Italien gen Norden reiste, nachdem er Mitglied der Russischen Akademie der Wissenschaften in Sankt Petersburg geworden war. Vielleicht hat er dort einem Fachpublikum seine Scheibe vorgestellt oder sie sogar selbst vor der russischen Küste in das Ostseewasser getaucht. Wir wissen es nicht. Doch was wir wissen, ist, dass die Secchi-Scheibe gleich zu Beginn des 20. Jahrhunderts auch in unseren Breiten ihren wissenschaftlichen Siegeszug begonnen hat. Messungen sind seit 1903 dokumentiert; ab 1927 ist die Qualität der Daten besonders gut. Insgesamt haben Menschen Secchi-Scheiben weit mehr als 28000-mal in die Ostsee getaucht, die Messergebnisse dokumentiert und damit einen Datenschatz von ungeheurem Wert erschaffen.

Expeditionsleiter Arved Fuchs im Namen der Wissenschaft mit Forel-Ule-Skala und Secchi-Scheibe

Secchi-Scheibe mit alternativer Musterung

Doch Licht dringt weiter in die Ostsee ein, als es die Secchi-Tiefe angibt. Eine in der Meeresoptik verbreitete Faustregel besagt: Multiplizieren wir die Secchi-Tiefe mal drei, haben wir die Wassertiefe, in der noch gerade so viel Licht eindringt, dass pflanzliche Organismen es nutzen können, um zu wachsen – weil sie so effektiv sind, dass sie auch bei schwachem Licht fähig bleiben, Fotosynthese zu betreiben.

Ein Team von Forschenden aus den USA, Finnland, Schweden und Warnemünde hat die lange Datenreihe zur Ostsee 2022 analysiert. Demnach hat die gesamte Ostsee in den letzten einhundert Jahren durchschnittlich mehr als vier Meter Secchi-Tiefe und somit mindestens zwölf Meter Lichteindringtiefe verloren. Dabei reagiert die offene See durchaus anders als die Küstengebiete. Weit draußen sind Sonnenstrahlen früher noch mehr als dreißig Meter in die Wassersäule der Ostsee vorgedrungen. Heute sind es gerade mal um die zwanzig Meter. Für die stärker genutzten Küstenstreifen zeigt sich ein noch verheerenderer Trend. In den flachen Gewässern wie dem Greifswalder Bodden kommt das Licht an einigen Stellen nur zwei Meter tief.

Im Laufe der Zeit war die Trübung des Wassers allerdings unterschiedlich stark. Als die Industrialisierung zu Beginn des 20. Jahrhunderts richtig

Fahrt aufgenommen hatte, begann auch die Ostsee sich zu verdunkeln. Der Trend verstärkte sich nach dem Zweiten Weltkrieg nochmals und hielt bis 1987 an. Danach zeigen die Secchi-Daten eine Stagnation; die Ostsee hat sich also nicht weiter verdunkelt, ist aber auch nicht aufgeklart. Ergänzende Messungen von Satelliten deuten darauf hin, dass die Lichteindringtiefe zwischen 1998 und 2008 erneut etwas zunahm. Seitdem ist weder ein Trend nach unten noch nach oben mehr erkennbar, wenn wir die Ostsee als Ganzes betrachten. Schauen wir etwas genauer, zeigt sich, dass die Trübung in einigen Gebieten weiterhin zunimmt. Dazu zählen die nördliche Ostsee, das östliche Gotlandbecken, der westliche Finnische Meerbusen und die Bottensee.

Diese Ergebnisse bestätigt im Wesentlichen ein Bericht der HELCOM von 2023, die sich die Sommermonate zwischen 2016 und 2021 in fast der gesamten Ostsee angeschaut hat. HELCOM hat in insgesamt 210 kleineren und größeren Meeresbereichen Secchi-Daten gesammelt und für jeden einzelnen einen spezifischen Schwellenwert festgelegt, ab dem die Sichttiefe auf einen guten ökologischen Zustand hindeutet. Dieses Ziel haben 183 Ostseegebiete verfehlt; 36 davon sind in Bezug auf die Wasserklarheit in einem besonders schlechten Zustand. Das größte ist das östliche Gotlandbecken, in dem die durchschnittliche Secchi-Tiefe 5,7 Meter beträgt, wünschenswert aber 7,6 Meter wären. Schlusslicht ist auch hier die Pommersche Bucht mit durchschnittlich 3,2 Metern, fast vier Meter unter dem Wunschwert. HELCOM räumt allerdings ein, dass der Schwellenwert vielleicht etwas zu hoch angesetzt war, da er sich an Daten aus dem Bornholmbecken anlehnt. Das liegt aber nicht so nah an der Küste, die die Boddengewässer stärker beeinflusst.

Es gibt jedoch auch Hoffnungsschimmer, wie in der Kieler Bucht, wo die Wassertrübung seit den 1990ern drastisch abgenommen hat und die Sichttiefe nun 7,4 Meter beträgt. Damit hat das Gebiet bereits exakt den angestrebten Schwellenwert erreicht. Insgesamt bescheinigt die HELCOM immerhin 13 Prozent der Ostseegebiete einen guten bis sehr guten Zustand. Das betrifft vor allem schmale Bänder entlang der schwedischen und der finnischen Küste, aber auch Bereiche, die sich von der Halbinsel Fischland-Darß-Zingst seeseitig bis Rügen erstrecken. Um die Insel Poel ist die Wassertransparenz gleichfalls gut. Auf offener See bewertet HELCOM nur das Kattegat als sehr gut. Das Tor zur Nordsee ist das einzige Gebiet der Ostsee überhaupt, in dem die Realität besser ist als das gesetzte Ziel, denn die dort ermittelte Secchi-Tiefe von 9,1 Metern übersteigt den Schwellenwert von 7,6 Metern sehr deutlich.

Weshalb Sonnenlicht die Ostsee strukturiert

Licht ist uns schon an vielen Stellen dieses Buches begegnet. Deshalb ist es doch seltsam, dass die Öffentlichkeit nur selten etwas von der Meeresverdunklung liest oder hört. Die Problematik des getrübten Meeres flimmert kaum über die Bildschirme unserer Handys, Laptops und Fernsehgeräte. Aus diesem Grund erklärte die medienkritische, regierungsunabhängige Initiative Nachrichtenaufklärung die „Verdunklung der Meere in Küstennähe" zum meist vernachlässigten Nachrichtenthema des Jahres 2022. So wollten die Journalist*innen unter anderem darauf aufmerksam machen, dass nur ein reichliches Lichtangebot in den Meeren vielfältiges Leben ermöglicht. Licht ist sehr besonders, weil es Teilchen und Welle zugleich ist. Es besteht aus sogenannten Photonen, quasi kleinen Energiepaketen, die pflanzenartigen Lebewesen Kraft geben. Aber es breitet sich auch wellenförmig aus, wodurch es unterschiedliche Farben in die Ostsee schickt. Deshalb geht ohne Licht nichts: Das gesamte marine Nahrungsnetz hängt am Vorhandensein der Sonneneinstrahlung. Licht strukturiert das Meer in ein Oben und ein Unten. Meeresbiolog*innen gehen davon aus, dass in der oberen, lichtdurchfluteten Wasserschicht rund 90 Prozent aller marinen Organismen leben. Tiere nutzen Licht zum Jagen, zur Partnersuche, brauchen es bei der Fortpflanzung und generell, um sich zu orientieren. Wird der Streifen voller Licht schmaler, verkleinert sich ihr Lebensraum. Über kurz oder lang stresst dies die Fauna.

Das veränderte Lichtangebot beeinflusst auch die Flora. Wie wir schon beim Völlegefühl der Ostsee erfahren haben: Sonnenlicht wirft den Fotosynthese-Apparat an. Chloroplasten, kleine grüne Gebilde, die Pflanzen und Algen ihre Farbe geben, haben sogenannte Lichtsammelfallen. Die fangen möglichst viele der Sonnen-Energiepakete auf, wenn denn überhaupt welche bei ihnen ankommen. Für Mikroalgen und Cyanobakterien, die sich ja in der oberen Lichtschicht nahe der Wasseroberfläche aufhalten, mag die Verdunklung der Ostsee keine große Rolle spielen. Großalgen und Seegräser am Meeresboden bekommen hingegen ein Problem, weil Licht nicht mehr weit genug eindringt. Lichtmangel ist also entscheidend für den bereits angesprochenen Rückgang von Tangwäldern und Seegraswiesen.

Das bringt verheerende Folgen mit sich, da im Meer alles miteinander zusammenhängt. Wie wir schon kennengelernt haben, stellen Großalgen und Seegräser anderen Meeresbewohnern ein reichhaltiges Buffet; sie erzeugen Sauerstoff, der tierische Lungen und Kiemen füllt, und bilden ein buntes Labyrinth als Versteck vor Gefahren. Kelbwälder und Seegraswiesen sind deshalb der Ausgangspunkt, von dem aus tagtäglich die größte Migration auf dem gesamten Globus stattfindet. Die sogenannte Vertikalwanderung ist seit Jahrtausenden perfekt auf den Tag-Nacht-Rhythmus der Meere ausgerichtet. Normalerweise halten sich Kiesel- wie auch Panzeralgen und weitere Angehörige des Phytoplanktons im sonnendurchfluteten Oberflächenwasser auf. Dort können diese pflanzlichen Einzeller, wie beschrieben, gedeihen. Das ist eine Einladung an all die winzigen Ruderkrebse, Wasserflöhe, Rädertierchen, Muschel- und Schneckenlarven sowie viele andere Tiere des Zooplanktons, die im Schutz der Nacht aufsteigen, um sich an ihnen satt zu fressen. Kündigt sich die Sonne wieder an, sinkt das Zooplankton in dunklere Tiefenschichten, um sich selbst vor Fressfeinden zu schützen. Wenn die Nacht um den Globus wandert und den Tag veranlasst, in andere Breiten zu ziehen, entsteht eine weltumspannende La-Ola-Welle auf- und absteigender Tierchen im

Vertikalwanderung im Meer

Spiel von Hell und Dunkel. Eine spannende Frage, die noch nach Antwort sucht, ist, wie die kleinen Tiere ihre dunkle, schützende Umgebung am Grund vom hellen Tag an der Oberfläche unterscheiden sollen, wenn Sonnenstrahlen und Mondlicht nicht mehr tief genug eindringen? Von ihrem Auf und Ab ist das gesamte Nahrungsnetz der Ostsee abhängig, denn auch Fische folgen den Wanderungen des Zooplanktons, allen voran die großen Heringsschwärme.

Artenreich: Heringe in silbern-funkelnder Tarnung

In vergangenen Zeiten müssen die Menschen an den Ostseeküsten ein überirdisches Zeichen darin gesehen haben, wenn sich die Heringe im Frühjahr aus ihren Wintergebieten im Öresund zu ihren Laichgebieten rund um Rügen aufmachten. Sobald sich das Licht von Sonne und Mond abwechselten und auf die Schuppen der riesigen Schwärme traf, leuchtete das Meer meilenweit. Der Wohlstand der Menschen entlang der Ostsee hing wohl schon früh vom sogenannten Silber des Meeres ab. Heringe verhalfen schon der Hanse im späten Mittelalter zu Ruhm. Die Redewendung, dass Amsterdam auf Heringsgräten gebaut wurde,

Heringsfässer als Handelsgut auf einem schwedischen Mittelaltermarkt

ließe sich genauso gut auf die Ostseestädte übertragen. Kaufleute aus Lübeck, Rostock und anderen Zentren des Handelsbundes verwandelten das Silber der Heringe in Gold. Die kleinen Fische wurden zur Währung, mit der Pelze und Wachs aus Nowgorod, Tuche und Stoffe aus Flandern, Wein aus Bordeaux und Gewürze aus Venedig eingetauscht wurden. Als die Heringe im Frühjahr immer öfter nicht mehr an den Ostseeküsten auftauchten, geriet der hanseatische Bund ins Wanken. Die Gründe für das Ende der Hanse im 17. Jahrhundert sind vielfältig, doch die Fangverluste spielten in jedem Falle eine entscheidende Rolle.

Vielleicht hatten schon die Hanseaten die Heringe überfischt. Wahrscheinlicher ist, dass es die „Kleine Eiszeit“ war, die ihre frostigste Phase ab Mitte des 16. Jahrhunderts hatte und die Heringe in andere Gebiete trieb. Als sie Mitte des 19. Jahrhunderts einer wärmeren Zeit wich, kamen auch die Heringsschwärme zurück. Durch ihr Leuchten stand der kleine Hafen Sassnitz auf Rügen plötzlich im Rampenlicht der deutschen Heringsfischerei. Die Fischerboote, Reusen und Stellnetze holten raus, was ging. Was die Fischer nicht loswurden, verstauten sie in Fässern, die auf der Stettiner Heringsbörse verhökert wurden. Aufgrund des Fleischmangels Anfang des 20. Jahrhunderts gerieten Heringe in den Fokus der Reichsfischwochen. Plakate und Filme warben dafür, mehr Hering zu essen. Aufgrund enormer Verkäufe konnten sich die Ostseefischer irgendwann Motoren wie auch bessere Netze für ihre immer größeren Kutter leisten. Die waren nach dem Zweiten Weltkrieg mit militärischer Echolottechnik ausgestattet, um gezielt nach Heringsschwärmen zu suchen. Die kleinen Friedfische konnten dem rasanten technischen Fortschritt irgendwann nicht mehr standhalten; der Bestand der westlichen Ostsee brach ein.

Das zeigen Forschungen zu Heringslarven seit 1977, die das Thünen-Institut für Ostseefischerei in Rostock ab Anfang der 1990er mit dem sogenannten Rügen-Heringslarven-Survey ausgeweitet hat. Fischereibiolog*innen bestimmen seitdem jedes Jahr zur Laichzeit die Anzahl von Heringslarven im Greifswalder Bodden an mindestens dreißig Stationen pro Woche. Ein ernüchterndes Ergebnis ist, dass die Anzahl der Larven seit den 1970ern zurückgeht und 2004 drastisch gesunken ist. Es gibt so wenig Nachwuchs, dass eine nachhaltige Fischerei nicht mehr möglich ist. Im Jahr 2024 erreichte die Laichbiomasse kaum 60 Prozent jenes kritischen Schwellenwertes, der notwendig gewesen wäre, um einer neuen Generation von Heringen das Überleben zu sichern. Aufgrund dieser Daten beschloss der Rat der Europäischen Union, die Fangquoten radikal zu senken. So durften Berufsfischer im Jahr 2025 nur noch 488 Tonnen Hering in der westlichen Ostsee fangen. Vor dreißig Jahren holten sie rund 40000 Tonnen aus den Fanggebieten. Seit 2017 wurden die erlaubten Heringsfänge um mehr als 97 Prozent runtergeschraubt. Diese drastische Maßnahme sollte helfen, die Bestände wieder zu erholen. Doch das tun sie seitdem kaum. Während die Überfischung historisch gesehen sicher ausschlaggebend für den Rückgang des Herings war, scheinen die heutigen Berufsfischer nur einen geringen Einfluss zu haben. Vielmehr sind wohl veränderte Umweltbedingungen wesentlich.

Vielleicht spielt Licht eine Rolle, da Heringe davon in vielerlei Hinsicht abhängig sind. Ihre silbrig erscheinenden Schuppen funktionieren wie kleine Spiegel, die das Sonnenlicht zurückwerfen. Je nach Farbe der auftreffenden Strahlen, funkelt die Oberfläche eines Schwarms silbrig mit Nuancen von violett über blau, grün und gelb bis rot. Das Heringsleuchten lässt den einzelnen Fisch im Schwarm verschwinden und irritiert die Räuber. Wenn die einen Schwarm überhaupt aufspüren, denn im Ostseewasser sind Heringe perfekt getarnt. Ihre Rücken sind meist grau-grünlich gefärbt, wodurch sie mit dem dunkleren Wasser der Tiefe verschmelzen und von Fressfeinden, die sich von oben nähern, schlechter gesehen werden. Mit der weißen Bauchseite tarnen sich Heringe, wenn Räuber von unten in die helleren Wasserschichten blicken. Da nun weniger Licht in die Ostsee eindringt, stehen ihre weißen Bäuche im verräterischen Kontrast zum generell dunkleren Wasser. Jedoch könnte es auch von Vorteil sein, weil ein dunkler Rücken und alles andere im trüben Wasser prinzipiell schlechter zu sehen sind. Dazu, wie effektiv die Tarnung der Heringe noch ist, fehlen bisher Studien.

Ein Hering im Ozeaneum Stralsund

Ein weiteres äußeres Merkmal fällt schon bei den Heringslarven auf: Sie haben verhältnismäßig große Augen, weshalb wir doch annehmen können, dass diese wichtig für Jagd, Flucht und andere Verhaltensweisen sind. Wenn sie in der trüben Ostsee schlechter sehen können, müssten ihre Überlebenschancen also eingeschränkt sein. Experimente des Thünen-Instituts für Fischereiökologie in Bremerhaven aus dem Jahr 2024 belegen, dass zumindest Stintlarven im trüberen Wasser schlechter Nahrung aufnehmen. Dazu wurden Individuen aus der Elbe in fünf Becken gegeben, die unterschiedlich stark getrübt waren und Krebslarven als Nahrung enthielten. Das Ergebnis: Der Beuteerfolg nahm zu, je klarer das Wasser war. Ob das auf heranwachsende oder sogar erwachsene Heringe übertragbar wäre, müssten weitere Experimente zeigen.

Wenn Heringe ausgewachsen sind, schließen sie sich einem Schwarm an. Ihre Augen helfen ihnen, auf die Bewegungen ihrer Artgenossen zu reagieren. Neigt sich der Tag dem Ende zu, verrät ihnen die Dämmerung, dass es Zeit ist, ihrer Hauptnahrungsquelle – dem Zooplankton – gen Wasseroberfläche zu folgen. Die vielen Augen eines Schwarms sehen auch herannahende Feinde besser. Für einen guten Rundumblick hilft ihnen, dass ihre Augen seitlich angebracht sind, was beim Großteil der Fluchttiere der Fall ist. Viele Feinde der Heringe – wie zum Beispiel Hecht oder Robbe – blicken stattdessen nach vorne, weil die Raubtiere so ein besseres räumliches Sehvermögen haben und ihre Beute gezielt fixieren können.

Im Wettstreit der Evolution schauen Heringe noch in eine andere Richtung. Wissenschaftler*innen der schwedischen Universität in Uppsala haben herausgefunden, dass die Augen der Heringspopulationen der Ostsee perfekt an die dort vorherrschenden Lichtverhältnisse angepasst sind. Als sie während der Entstehung der baltischen See vor rund 10000 Jahren aus dem Atlantik eingewandert sind, haben sich die Heringe durchgesetzt, die eine besondere Mutation in ihren Genen trugen. Bei einigen war nur ein einziger von rund 850 Millionen Bausteinen des Erbguts verändert, der für die besondere Ausprägung eines Sehpigments bedeutsam ist. Das sogenannte Rhodopsin ist für das Sehen bei schwachem Licht verantwortlich. Seine Lichtempfindlichkeit hat sich bei den Ostseeheringen um rund zehn Nanometer in den grünen Spektralbereich verschoben. Das ist vorteilhaft, weil die Ostsee grünlich ist. Gründe dafür lernen wir später noch kennen. Dennoch haben den Heringen auch ihre mutierten Augen nicht geholfen, ihren Bestand auf einem gesunden Niveau zu halten.

Aus Sicht von Christopher Zimmermann, Leiter des Thünen-Instituts für Ostseefischerei, spielt das Augenlicht der Fische in der getrübten Ostsee ohnehin keine große Rolle mehr. Viele Fischarten würden verstärkt auf ihr Seitenlinienorgan setzen. Dabei handelt es sich um kleine, mit Flüssigkeit gefüllte Kanäle, die entlang der Flanken von Kopf bis Schwanz verlaufen und bei vielen Fischen als Streifen sichtbar sind. Aus den Kanälen ragen feinste Sinneszellen, die minimale Druckwellen im Wasser – ausgelöst von Hindernissen, Feinden oder Beute – wahrnehmen. Heringe haben keine vollkommen ausgeprägte Seitenlinie; bei ihnen ist das Organ nur im Kopfbereich zu finden. Das genügt ihnen aber aus, um als Teil eines perfekt koordinierten Schwarms blitzschnell auf die Bewegungen ihrer neben ihnen schwimmenden Artgenossen reagieren zu können. Dennoch: Heringe haben immer auf einen guten Sehsinn gesetzt, der kombiniert mit dem Seitenlinienorgan eine hervorragende Anpassung bedeutete. So lange nicht nachgewiesen ist, dass sich auch das Seitenlinienorgan weiterentwickelt hat, müssen wir doch davon ausgehen, dass die schlechteren Sichtverhältnisse in der Ostsee eher ein Nachteil sind.

Da in der Ostsee alles miteinander zusammenhängt, ist der Hering auch vom Lichtbedarf anderer Lebewesen abhängig. Dass Seegraswiesen und Tangwälder aufgrund der Meeresverdunklung zurückgegangen sind, beeinflusst den Hering enorm. Im Gegensatz zu vielen anderen Meeresbewohnern nutzt er das Dickicht aus Pflanzen und Algen zwar nicht als Versteck, weil er lieber den Schutz des Schwarmes im freien Wasser sucht. Doch während der Laichsaison im Frühjahr braucht er das üppige Grün am Grund der Ostsee, klebt er an die Blätter seine Eier, die sonst der Strömung nicht trotzen könnten und hinaus auf die hohe See gespült werden würden. Dort wäre es ihnen nicht möglich, sich zu entwickeln, weil ihnen die Nahrung fehlt. Außerdem sind die Eier unauffälliger, wenn sie an Pflanzen kleben und nicht frei im Wasser schwimmen. Zuvor haben wir Seegräser und Großalgen bereits als exzellente Sauerstoffproduzenten kennengelernt, Eier sind in ihrer unmittelbaren Umgebung dementsprechend gut versorgt. Fehlt folglich Licht, gibt es weniger Wasserpflanzen und somit beschränkte Möglichkeiten, um den Laich sicher anzuhaften. All das hat die Heringe fraglos über viele Jahrzehnte hinweg geschwächt, erklärt jedoch nicht, warum die Bestände ausgerechnet 2004 zusammenbrachen. Die Ursache dafür wollte das Thünen-Institut für Ostseefischerei herausfinden. Es hat eine entscheidende Verbindung zwischen zwei Vorgängen gefunden, die vom Zusammenspiel von Wärme und Licht abhängen. Vor 2004 lief die Laichzeit der Heringe wie folgt ab: Wenn der Winter sich verabschiedete, machten sich die Schwärme im Öresund bereit, auf Reisen zu gehen. Irgendetwas sagte ihnen, dass sie nun in die Laichgebiete der südlichen Ostsee, vor allem in den Greifswalder Bodden, wandern könnten – was genau, ist bis heute für die Wissenschaft ein Geheimnis geblieben. Hingegen bekannt ist: Erreichten die Schwärme die vorpommersche Küste, warteten sie, bis die Temperaturen über vier Grad Celsius kletterten. Dann klebten die Weibchen durchschnittlich jeweils 30000 Eier auf Seegräser und Großalgen im Flachwasser. Die Männchen gaben ihre Milch darüber, um sie zu befruchten.

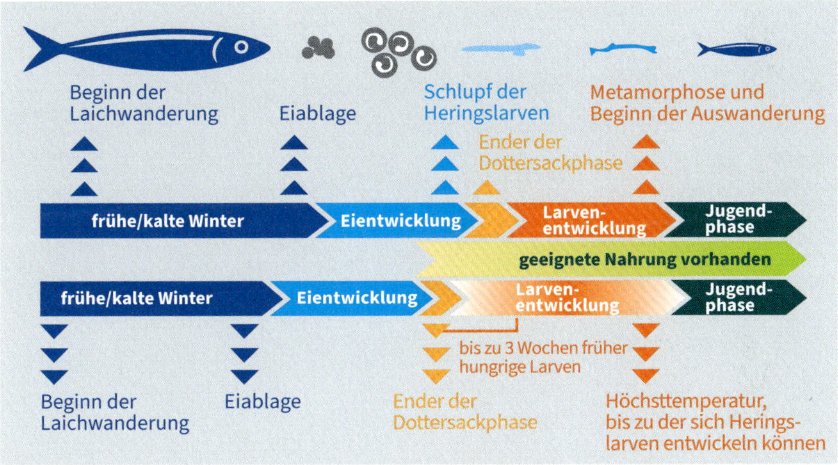

Verschiebung der Heringslaichzeit

Bereits nach ungefähr drei Wochen schlüpften die rund sechs Millimeter kleinen Larven. Die Eltern gaben ihnen ein Fresspaket mit – den sogenannten Dottersack, als Ausbuchtung an ihrem Bauch deutlich erkennbar. Nach etwa einer Woche war der Vorrat aufgefuttert, weshalb die Larven nun auf Beutefang gehen mussten. Dafür bot der Bodden optimale Bedingungen. Christopher Zimmermann vom Thünen-Institut vergleicht die flachen, abgeschotteten Gewässer gern mit einer Paella-Pfanne. Statt einem Reisgericht gab es allerdings für den Heringsnachwuchs Larven von Kleinkrebsen. Die kleinen Heringe wuchsen heran und entwickelten sich zu Jungfischen. Irgendwann wurde es ihnen zu eng und sie verließen den Greifswalder Bodden, um sich am reichhaltigen Buffett der offenen See zu bedienen. Im Winter zogen sie sich wie die alten Fische in den Öre-

Heringslaich auf Wasserpflanzen

sund zurück. Seit Jahren, wenn nicht seit Jahrtausenden, hat sich dieses Schauspiel wiederholt.

Seit 2004 scheint dieser Ablauf gestört zu sein. Die Winter sind infolge der klimatischen Veränderungen bereits wärmer und nicht mehr so lang, wodurch die Laichwanderung früher beginnt. Das Vier-Grad-Signal kommt ein paar Tage eher und veranlasst die Heringe, ihren Laich zeitiger als sonst abzugeben. Die Eier und die aus ihnen schlüpfenden Larven entwickeln sich im wärmeren Wasser zudem rascher. Das liegt daran, dass chemische Reaktionen bei höheren Temperaturen schneller ablaufen. Wir kennen das von Lebensmitteln, die bei Zimmertemperaturen zügiger verderben als im Kühlschrank, weil sie durch Mikroorganismen wie Schimmelpilzen zersetzt werden. Ihr Stoffwechsel ist bei höheren Temperaturen aktiver – genau wie der des Fischnachwuchses im wärmeren Bodden. Somit leeren die Heringslarven ihren Dottersack auch fixer. In Summe gehen die hungrigen Larven bis zu drei Wochen früher als in der Vergangenheit auf Nahrungssuche. Allerdings finden sie nichts, weil es noch keine kleinen Krebslarven gibt. Deren Lebensbeginn ist nämlich nicht von der Temperatur, sondern vom Licht abhängig. Denn erst, wenn die Tage lang genug sind, betreiben Kleinstalgen emsig Fotosynthese, um Biomasse zu erzeugen, die den Krebslarven als Nahrung dient. Doch die Tageslänge bleibt auch während des Klimawandels gleich. Fazit: Die Heringslarven kommen zu früh, stehen quasi vor einem verschlossenen Restaurant – und verhungern.

Da Heringe aber mehrmals Eier ablegen, gibt es auch Larven, denen sich derartige Probleme nicht stellen. Sie schlüpfen und haben ihren Dottersack erst dann aufgezehrt, wenn ihre krebsige Nahrung schon vorhanden ist. Weil sich jedoch die Wärme in den flachen, nahezu abgeschlossenen Boddengewässern mittlerweile derart staut, geraten sie unter Stress, bekommen zum Beispiel Herzrhythmusstörungen und sterben.

Für die Fischereiexpert*innen ist klar: Wir müssen die Folgen des Klimawandels in den Griff bekommen und Nährstoffeinträge drastischer verringern, wenn die Heringsschwärme wie einst in allen Farben das Meer erleuchten sollen. Dennoch wird das Thünen-Institut für Ostseefischerei auch weiterhin strenge Fangquoten vorschlagen. Es ist die einzige Stellschraube, die es auf kurze Sicht gibt. Leiter Christopher Zimmermann ist überzeugt davon, dass sich die Heringsbestände dadurch wenigstens so weit erholen dürften, um in einigen Jahren nachhaltig befischt werden zu können. Dann sollten 200000 Tonnen Fang möglich sein. Das ist zwar nur halb so viel wie noch vor dreißig Jahren, aber damit bliebe das Kulturgut der Fischerei erhalten. Und wir schätzten die Heringe vielleicht etwas mehr, wenn sie nicht im Überfluss zur Verfügung stünden.

Woher das Meer seine Farbe hat

Dass für Heringe und viele andere Lebewesen also Farben im Ostseewasser eine Rolle spielen, erschließt sich uns vielleicht nicht sofort, weil wir doch wissen, dass Wasser in einem Glas farblos erscheint. Und wenn wir uns Schuhe und Socken ausziehen und unsere Hosenbeine hochkrempeln, um entlang der Ostseeküste im Flachen zu waten, können wir unsere Füße im klaren Wasser sehen. Gleichzeitig verknüpfen wir mit dem Meer ein schönes Blau. Der Mythos, dass ein solches Farbspiel durch die Widerspiegelung des Himmels entsteht, hält sich immer noch hartnäckig. Viele Meere aber erscheinen blau, weil ihr Wasser das Sonnenlicht in seine Farben zerlegt und in unterschiedlichem Maße aufnimmt und streut. Sie schlucken für gewöhnlich langwellige rote, orange und gelbe Lichtanteile, während kurzwelliges blaues Licht gestreut wird und zu unseren Augen zurückkommt. Für diesen Effekt sind ungeheure Wassermassen nötig; viel mehr als die, die in ein Glas passen. Und selbst das Wasser, das sich flach über den Bereich legt, der an den Strand grenzt, beinhaltet nicht so viel Volumen, um es als blau wahrzunehmen. Meere aber generell als blau zu bezeichnen, wird ihnen nicht gerecht.

Viele Bereiche enthalten Myriaden kleiner, optisch aktiver Teilchen, die in der Lage sind, Sonnenstrahlung einzufangen oder sie von sich abprallen zu lassen und in der See zu streuen. Das hat schon der Schweizer François-Alphonse Forel 1890 erkannt und eine Vergleichsskala mit 14 Wasserfarben entwickelt. Dazu hat er kleine Wasserröhrchen mit bestimmten Salzen befüllt, um Schattierungen von blau über grün und gelb bis braun zu erhalten. Weitere sieben Farben hat der Binnenseeforscher Willi Ule ergänzt, der in der ersten Hälfte des 20. Jahrhunderts an der Universität Rostock lehrte und als Begründer der Landeskunde Mecklenburgs gilt. Auch wenn er sich selbst nicht der Ostsee widmete, so hat er mit seinem Schweizer Kompagnon ein Vergleichssystem geschaffen, das bis heute angewendet wird. Denn mit der nach ihnen benannten Forel-Ule-Skala lassen sich Gewässer anhand ihrer spezifischen Farbe charakterisieren. Die blauen Töne deuten auf reines Wasser hin, in dem kaum Nährstoffe vorhanden sind und das Licht sehr tief eindringen kann. Grün verrät, dass viele Nährstoffe gelöst sein müssen, wodurch die Sichttiefe abnimmt. Braunes Wasser ist hingegen sowohl voller gelöster organischer Stoffe als auch im Wasser schwebender Sedimente und dadurch besonders dunkel.

Mit dem Wissen, dass die Ostsee überdüngt ist, müsste sie wohl eher grün sein. Wer mal von Bord eines Schiffes blickt oder mit offenen Augen in die Ostsee taucht, wird sich bestätigt fühlen. Gerade im Frühjahr und im Sommer sind die grünen Blüten der Kleinstalgen und Cyanobakterien für die Farbe verantwortlich. Unter ihren Quadratkilometer großen Teppichen wird es dunkel, weshalb Großalgen und Seegräser kaum Licht bekommen. Und wenn Kleinstalgen absterben und gen Boden sinken, setzen sich ihre Überreste zu allem Übel auf die feinen Blätter der Meerespflanzen und beschatten sie. Sie bilden eine Schicht zwischen den

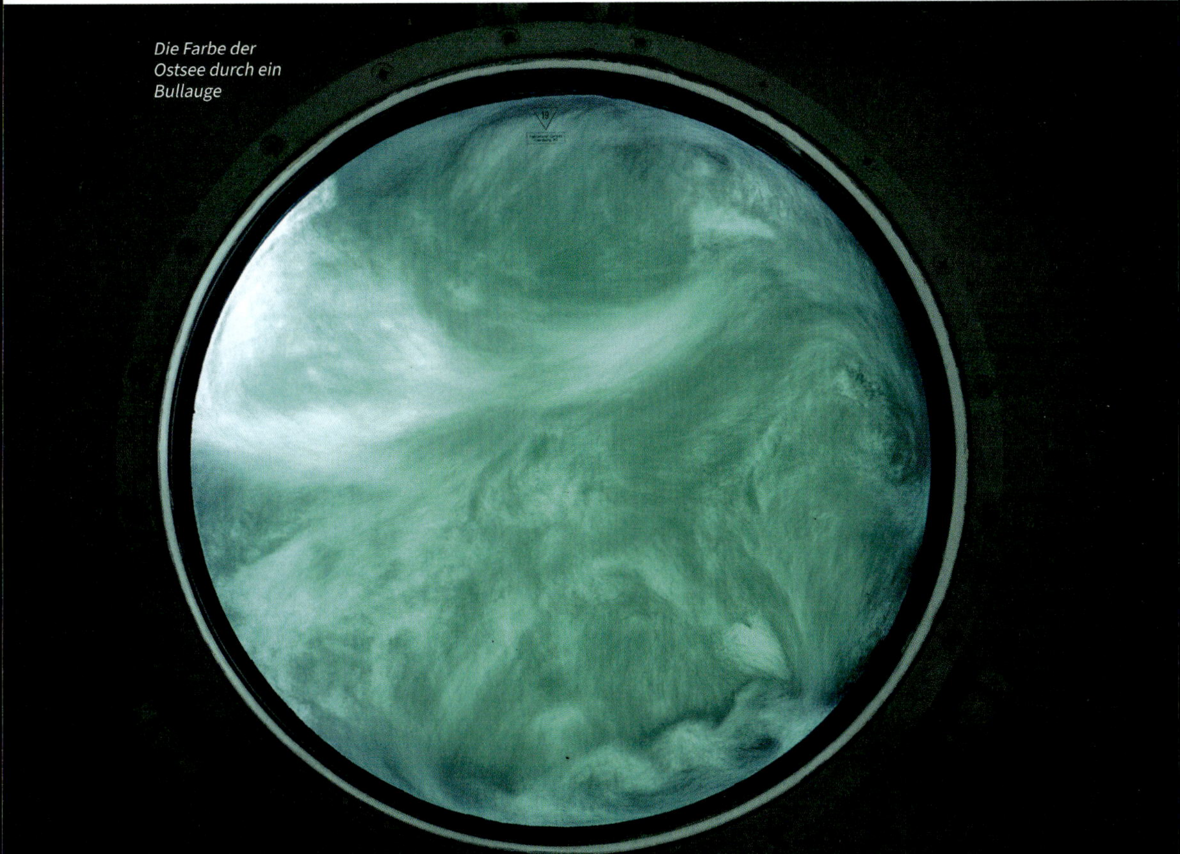

Die Farbe der Ostsee durch ein Bullauge

Sonnenstrahlen und dem Blattgrün; Fotosynthese ist kaum noch möglich. Wenn wir die Ostsee also wieder aufhellen wollen, sollten die Blüten zurückgehen.

Wenn die Ostsee zum Teeglas wird

Sobald die Frühjahrs- und Sommerblüten vorüber sind, färbt sich die Ostsee im Herbst und Winter stellenweise gräulich-blau, doch so richtig will sie ihr Grün flächendeckend selbst dann nicht ablegen. Das liegt an gelösten organischen Substanzen, die Licht eines bestimmten Spektrums aufnehmen. Die Natur wird zur Künstlerin in unserem Meer, wenn sie auf ihrer Mischpallette Gelb ins Blau mischt, bis sich ein grünlicher Ton ergibt. Diese Besonderheit wird durch Gelbstoffe hervorgerufen, die durch Abbauprozesse von Pflanzenmaterial entstehen. Sie bilden sich direkt in der Ostsee, wenn Bakterien und andere Mikroorganismen abgestorbene Algen und Pflanzen zersetzen. Entscheidender sind diejenigen, die vom Festland oder aus Fließgewässern stammen. Wenn Laub und abgestorbene Pflanzenteile im Wasser verrotten, geben sie die Gelbstoffe frei. Das passiert insbesondere in Mooren: Sind diese intakt, schließen sie die farbgebenden Moleküle wie Kohlen- und Schadstoffe in ihre Torfkörper ein. Wie wir schon wissen, sind aber nahezu alle Moore entlang unserer Küste entwässert, wodurch sie die Farbsubstanz nicht binden können. Auch andere Landschaften trocknen infolge des Klimawandels immer mehr aus; Starkregenereignisse nehmen zu. Prasseln diese heftigen Schauer auf die ausgedörrten Böden, spülen sie unter anderem vermehrt Gelbstoffe in die Flüsse, die sie, wie die Nährstoffe auch, bis in die Ostsee tragen.

Das Phänomen lässt sich mit dem Aufgießen von Tee vergleichen: Dabei lösen sich Blätter und Knospen in einem Teebeutel, der in einem Glas hängt und mit Wasser übergossen wird. Nach und nach verfärben die Stoffe die Flüssigkeit, bis wir nicht mehr durch das Glas schauen und den Beutel nur noch erahnen können. Sicher ist der Effekt in der Ostsee nicht so deutlich wie im Teeglas, er wird aber stärker, wenn sich das Meer durch den Klimawandel erwärmt. Wer das überprüfen möchte, kann einfach mal einen Teebeutel in kaltes und einen zweiten in heißes Wasser geben, um zu sehen, dass sich Gelbstoffe im Letzteren schneller lösen. Da sie blaues Licht schlucken, verschiebt sich die Färbung der Ostsee in den grünen Bereich. Diese Farbe bleibt dauerhaft, da einmal eingetragene Gelbstoffe – ähnlich wie die schon erwähnten Phosphate und Stickstoffe – aufgrund des langwierigen Wasseraustausches Jahrzehnte in unserem Binnenmeer verweilen. Einträge aus Flüssen dominieren, die Farbverbindungen von Wäldern, Graslandschaften, Feuchtgebieten und Feldern mit sich bringen; wenig davon fließt über das enge Kattegat hinaus in den großen Ozean.

Grundsätzlich sind Gelbstoffe nicht verheerend für die Ostsee, sondern sogar notwendig. Sie fungieren als eine Art Sonnencreme des Meeres, weil sie neben blauem auch schädliches ultraviolettes Licht absorbieren und marine Organismen vor ihm schützen. Nachdem sie das UV-Licht der Sonne aufgenommen haben und dadurch zerlegt werden, sind sie so klein, dass Mikroorganismen sie fressen können. Die Sonne hilft also beim mikrobiellen Abbau in der Ostsee; Gelbstoffe schützen dabei Flora und Fauna vor gefährlichen Strahlen. Außerdem binden sie teils giftige Spurenmetalle. Doch wenn zu viele Gelbstoffe in die Ostsee gelangen und das Meer verdunkeln, heben sich die positiven Effekte auf.

Blätter verfärben das Wasser wie Tee

Wieso heller Sand die Ostsee verdunkelt

Wie bereits angedeutet, trüben nicht nur Kleinstalgen und Gelbstoffe, sondern auch Sedimente die Ostsee. Doch wenn wir mit den Füßen Meersand aufwirbeln, erscheint das Wasser aus unserer Perspektive milchig-weiß und damit hell statt dunkel. Dabei sollten wir bedenken, dass wir von oben – also mit dem Sonnenlicht – auf die Wasseroberfläche blicken, während die Meeresbewohner das Geschehen von unten betrachten. Für unsere Augen erscheint das aufgescheuchte Sediment hell, weil es das Sonnenlicht zu unseren Augen zurückwirft, während es in tieferen Wasserschichten kaum ankommt. Die Meeresorganismen unter dieser sandigen Barriere schwimmen im Dunkeln.

Sedimente gelangen teilweise auf ganz natürliche Art und Weise vom Meeresboden in die Wassersäule. Zugutekommt der Ostsee, dass ihre Ebbe und Flut kraftlos sind und daher kaum Sedimente lösen. Etwas mehr Einfluss haben Strömungen, die sie durchziehen, doch auch diese sind im Vergleich zu denen im Ozean relativ schwach. Herbst- und Winterstürme, die sich in den Seegang furchen, sind ebenfalls meist nicht kräftig genug, um bis zum Meeresgrund zu dringen. Doch die Flach-

Ein Schiff mit Sandfahne hinter dem Heck

Baggerschiff spuckt Sandfontäne

wasserbereiche können sich oft nicht wehren: Dort fegen die vom Wind getriebenen Wassermassen über den Boden und nehmen mit, was auf dem Meeresgrund seine Ruhe sucht.

Mit Tide, Strömungen und Winden kann die Ostsee noch umgehen, schließlich befördern sie auch Nährstoffe nach oben. So halten sich Lichtverluste und Nährstoffgewinne in etwa im Gleichgewicht. Dieses gerät jedoch durch menschliche Einflüsse, die die Sedimentabtragung verstärken, ins Wanken. Indirekt hat auch die globale Erwärmung Einfluss darauf, wie viel Sediment vom Boden aufgewirbelt wird. Wir haben schon erfahren, dass der Klimawandel den Meeresspiegel ansteigen lässt. Stürme nehmen zu und können größere Wassermassen bewegen, deren Kraft über den Meeresboden fegt. Doch nicht nur der Menschen gemachte Klimawandel, sondern auch viele andere unserer Aktivitäten im Meer führen zur Sedimentabtragung. Wenn zum Beispiel Schiffspropeller sich im Wasser drehen, um mechanische Energie in Schub umzuwandeln, erzeugen sie Strudel, die dann auf dem Meeresboden rühren.

Das hat noch einen relativ geringen Effekt auf die Meeresverdunklung im Vergleich zu anderen Aktionen, beispielsweise der Arbeit eines Hopperbaggers. Damit sind Saugbaggerschiffe gemeint, die dem Meeresboden Sand entnehmen. Sie besitzen seitlich angebrachte Saugleitungen, die bis zum Grund reichen. Am unteren Ende sind schwere Schleppköpfe befestigt, deren Aufgabe es ist, Sedimente an der Gewässersohle zu lösen. Dabei entstehen Furchen, die bis zu einem halben Meter tief sind und sich über mehrere hundert Meter Länge durch den Meeresboden ziehen. Pumpen verfrachten das Baggergut – ein Gemisch aus Sand und Wasser – über die Saugleitungen in den Laderaum des Schiffes.

Dieses transportiert seine Ladung dorthin, wo sie gebraucht wird. Bei der sogenannten Regenbogenmethode schießen Rohre eine mehrere Meter hohe Spülgutfontäne in die Luft, bis die Schwerkraft den Sandstrahl ins Wasser schnellen lässt. Diese Arbeiten dienen oft dem Küstenschutz, wirken aber dem Meeresschutz entgegen. Immer dann, wenn tonnenweise Sand angesaugt und wieder ausgeschüttet wird, sind während der Arbeiten und danach riesige helle Sandfahnen auf der Ostsee zu sehen, die sich darunter bis zum Boden fortsetzen.

Ähnliche Wirkungen zeigten sich, wenn Pipelines und Unterseekabel in der Ostsee verlegt wurden. Als Schiffe die über 1200 Kilometer zwischen Russland und Deutschland für Nord Stream Röhren abluden, wirbelten sie ungeheure Mengen Sediment auf. Das Netz dutzender Unterseekabel, wovon allein 16 auf deutschem Gebiet verlaufen, wurde mit Schiffen vorbereitet, die Verlegepflüge hinter sich herzogen. Sie frästen bis zu fünf Meter tiefe Furchen in den Meeresboden, wodurch Sedimente in die Wassersäule stiegen.

Diese fragilen Kabel übertragen als Lebensadern des Internets nicht nur riesige Datenmengen zwischen Ländern, sondern transportieren auch Strom von Offshore-Windkraftparks. Sie erstrecken sich zum Beispiel entlang der vorpommerschen Ostseeküste, weit draußen im Meer. Die meisten Windkraftanlagen drehen sich nordöstlich von Rügen, bis zu 35 Kilometer entfernt von der Küste. In den kommenden Jahren dürften noch etliche hinzu kommen, da sie zentrale Säulen der Energiewende sind. Dennoch werden sie oft kritisch betrachtet, selten jedoch in

Zusammenhang mit der Meeresverdunklung gebracht. Denn natürlich springt auch das Sediment auf, wenn der Fuß einer neuen Windkraftanlage mit voller Wucht auf dem Meeresboden aufschlägt, bevor er dreißig Meter tief in die Erde sinkt.

Einen größeren Einfluss auf den Verlust des Lichtes hat ohne Zweifel ein Grundschleppnetz. Jedes Mal, wenn es die Rampe am Heck eines größeren Fischerkutters verlässt und gen Meeresboden sinkt, sorgt es für Chaos. Sein faustdickes Grundtau ist mit Gewichten beschwert, damit es am Boden bleibt. Schleift das breite Netz teilweise mehrere Stunden über den Ostseegrund, fängt es nicht nur Fische, sondern reißt beiläufig auch festsitzende Bodenlebewesen mit sich. Dazu zählen Seegräser und Makroalgen genauso wie Seepocken, Miesmuscheln oder Brotkrumenschwämme, alles Arten, die sich mit selbsthergestelltem Leim festkleben. Grundschleppnetze gefährden Arten, schwächen das Ökosystem und wühlen ungeheure Mengen an Schlick voller Tone, Sande sowie Überbleibseln von Muschelschalen, Schneckenhäusern und anderem organischen Material auf.

Jede Baumaßnahme ist zeitlich begrenzt und dauert meist nur Monate, Wochen oder gar Tage. Für sich genommen mag eine einzelne menschliche Aktivität keinen großen Einfluss auf das Meer haben; zusammen aber schon. Stellen wir uns vor, dass jemand in unserem Wohnzimmer einen Staublappen ausschüttelt. Verwundert würden wir vielleicht einmal darüber hinwegsehen, weil der wenige Staub kaum einen Effekt hat. Käme dieser Staubwedler jedoch nun jeden Tag, unter Umständen sogar mehrmals, und wirbelte mit seinem Lappen, würden wir das nicht hinnehmen, um zu verhindern, dass wir vor lauter Staub nichts mehr sehen und kaum noch atmen könnten. Die Tiere und Pflanzen der Ostsee haben keine Möglichkeit, sich zu beschweren, wenn ihnen aufgewirbeltes Sediment zu viel wird. Sie können auch nichts entgegnen, wenn eine zu hohe Zahl an Kleinstalgen und Gelbstoffen das Wasser zu sehr trübt.

Um Meeresbewohner nicht im Dunklen zu lassen, müssen wir die Ursachen besser verstehen und aus unserem Wissen Maßnahmen ableiten. Dabei können die Secchi-Scheibe und die Forel-Ule-Skala zwar einen wichtigen, aber doch nur begrenzten Beitrag leisten. Meeresphysiker*innen lassen sich deshalb von modernen Geräten und Künstlicher Intelligenz helfen.

NACHGEFRAGT

Tiefgang: Oliver Zielinski - ein moderner Angelo Secchi

Prof. Dr. Oliver Zielinski ist seit Januar 2026 wissenschaftlicher Geschäftsführer des Helmholtz-Zentrums Hereon mit Hauptsitz in Geesthacht. Zuvor war er knapp drei Jahre Direktor des Leibniz-Instituts für Ostseeforschung Warnemünde (IOW). Er ist Mitglied des Wissenschaftsrates der Bundesregierung. Der Meeresphysiker beschäftigt sich vor allem mit Sensoren, die in den Meeren eingesetzt werden, wobei er auch auf Künstliche Intelligenz setzt. Die Optik ist das Wissenschaftsgebiet, auf dem er sich zuhause fühlt. Das ist ein Grund dafür, warum Oliver Zielinski auch auf dem Gebiet der Meeresverdunklung forscht.

Herr Prof. Dr. Zielinski, was hat Sie dazu inspiriert, sich mit den Farben des Meeres zu beschäftigen?

Sonnenlicht ist der Motor für das Leben im Meer. Und wir nehmen es fälschlicherweise immer als gegeben an. Es gab zwei Schlüsselmomente, in denen meine Augen etwas erblickt haben, dass mich nie wieder losgelassen hat. Während ich als Student auf einem Forschungsschiff unterwegs war, habe ich in den Moonpool geguckt. Das ist so ein Schacht im Schiff, in den man Messgeräte hinunter ins Wasser lassen kann. Darin hat das Wasser auf hoher See so wunderschön blau, an der Küste dann grünlich oder bräunlich gefunkelt. Das leuchtete mir richtig entgegen. Da habe ich mich gefragt, was wohl die Farbe des Wassers beeinflusst und wie dies mit den darin gelösten Stoffen zusammenhängt. Aber auch den Moment, als ich während meiner Promotionsphase mal nachts allein an Deck eines Forschungsschiffes stand, um das Delfine kreisten, werde ich nie vergessen. Dort konnte ich sehen, wie Lichtstrahlen der Bordbeleuchtung ins klare Wasser eindringen und wellenbedingte Muster erzeugen. Das ist hochkomplex und wunderschön zugleich. All das hat Einfluss auf Flora und Fauna der Meere, denn alles hängt zusammen.

In puncto Messtechnik nutzen Sie bei Ausfahrten immer noch die Secchi-Scheibe, um die lange Datenreihe fortzuführen. Doch die technische Entwicklung schreitet ja rasend schnell voran. Was kommt da an Bord zum Einsatz?

Ein Beispiel ist ein sogenannter Profiler – wenn man so will eine Art moderne Secchi-Scheibe. Das ist ein relativ flaches, schwarzes Gehäuse, in dem zwei Radiometer mit kleinen Messköpfen stecken. Den Profiler lassen wir vom Heck an einem Seil ins Wasser wie einen Drachen im Wind. Die beiden Radiometer darin messen die Trübung sowie zusätzlich die Farbe des Wassers – und zwar gleichzeitig über 200 Wellenlängen. So können wir genau sehen, wie viel ultraviolettes, blaues, grünes, gelbes, rotes und infrarotes Licht in feinsten Nuancen ins Wasser gelangt. Eines der Radiometer guckt nach oben, nimmt also die Lichteigenschaften auf, die von der Wasseroberfläche nach unten wahrzunehmen sind. Das andere Radiometer blickt nach unten und dokumentiert, welches Licht aus der Tiefe nach oben dringt. An Deck befindet sich noch ein weiteres Radiometer, welches während der Profilmessung die Sonnenstrahlen aufzeichnet, falls sich Wolken vor die Sonne schieben und das eingehende Licht abschwächen.

Oliver Zielinski lässt einen Profiler zu Wasser

Nun können Sie ja aber nicht tagtäglich mit dem Forschungsschiff rausfahren und den Profiler von der Leine lassen, weil das zeitaufwendig ist. Wie schließen Sie denn diese zeitlichen Lücken?

Da nutzen wir autonome Drifter, das sind Treibbojen, die Argo-Floats genannt werden. Der Name leitet sich von einem Schiff aus der griechischen Mythologie ab, der Argo. Die konnte sprechen und so dem Helden Iason und seinen Argonauten helfen, während der Abenteuerreise Gefahren zu erkennen. Und uns geben die Argo-Floats eben alle möglichen Informationen, um Veränderungen im Meer frühzeitig festzustellen. Sie sinken hinab ins Wasser und sammeln zwei, drei Jahre selbstständig Daten. Dazu gehören auch optische Messungen. Alle fünf Tage tauchen sie wieder an der Wasseroberfläche auf, um ihre Daten an Satelliten zu senden. Die bekommen wir und andere Meeresforschende weltweit in Echtzeit auf unsere Computerbildschirme. So können wir über das ganze Jahr messen.

Aber Satelliten können doch nicht nur Daten übermitteln, sondern auch selbst aufzeichnen. Ich denke da an die beeindruckenden Aufnahmen der Europäischen Weltraumorganisation, die Algenblüten in der östlichen Ostsee zeigen.

Ja, auch an Satelliten sind Sensoren angebracht, die Spektralfarben aufzeichnen können. Während die Argo-Floats zwar sehr genau, aber nur an ganz bestimmten Stellen messen, haben die Satelliten einen unvergleichlichen Überblick über die gesamte Ostsee. Weil sie aber 500 bis 800 Kilometer über unserem Erdball schweben, sind sie nicht ganz so genau. Die Kombination verschiedener Messverfahren ist also wichtig.

Lassen sich denn historische Daten und moderne Satelliten-Messungen auch miteinander kombinieren und vergleichen?

Das geht, denn aus den Daten lassen sich auch Secchi-Tiefen ableiten. Eine Studie nutzt Satelliten-Daten seit 1997, wodurch wir ein sehr flächendeckendes Bild der Secchi-Tiefen in der Ostsee haben. So können wir die historischen Secchi-Daten der letzten 100 Jahre auch besser interpretieren. Die wurden ja nur zu unregelmäßigen Zeitpunkten und an nicht genormten Stellen gemessen. Ein Beispiel: An einem sonnigen Sommertag 1950 wurde im Küstenbereich vielleicht eine Secchi-Tiefe von sechs Metern gemessen. Und nehmen wir an, dass im Frühjahr 1980 weit draußen auf offener See eine Secchi-Tiefe von acht Metern gemessen wurde. Dann suggerieren diese beide Werte oberflächlich betrachtet, dass die Secchi-Tiefe zugenommen hat, die Ostsee also heller wurde. Da wir aber durch die Satelliten wissen, dass das Wasser sowohl im Sommer als auch in

Küstennähe oft trüber ist als im Frühling und auf offener See, können wir das in die historischen Werte mathematisch reinrechnen und Verzerrungen ausschließen. Das Ergebnis ist, dass die Meeresverdunklung in unserem einfachen Beispiel tatsächlich zu- und nicht abgenommen hat. Zwei Werte reichen natürlich nicht aus. Wir berechnen das mit einer unvorstellbar großen Datenmenge. Ein Zusammenspiel von althergebrachten Methoden, wie der von Secchi, und moderner Technik, wie den Satelliten.

Und Sie müssen nicht ständig raus, bei Wind, Wetter und Wellengang, um Daten zu bekommen. Aber wenn sich Wolken zwischen Erdumlaufbahn und Ostsee schieben, ist der Satellit doch blind. Wie schließen Sie diese Wissenslücken?

Da füttern wir mittlerweile Künstliche Intelligenzen. Durch all die Messungen hat dieses intelligente System sehr viel Wissen. Damit kann es rechnen und kleinere Datenlücken schließen. Es sind aber nicht nur Wolken, die Satelliten stören, sondern auch Strukturen in Küstennähe. Buchten oder Häfen zum Beispiel verrauschen die Satellitensignale, verfälschen also das Echo, das von der Meeresoberfläche zum Satelliten gehen soll. Außerdem sind die Satelliten nicht so hochauflösend; die meisten sind nur auf mehrere Kilometer genau. Das Bild ist also pixelig: Es reicht zwar aus, um die großen Ostseebecken zu charakterisieren, doch für die kleinen Buchten und engen Meeresarme eben nicht. Da kann uns auch KI nicht helfen. Mittlerweile arbeiten wir allerdings an Flugdrohnen, die wir mit Sensoren ausstatten. Damit können wir zwar nicht die ganze Ostsee abfliegen, aber in begrenzten, kleineren Gebieten, wie zum Beispiel dem Greifswalder Bodden, helfen sie uns das Bild der Farben zu verfeinern. Und gerade über die Küstengebiete wollen wir mehr erfahren, denn das ist der Bereich, in dem Menschen das Meer nutzen wollen, es aber auch stärker beeinflussen.
Da passiert also sehr viel.

Viele Menschen – viele Augen – und auch viele Handys. Darin haben Sie ja auch schon Potential entdeckt, das positiv genutzt werden kann. Denn bevor Sie nach Warnemünde kamen, haben Sie an der Carl von Ossietzky Universität Oldenburg gemeinsam mit Forschenden verschiedener Institutionen in den Niederlanden die App „EyeOnWater-Colours“ entwickelt. Was steckt hinter dieser Handy-Anwendung?

Die App kann jeder benutzen, der sich für den Zustand der Gewässer interessiert. Man muss sich die nur auf sein Handy laden und kann loslegen. Es geht darum, Fotos von der Wasseroberfläche zu machen. Die App nutzt die Grundlagen der Forel-Ule-Skala. Wer fotografiert, muss nur auf zwei Dinge achten. Zum einen darauf, eine Stelle zu wählen, an der der Gewässerboden nicht zu sehen ist, weil wir ja nicht die Farbe des Grundes, sondern die des Wassers messen wollen. Zum anderen ist es wichtig, die Sonne im Rücken oder an der Seite zu haben, denn wenn sie einem entgegenstrahlt, erzeugt sie ein Funkeln auf der Wasseroberfläche. Das verfälscht die eigentliche Farbe auf dem Foto. Die Hobby-Forschenden können auf einer Skala dann noch mit einem Klick die Farbe auswählen, die sie auf dem Wasser sehen.

Sind die Wahrnehmungen da nicht sehr individuell und die Ergebnisse unter Umständen nicht vergleichbar?

Das kann passieren, aber ein Algorithmus gleicht die Farbe des Fotos auch mit der Skala ab. Wenn Mensch, Algorithmus und Foto übereinstimmen, ist die Wahrscheinlichkeit groß, dass die Messung stimmt.

Was passiert dann mit diesen Daten?

Die landen auf einer Internetseite, die jeder einsehen kann. Man schaut dort seine Messungen an und kann in denen von anderen stöbern. Mittlerweile haben wir weltweit schon fast 2200 Aktive, die weit über 22000 Messungen durchgeführt haben. Die stärksten Communities gibt es hier in Mittel- und Nordeuropa – also auch an der Ostsee – sowie in Australien und Neuseeland. Von überall gibt es nicht nur Fotos von Meeren, sondern auch von Flüssen und Seen. Und so können wir auch beobachten, welche Gewässer sich in Ostseenähe verändern und das Meer später beeinflussen. So viele Messungen, das würden wir niemals schaffen. Für uns als Wissenschaftler*innen ist das Gold wert.

Wo wir schon bei Farben sind: Was ist Ihre persönliche Lieblingsfarbe im Meer?

Es gibt vielleicht nicht die eine Farbe, aber ich mag die besonderen Nuancen. Türkis zum Beispiel. Diese Farbe ist selten; auf Skalen wie von Forel und Ule gibt es sie gar nicht. Sie entsteht beispielsweise dann, wenn feinstes Gletschermehl ins Wasser der Grönländischen Fjorde gelangt. Ich mag auch Grün, denn das ist so typisch für die Ostsee. Wenn ich über die Bordwand schaue und dieses einzigartige Grün sehe, weiß ich, wo ich bin. Und so ein Gefühl für die Wasserfarbe zu haben, die mich umgibt, ist mir wichtig.

Was die Ostsee wieder aufhellt

Obwohl wir schon einiges über das Farbenspiel der Meere wissen, glaubt Oliver Zielinski, dass es noch viel komplexer ist als bisher angenommen. Deshalb hat der Meeresphysiker das Projekt ISOLUM mit einem internationalen Forschungsteam gestartet. Konkret geht es dort auch um Ursachen der Meeresverdunklung in der Ostsee, dem Nordatlantik und dem Mittelmeer. Das Forschungsteam will bis ins Jahr 2000 zurückschauen und auch Entwicklungen bis 2050 modellieren. Daraus könnten feiner abgestimmte Maßnahmen abgeleitet werden, um die Meeresverdunklung der Ostsee umzukehren.

Das Schöne ist, dass in puncto Sehschwäche der Ostsee Schritte helfen, die wir bereits aus anderen Gründen gehen. Im Kern sind alle fiebersenkenden Maßnahmen aus dem ersten Kapitel dieses Buches zielführend, denn in einem kälteren Meer kommt es zu weniger Algenblüten. Auch die Behandlung des Völlegefühls aus Kapitel zwei hilft, um beispielsweise die Beschattung durch Mikroalgen und Cyanobakterien zu verringern. Drosseln wir ihr Futter drastisch, hellt sich auch die Ostsee wieder auf. Zudem gibt es immer mehr Projekte, um Moore und andere Feuchtgebiete wiederzuvernässen. Das hilft, Nähr- und Gelbstoffe im Meer zu reduzieren, weil Moore sie binden. Da einige dieser Maßnahmen schon seit den 1990ern mal mehr, mal weniger konsequent durchgeführt werden, zeigen sich auch erste, positive Effekte.

In nahezu allen Gebieten wird es wieder heller, wenn auch nur sehr langsam. In der Kieler Bucht und der Mecklenburger Bucht zum Beispiel dringen Sonnenstrahlen bereits rund 18 Zentimeter tiefer ein, wenn man sie mit der HELCOM-Referenzperiode zwischen 2011 und 2016 vergleicht. In der Pommerschen Bucht sind es immerhin zwei Zentimeter. Als Spitzenreiter erweisen sich die Ålandsee und die Bottensee zwischen Schweden und Finnland, wo das Sonnenlicht ungefähr einen halben Meter weiter nach unten kommt. Es sind Hoffnungsschimmer, die uns zeigen sollten, dass sich unsere Anstrengungen lohnen. Dass gleichzeitig in einigen Gebieten die Verdunklung zunimmt, offenbart jedoch auch, dass wir dennoch konsequenter vorgehen sollten.

Aus diesem Grund müssen wir genau überlegen, wo und wann wir in der Ostsee bauen, damit wir vermeiden, große Mengen Sediment aufzuwirbeln. Dabei könnte ein digitaler Zwilling helfen, eine Art virtuelles Abbild unseres Meeres, das in Rostock fortwährend entwickelt wird. Am Ocean Technology Campus testen Forschende damit, was passieren würde, wenn man beispielsweise einen Windpark in ein gewisses Gebiet baute. Da die virtuelle Ostsee ständig mit Daten der realen gefüttert wird, ergibt sich eine ziemlich genaue Vorhersage über die ökologischen Folgen eines solchen Bauprojektes. Der digitale Zwilling könnte also auch anzeigen, ob sich besonders viel Sediment während einer Aktivität lösen würde und welche andere Stelle sich vielleicht als geeigneter anböte. Besser wäre es für die Meeresumwelt natürlich dennoch, auf möglichst viele Bauvorhaben zu verzichten.

Wann die Nacht zum Tag wird

Im Projekt ISOLUM soll es nicht nur um Algenblüten, Gelbstoffe, Sedimente und vielleicht weitere Gründe für die Meeresverdunklung, sondern auch um künstliche Lichtquellen bei Nacht gehen. Darüber wissen wir mit Blick auf die Ostsee sehr wenig. Doch im Grunde simultan zu dem Verlust des natürlichen Lichts hat die Bestrahlung mit unnatürlichem zugenommen. Während die Tage im Meer immer dunkler geworden sind, werden die Nächte immer heller. Das lässt sich sogar an vermeintlich abgeschiedenen Orten beobachten, beispielsweise der Boiensdorfer Werder, einer kleinen Insel nordöstlich von Poel. Wer dort nachts auf die Ostsee blickt, sieht ein Lichtermeer im wahrsten Sinne des Wortes. Hell beleuchtete Fähren durchziehen das Wasser und reihen sich zu einer Lichterkette auf. Ihnen kommen andere Lichterketten entgegen; wieder andere kreuzen ihren Weg. Das Rampenlicht dieses Schauspiels strahlt vom Festland her. Dort eine beleuchtete Promenade, da eine strahlende Seebrücke, hier ein Schaufenster, aus dem Werbung flimmert, daneben ein Hafen, in dem Arbeiter unter künstlichem Licht ihre Nachtschicht verrichten. All das bleibt fast unbemerkt von all den Menschen, die ihre Welt hinter den Fensterscheiben ihrer Häuser und Wohnungen selbst in Licht tauchen. Dann löschen sie es und schließen ihre Augen.

Allein in Deutschland nimmt die Lichtverschmutzung jedes Jahr um sechs Prozent zu. Sie ist an Land schon besser untersucht, besonders wenn es um Insekten geht. Straßenlaternen zum Beispiel ziehen die kleinen Nachtschwärmer an, die dort jedoch weder Nahrung finden noch sich fortpflanzen oder ihre Eier ablegen können. Weil Myriaden von Insekten im Schein des Straßenlichtes vor Erschöpfung sterben oder zur leichten Beute werden, schalten viele Gemeinden nachts ihre Laternen ab, überall dort, wo sie nicht gebraucht werden. Bewegungsmelder helfen, damit sie nicht unnötig die ganze Nacht bescheinen. Modern abgeschirmte Leuchten richten das Licht nach unten, wo es zwar auf den Gehweg, jedoch nicht in die Umgebung strahlt. Dass künstliches Licht auch Einfluss auf die Meeresbewohner haben dürfte, ist keine gewagte Vermutung. Ein bewusster Umgang damit könnte nicht nur Insekten, sondern auch den Meeres-Organismen helfen. Oliver Zielinski will Maßnahmen ähnlich denen an Land entwickeln und Leuchtturmbetreibern, Hafenverwaltungen sowie Umweltbehörden einen Katalog in die Hände geben, damit sie die Lichtverschmutzung möglichst geringhalten können, ohne ihren Betrieb einschränken zu müssen.

Projekte wie diese gibt es bisher für Meere kaum. Eines der ersten mit Blick auf die Ostsee wurde am GEOMAR Helmholtz-Zentrum für Ozean-

Alter Strom in Warnemünde

Kieler Hafen

Seebrücke Sellin

forschung in Kiel durchgeführt. Studierende aus aller Welt haben an den Küsten vor Japan, Madeira, den Kapverden, Kroatien, Portugal, Spanien, Wales und an der Ostseeküste Finnlands untersucht, wie Kunstlicht auf Makroalgen wirkt. Insgesamt wurden 14 Algenarten drei Wochen lang nächtlichem Kunstlicht ausgesetzt, das gelb beziehungsweise weiß war und so dem Gros des menschenerzeugten Lichtes entsprach. Die Hälfte der Versuchsorganismen reagierte tatsächlich: Je nach Standort wuchsen die Algen entweder schneller oder stellten die Produktion ihrer Biomasse ein. Zudem machte die nächtliche Bestrahlung mit Kunstlicht zwei Algenarten attraktiver für Weidegänger: Seeigel, Schnecken und Asseln machten sich vermehrt an den Makroalgen zu schaffen. Kunstlicht scheint also sowohl positiv als auch negativ auf die Ostsee und andere Meere einzuwirken, ein Muster konnte man bislang noch nicht entdecken. Ob die Lichtverschmutzung überwiegt, müssen künftige Projekte zeigen. Eine Vermutung der Forschenden aus Kiel ist, dass gelbes Licht weniger Einfluss haben könnte als weißes, weil Letzteres dem Sonnenlicht ähnlicher ist und Meeresbewohner eher aktiv werden lässt.

Was vorbeugend auf jeden Fall hilft: Das Licht einfach mal auszuschalten. Die Naturschutzorganisation World Wide Fund for Nature – kurz WWF – hat im Jahr 2007 eine Bewegung namens Earth Hour, also Stunde der Erde, ins Leben gerufen. An einem Abend, meist im März, schalten viele Gemeinden, Unternehmen und Privathaushalte weltweit all ihre Lichter in der Zeit zwischen 20:30 Uhr und 21:30 Uhr einfach aus. Die Aktion soll ein Zeichen für den Klimaschutz und den bewussten Umgang mit Energie setzen. Ließe sich das Ziel erweitern, könnte die Earth Hour auch auf die Lichtverschmutzung von Ökosystemen an Land und im Meer aufmerksam machen.

Während einer dunklen Stunde wie dieser über die Ostsee zu blicken, schärft die Sinne für die Schönheit der Nacht. Mit etwas Glück sehen wir im Spätsommer ein Meeresleuchten in den Wellen, die ihren Weg an den Strand suchen. Das Naturschauspiel war in den vergangenen Jahren strahlend blau zum Beispiel vor Lubmin zwischen den Inseln Rügen und Usedom zu sehen. Es entsteht nicht durch Heringe im Mondschein, sondern durch Biolumineszenz, ein Leuchten, das Lebewesen selbst durch chemische Prozesse erzeugen. In der Ostsee sorgen dafür tausende kleine Leuchtalgen, die dazu durch Wellengang, Brandung oder andere Störungen angeregt werden. Mit den erzeugten Blitzen wollen die

Leuchtalgen wohl ähnlich wie Heringe Fressfeinde abschrecken – oder vielleicht unser Staunen über ihren Zauber entfachen.

Selbst wenn sich das Meeresleuchten nicht zeigt, hält die Ostseenacht vieles bereit. Der Mond hinterlässt sein Spiegelbild als Streif auf dem ruhenden Meer, umgeben von einem sternbehangenen Himmelszelt, das die ganze Welt umspannt. Es ist derselbe Sternenhimmel, zu dem einst Angelo Secchi an der italienischen Adria aufschaute. Diese Szenerie inspirierte ihn zu seinem Tun. Die Anmut der Ostsee kann auch uns motivieren, ein kleines Stück zum Schutz der Meere beizutragen.

Meeresleuchten vor Lubmin im Greifswalder Bodden

Motorenlärm auf hoher See

KAPITEL 6
HÖRSTURZ

Wieso ein Sternberger auf die Ostsee schoss

Als die „Titanic" am 14. April 1912 durch einen Zusammenstoß mit einem Eisberg im Nordatlantik sank und mit sich 1514 Menschen in die unbarmherzige See zog, schlugen die Wellen der Katastrophe bis in den Ostseeraum. Es war ausgerechnet ein Schulversager aus Mecklenburg, der ein solches Unglück in Zukunft verhindern wollte. Der 1880 in Sternberg geborene Alexander Behm hatte das Gymnasium abgebrochen – wohl aus Desinteresse am Schulstoff, ausgenommen die Physik, in der er ein besonderes Talent zeigte. Von gestandenen Naturwissenschaftlern ermutigt, reichte er über 100 Patente ein, darunter einen speziellen Angelköder und die Hundepfeife.

Doch seine Erinnerungen an die Tragödie der „Titanic" trieben ihn an, eine bedeutendere Erfindung zu machen. Dafür verschlug es ihn 1912 über Umwege nach Kiel. Nach jahrelanger Forschung kaufte er 1915 ein ausgedientes Kanonenboot namens „Otter", das er zu seinem schwimmenden Forschungslaboratorium ausbaute, wie er es nannte. Damit untersuchte er in der Kieler Bucht, wie sich Schall im Wasser ausbreitet. Er probierte eifrig und viel, feuerte sogar Schüsse in die Ostsee ab. So wollte er ein möglichst lautes Signal erzeugen, das alle anderen Geräusche im Meer übertönte, doch die Schüsse waren ungenau. Da kam Alexander Behm auf die Idee, statt die Lautstärke des Geschosses zu messen, besser einen starken, mit hohem Druck erzeugten Strahl ins Meer zu schicken und zu ermitteln, wie lange er auf seiner Reise benötigte. Und so beantragte er das Patent für eine Technik, die heute breite Anwendung findet:

das Echolot. Auch wenn etwa zeitgleich ähnliche Geräte in Kanada und Großbritannien erfunden wurden, ist es Behm, der als Vorreiter gilt und dem Echolot seinen Namen gab.

Doch um Eisberge vor dem Schiff frühzeitig zu erkennen – so stellte der Mecklenburger selbst fest –, taugt das Echolot nicht, da es seine Kraft nur senkrecht nach unten richtet. Dennoch verrät es der Crew, wie viele Meter Wasser zwischen dem empfindlichen Kiel und dem erbarmungslosen Meeresboden liegen, und verhindert so, dass das Schiff auf Grund läuft. Das Echolot schießt per Knopfdruck einen kräftigen Schallimpuls von Bord nach unten, bis er auf ein Hindernis trifft – zum Beispiel den Meeresboden – und wieder zurückgeworfen wird. Das ist vergleichbar mit einem Menschen, der ein „Hallo“ in eine Höhle schickt, das auf eine Felswand als Widerstand trifft und als Echo wieder zurück in die Ohren des Grüßenden kehrt. Mit dem Echolot konnte man von Schiffen aus auch das Relief des Meeresbodens erkunden. Die auf Papier festgehaltenen Unterwasserlandschaften erinnern an Wanderkarten, die Höhenprofile samt Erhebungen zeigen. Endlich war es Kapitänen möglich, ihre Schiffe mit Hilfe von Seekarten sicher um gefährliche Untiefen zu manövrieren. Auf ungenaue Senklote – lange, mit Gewichten beschwerte Leinen – konnten sie nun verzichten.

Das Echolot weckte bei Seemännern wieder den Entdeckergeist. In einem Interview im Jahr 1950 berichtete Alexander Behm voller Stolz, dass seine Erfindung es ermöglicht habe, fern der deutschen Küste einen Schallimpuls zum tiefsten Punkt der Erdoberfläche zu schicken. Während einer Expedition des Kreuzers „Emden“ maß sein Gerät an einem Punkt der Südsee eine Tiefe von zwölf Kilometern. Ob es sich dabei um den Marianengraben handelte, ließ der mecklenburgische Physiker offen, doch ist kein tieferer Punkt auf Erden bekannt. Heute weiß man, dass das damals eingesetzte Echolot etwas übertrieben haben muss. Moderne, hochauflösende Schallmessungen aus dem Jahr 2014 ermittelten 10 983 Meter im Challengertief des Marianengraben, das heute als die tiefste Rinne überhaupt gilt.

Der Franzose Paul Langevin entwickelte die Echolottechnik weiter, sodass sie doch noch Eisberge vor dem Schiffsbug zu erkennen lernte. Sein Sonar konnte Schallwellen auch horizontal, also direkt nach vorne, richten. Später waren Sonarsysteme sogar in der Lage, Signale in alle

Richtungen auszusenden und zu empfangen. Heute werden alle Systeme, die Unterwasserschall nutzen, als Sonare bezeichnet und schließen das Behmsche Echolot mit ein.

Vor, während und zwischen den Weltkriegen hatte das Militär großes Interesse, die Erfindungen Behms und Langevins für Kriegsschiffe zu nutzen. Natürlich erwiesen sich die deutsche und die französische Marine als die schnellsten, weil die Erfinder Landsmänner waren. So konnten sie nun nicht nur ihre Schiffe sicher navigieren, sondern auch U-Boote aufspüren, die bis zum Ersten Weltkrieg unsichtbare Gegner gewesen waren. Es begann ein Wettrüsten der Weltmächte, dem sich schnell zunächst auch die Briten und die US-Amerikaner, etwas später die Sowjets anschlossen. Nach dem Zweiten Weltkrieg entdeckten Fischer gleichfalls die Vorteile von Echolot- und Sonarsystemen: Sie statteten damit ihre Kutter und Trawler aus, um herauszufinden, wo sich die größten Fischschwärme tummelten. Alexander Behm, selbst begeisterter Angler, nutzte seine Erfindung auch beim Fischen, um die Wartezeit bis zum Zappeln der Beute am Haken zu verkürzen. Viele Freizeitangler*innen machen es ihm bis heute nach. Außerdem werden die Systeme eingesetzt, um Risse in Kaimauern zu finden und Bodenstrukturen für den Bau von Windkraftanlagen, Datenkabeln und Erdöl- sowie Erdgaspipelines zu ergründen. Und Forschungsschiffe haben schließlich mit Echolottechnik schützenswerte Riffstrukturen am Grund der Ostsee entdeckt.

Wenn die Natur ein Konzert in den Wellen spielt

Unabhängig von dem, was wir von der kriegerischen Nutzung halten: Die Entwicklung der Sonartechnik insgesamt liest sich wie eine Erfolgsgeschichte der Menschheit. Lange machte sich niemand darüber Gedanken, dass die Geräte die Kommunikation der Meeresbewohner stören könnten. Doch ihre Schallwellen kreuzen Signale, die Meerestiere aussenden und empfangen, wenn sie sich orientieren, jagen oder mit Artgenossen verständigen wollen. Dabei müssen marine Lebewesen schon gegen ein Konzert der Natur ankämpfen. Ironischerweise hatte Alexander Behm diese natürlichen Klänge als Störungsgeräusche betitelt, ohne zu sehen, dass es sein Gerät war, das die Meeresumwelt belästigte.

Sprechen wir von natürlichen Unterwassergeräuschen, haben viele mit Sicherheit sofort das Meeresrauschen im Ohr. Wir empfinden es selten als Lärm, wenn die Wellen brechen und sich ihr Wasser sanft an den Spülsaum schmiegt. Psycholog*innen würden sagen, dass Wellen beruhigend wirken, weil ihr gleichmäßiges Rauschen alle Störgeräusche der Umgebung wie ein schützender Mantel überdeckt. Es gibt uns ein Gefühl der Sicherheit und Geborgenheit, das unser Unterbewusstsein mit den warmen Wogen im Mutterleib verbindet. Physiker*innen würden ergänzen, dass in der Brandung Milliarden kleiner Luftbläschen entstehen, die unter dem Wasserdruck verformt und in Schwingungen versetzt werden. Je nach ihrer Größe erzeugen sie dann Schallwellen sehr unterschiedlicher Frequenzen, die sich überlagern und zu einem breitbandigen Geräusch führen. Es sticht also keine bestimmte, nervige Frequenz heraus: Alles wirkt unaufdringlich. In der Physik ist dieses beruhigende Phänomen als weißes Rauschen bekannt. Wie das Geräusch auf Meerestiere wirkt, sei dahingestellt; wahrscheinlich nehmen sie es unter Wasser als eines von vielen Hintergrundgeräuschen wahr. Meeresrauschen ist sicher umso einflussreicher, je lauter es tost, denn Wellen laufen nicht nur seicht am Strand aus, sondern können auch auf felsige Steilküsten schlagen. Lösen sie dort Material, fällt dieses krachend ins Meer.

Der Wellengang ist bei Weitem nicht die einzige natürliche Lärmquelle in der Ostsee. Wenn ein Gewitter auf die Wasseroberfläche trommelt, setzen sich die von ihm erzeugten Geräusche im Meer fort. Donner verur-

sacht über dem Wasser einen lauten Schall, der plötzlich entsteht, immer dann, wenn sich Luft entlang eines Blitzkanals ausdehnt. Blitze selbst sorgen für laute Knalle und starke Druckwellen im Wasser. Regen oder sogar Hagel führen ebenfalls dazu, dass das Ostseebecken zum Orchestergraben wird. Myriaden von Tropfen und Körnern plätschern je nach Beschaffenheit sanft auf das Wasser oder prasseln heftig darauf ein. Die vom Regen erzeugten Schallwellen dienen in der Ozeanographie sogar dazu, Niederschlagsmengen zu messen. Winde, wenn diese besonders im Herbst und Winter über die Ostsee hinwegfegen, verstärken die Regengeräusche. Heulend schlagen sie auf die Wellen, die ihren Lärm nach unten weitergeben.

In der kalten Jahreszeit spielt das Eis ein Konzert im Bottnischen und Finnischen Meerbusen, manchmal auch noch an den Küsten Skandinaviens und des Baltikums oder in den Bodden und Buchten Polens wie Deutschlands. Beim Gefrieren schließt das Meereis Luftblasen und Salzkanäle ein, die, wenn sie platzen, feine knisternde Geräusche erzeugen. Wellen schlagen von unten an die gefrorene Decke und versetzen sie in Schwingung. Dadurch können Töne entstehen, die irgendwo zwischen einem dumpfen Grollen und langanhaltenden Pfeifgeräuschen liegen. Es bilden sich Risse im Eis, die sich wie eine knallende Peitsche auf der Oberfläche äußern. Wenn so entstandene Eisplatten sich aneinander reiben oder übereinander schieben, ist ein lautes Knirschen und Knacken zu hören. Bricht eine Eisscholle unter diesem Druck, sinken Teile unter dröhnendem Gezeter in das wärmere Wasser. Dünnes Eis kann sogar einen Singsang von sich geben. Es ist also kein Wunder, dass einige Klangkünstler*innen die Geräusche des Meereises genutzt haben, um Musikstücke zu produzieren, oft verknüpft mit einer ökologischen Botschaft.

Dabei spielt auch der Klimawandel eine Rolle, denn er sorgt dafür, dass sich natürliche Prozesse verändern. Einzelne Aspekte wie längere Trockenperioden und zunehmende Starkregenereignisse haben wir schon in vorhergehenden Kapiteln detaillierter thematisiert. Durch lange fehlenden Niederschlag zum Beispiel bleibt es ruhig im Meer, dann bricht es heftig aus allen Wolken, wodurch die Lautstärke plötzlich extrem zunimmt. Ähnlich verhalten sich Stürme, die sowohl häufiger als auch heftiger werden und sich unter tosendem Lärm in die Wellen graben. Längst sind sie das ganze Jahr aktiv; die Jahreszeiten verlieren ihren charakteristischen Klang. Im Winter zum Beispiel zieht sich das Meereis unter dem Einfluss der Wärme immer früher zurück; die Kälteperiode ist vielerorts lautlich kaum mehr von Herbst, Frühling oder Sommer zu unterscheiden, das winterliche Konzert nicht mehr überall zu hören. Hinzu kommt, dass sich Schallwellen im wärmeren Wasser schneller ausbreiten: Wassermoleküle bewegen sich rascher, weil mehr Energie im System ist, sodass Vibrationen effizienter von einem Molekül auf ein anderes weitergeleitet werden können. Ohne Eis wagen sich auch Menschen in der kalten Jahreszeit in Gebiete vor, die ihnen bisher von der Natur verwehrt blieben. In die natürliche Klanglandschaft mischen sich also nicht nur Sonarsysteme, sondern auch immer mehr Schiffe.

Schneebedeckte Ostseeküste im Finnischen Meerbusen

Wie der Mensch das Orchester der Natur stört

Oft bekommen wir es gar nicht mit, doch bis zu 90 Prozent des weltweiten Warentransportes wird über die Meere abgewickelt. Und die Ostsee zählt zu den Seegebieten, die am stärksten befahren werden. Eine Schiffspositionskarte wirkt hier wie ein Mosaik tausender kleiner Steinchen. Mit Ausnahme reiner Segelboote macht jeder dieser Punkte Krach. Jährlich passieren insgesamt knapp 25000 Schiffe allein den Nord-Ostseekanal, der die beiden Meere vor den Küsten Deutschlands miteinander verbindet. Viele verlassen die Ostsee jedoch nicht, weshalb die Gesamtzahl an Schiffsbewegungen deutlich höher liegt. Hochrechnungen haben ergeben, dass pro Jahr zwischen 50000 und 60000 ein- bis mehrtägige Fahrten stattfinden. Zeitgleich sind bis zu 3000 Frachter, Tanker, Fischkutter, Fähren, Kreuzfahrtschiffe und kleinere Boote täglich auf der Ostsee unterwegs. Ihre Motoren erzeugen nicht nur durch die Bewegung ihrer Kolben, Ventile und Kurbelwellen Lärm. Wenn sich die Propellerblätter in das Wasser pflügen, bilden sich tausende kleine Luftbläschen, die kurze Zeit hinter dem Schiff hertreiben. Irgendwann platzen sie, zerfallen nach innen, implodieren also. Dabei entstehen starke Schallimpulse, die sich wie ein Unterwasser-Feuerwerk kilometerweit ausbreiten. Die Fachwelt spricht bei diesem Phänomen von Kavitation.

Hinzu kommen Schiffe der Marine, die nicht nur lärmende Sonare haben, die Schallwellen abdrücken, und knatternde Motoren, die Luftbläschen abfeuern, sondern auch ratternde Geschütze, die donnernde Salven hinausschießen. Die Ostsee war schon immer ein bedeutendes strategisches Gebiet für Armeen. Zunehmend häufig werden Geschütze abgefeuert, denn die NATO weitet ihre Übungen in der baltischen See aus, besonders seit der Ostseeanrainer Russland die Ukraine angegriffen hat. Die multinationale NATO-Übung „Baltic Operations", kurz Baltops, kam in ihrem Gründungsjahr 1971 noch mit einem Flugzeugträger sowie drei Zerstörern der US-Navy aus, begleitet von wenigen Schiffen der Briten, Dänen und Niederländer. Im Jahr 2025 war sie jedoch so groß wie noch nie: Rund 50 Kriegsschiffe und -boote zwängten sich durch den Seekanal in Warnemünde. Mehr als 9000 Soldat*innen waren an der Übung beteiligt. Und auf hoher See schossen sie aus allen Rohren. Hinzu kam der Lärm, den etwa 25 Militärflugzeuge und -hubschrauber über dem Wasser erzeugten. Auch das Luftwaffengeschader 73 „Steinhoff" der Bundeswehr im mecklenburgischen Laage übt häufiger mit seinen Eurofighter-Kampffliegern über See, darunter war auch ein Manöver im Tiefflug, bei dem die Jets nur 75 Meter über die Ostsee hinwegrauschten. Überschallflüge werden laut Bundeswehr gezielt über dem kleinen Meer durchgeführt, um die Belastung für Anwohner*innen zu minimieren, wobei der Stress für Meerestiere in Kauf genommen wird.

Weit im Osten führen die Russen sogar noch größere Manöver durch. Die Übung „Ozean 2024" breitete sich zwar über mehrere Seegebiete aus, die Ostsee war hier jedoch zentral. Nach Angaben des russischen Verteidigungsministeriums nahmen an der Übung insgesamt 400 Kriegsschiffe, 120 Flugzeuge und 90000 Soldat*innen teil. Es soll die bis dato größte Übung seit dem Zerfall der Sowjetunion gewesen sein. Bei dieser Machtdemonstration wurden munter neue Waffenmodelle getestet, die ihren Krach in die Ostsee feuerten. Im Sommer 2025 ging es weiter: Bei dem Manöver „Juli-Sturm“ lärmten erneut 150 Schiffe und 120 Flugzeuge, in ihrer Lautstärke zeitweise übertroffen von zehn Küstenraketensystemen, die erprobt wurden.

Neben explodierender Munition der Jetztzeit gibt es noch die verstummten Sprengkörper der Vergangenheit. Auf ihre toxischen Eigenschaften sind wir schon im Kapitel „Vergiftung“ eingegangen, nun konzentrieren wir uns auf den Lärm, den sie verursachen können. Zwar sind spontane Explosionen selten, weil die Munition im Wasser oft vom Sand begraben liegt und die Zünder meist ausgebaut wurden. Da sie aber die Ostsee immer mehr vergiftet, muss sie aus ihr herausgeholt werden. Ist dies aus Sicherheitsgründen nicht möglich, weil die Sprengkörper zum Beispiel bereits auseinanderfallen, rückt der Kampfmittelräumdienst an, um die Munition kontrolliert zu sprengen. Dabei platzieren spezialisierte Minentaucher oder ferngesteuerte Unterwasserfahrzeuge eine Sprengladung an der aufgefundenen Munition, lassen sie explodieren – und die Meerestiere vor Schreck erzittern.

Wirtschaftliche Unternehmen schießen gleichfalls auf die Ostsee. Neben Echoloten und Sonaren kommen unter anderem sogenannte Luftpulser, auch Airguns genannt, zum Einsatz. Unter lautem Knall erzeugen sie seismische Druckwellen, die sogar in Gesteinsschichten eindringen können. Dort werden sie je nach Beschaffenheit unterschiedlich reflektiert und von Unterwassermikrofonen aufgenommen. Auswertungen verraten, ob und wo genau Bodenschätze zu erbeuten sind. So sind moderne Schatzsuchende im Sommer 2025 auf Ölvorkommen vor der polnischen Küste unweit vor Usedom gestoßen. Die dabei verwendeten Airguns erzeugen Lärm, der nur ein bis zwei Dezibel unter der Schmerzgrenze der Meeressäuger liegt.

Wie Explosionen wirken zudem die Schallwellen, die entstehen, wenn eine Windkraftanlage im Meeresgrund verankert wird. Mit voller Wucht rammt ein hydraulischer Hammer das Stahlrohr eines Windrades bis zu 40 Meter tief in den Boden. Als 2010 der erste in der Ostsee platzierte Windpark vor der Halbinsel Fischland-Darß-Zingst gebaut wurde, waren, um die Stahlfundamente der 120 Windkraftanlagen im Meeresboden zu verankern, 60000 Rammschläge nötig. Jeder davon ist mit einer Explo-

Sprengung mitten
auf der Ostsee

sion vergleichbar. Neben diesem impulsiven Krach ist Baustellenlärm auch bei der Verlegung von Pipelines und Unterseekabeln unvermeidbar, genauso wie beim Abbau von Kies und Sand, der Modernisierung von Hafenanlagen, dem Ausbau touristischer Resorts oder der Errichtung und dem Betreiben von Terminals für Flüssigerdgas, wie vor Mukran auf Rügen oder in Lubmin bei Greifswald.

Große Teile der Meeresumwelt leiden an einem Hörsturz, von dem wir an Land nur wenig mitbekommen. Wer sich jedoch mal in die Klangwelt eines Meeresbewohners begeben will, kann das auf einzigartige Weise im Deutschen Meeresmuseum in Stralsund machen. Dort steht ein Klangsessel, in dem man Walgesängen lauschen kann. Nach und nach lassen sich alle Lärmquellen anschalten, welche die Tiere unter Wasser sonst noch zu hören bekommen. Es ist, als stünde man auf einem Rummel.

Wie all das die Meeresumwelt beeinflusst, lässt sich besonders gut zeigen, wenn wir den einzigen Wal der Ostsee durch seine Gefilde begleiten.

Artenreich: Der Schweinswal im Kreuzfeuer des Unterwasserlärms

Seit Millionen von Jahren durchstreifen Schweinswale weite Teile der Nordhalbkugel. Norwegische Steinzeitmenschen haben ihre Umrisse schon auf schroffe Felswände gemalt. So ist anzunehmen, dass Meeressäuger mit dem Ende der letzten großen Eiszeit erst in der Nordsee ankamen und wenig später auch in der Ostsee ein Zuhause fanden.
Vor mehr als 2400 Jahren hat Aristoteles einen Schweinswal erstmals beschrieben. Er sah das Tier noch als Fisch an, obwohl er beobachtet hatte, dass es, während es schläft, seinen Kopf über Wasser hält, um zu atmen, und dabei sogar schnarcht. In der Folgezeit vermischten römische Gelehrte Wissen über den Schweinswal immer wieder mit dem über Delfine. Das Mittelalter brachte keine nennenswerten Erkenntnisse. Der Geistliche Konrad von Megenberg fantasierte 1340, dass das Meerschwein, wie er es nannte, Giftstacheln auf dem Rücken habe. Darüber hinaus zeige es alle Eigenschaften eines gewöhnlichen Schweins. Nur ein Merkmal weise der kleine Wal nicht auf: eine Stimme.

Schweinswale im dänischen Kerteminde

Dass dies falsch ist, wissen wir heute. Der Schweinswal nutzt Echoortung; ein Kommunikationssystem, das oft auch als Biosonar bezeichnet wird. Er lässt die Lippen seines Blasloches, das auf seinem Schädel sitzt, wie ein Trompetenspieler vibrieren, wobei Klicklaute entstehen. Die Schwingungen übertragen sich auf seine Melone, einen Teil seines Oberkiefers, der sich als gut sichtbare Wulst auf der Stirn abzeichnet. Dieses Fettgewebe, das dem Schweinswal sein unverwechselbares Aussehen verleiht, bündelt die Schwingungen und verstärkt sie wie der Schalltrichter einer Trompete. Der kleine Wal schießt eine kegelförmige Schallwelle mit bis zu 1500 Metern pro Sekunde ins Wasser. Was immer diese akustische Keule trifft, kommt zum Schweinswal als Echo wieder zurück, wird vom Fett des Unterkiefers aufgenommen und zum Mittel- und Innenohr weitergeleitet. Aufgrund extrem schneller Nervenleitungen zum Hirnstamm werden die Informationen in Bruchteilen einer Sekunde ausgewertet. Dass er dafür keine äußerlich sichtbaren Ohrmuscheln braucht und seine Kiefer benutzt, ist nicht ungewöhnlich. Die grazilen Knöchelchen in unseren Gehörgängen haben sich im Laufe der Jahrmillionen aus Knochen gebildet, die einst Ober- und Unterkiefer verbanden. Wir hören also im Grunde auch mit Kieferknochen, ähnlich wie ein Schweinswal.

Die Echoortung des Meeressäugers ist so fein, dass sie eine Fülle an Informationen bereithält. Je nachdem, wie schnell der Schall zurückkommt, verrät er etwas über die Entfernung eines Objektes. Da die Schallwellen am äußeren Rand des zurückkehrenden Echos andere Eigenschaften besitzen als im Zentrum, kann ein Schweinswal auch die Richtung orten. Um etwas über die Größe eines Objektes herauszufinden, pingt der kleine Wal, wie die Fachleute sagen. Das bedeutet, dass er Schallwellen aussendet, die mal langsam, mal schnell aufeinanderfolgen – zwischen einem und 500 Klicks pro Sekunde. Lange Wellenbögen treffen große Objekte, kurze erkunden kleine Hindernisse. Wenn sich ein Schweinswal während der Ortung bewegt, kann er sogar ziemlich präzise die Form eines Hindernisses wahrnehmen. Schlagen die zurückkommenden Wellen sehr deutlich aus – man könnte auch sagen, dass das Echo laut ist –, deutet das auf eine harte Oberfläche wie beispielsweise eine Kaimauer hin. Ist diese sogenannte Amplitude klein, der Wellenausschlag also gering und das Echo somit schwach, handelt es sich wohl eher um etwas Weicheres wie einen Fisch.

Das Ortungssystem des Schweinswals beruht also auf demselben Prinzip wie ein Echolot oder ein Sonar. Deshalb verwundert es kaum, dass die technischen Signale den Schweinswal direkt betreffen und seine Laute übertönen. Judith Denkinger, Kuratorin für Meeressäuger am Deutschen Meeresmuseum in Stralsund, vergleicht den Schmerz, den Echolote und Sonare bei einem Schweinswal erzeugen, mit einem Zahnarztbesuch. Die Schallwellen verursachen so starke Vibrationen in den sensiblen Kanälen des Unterkiefers, dass der Schmerz nicht auszuhalten ist. Der Schweinswal taucht auf und hält seinen Kopf über Wasser, um den quälenden Lauten zu entgehen. Doch irgendwann muss er wieder abtauchen, um zu jagen, gerät dann unter Stress, ändert sein Klickverhalten, verliert unter Umständen völlig die Orientierung oder meidet Gebiete, in denen oft Echolote und Sonare zum Einsatz kommen.

Funktionsweise eines Biosonars

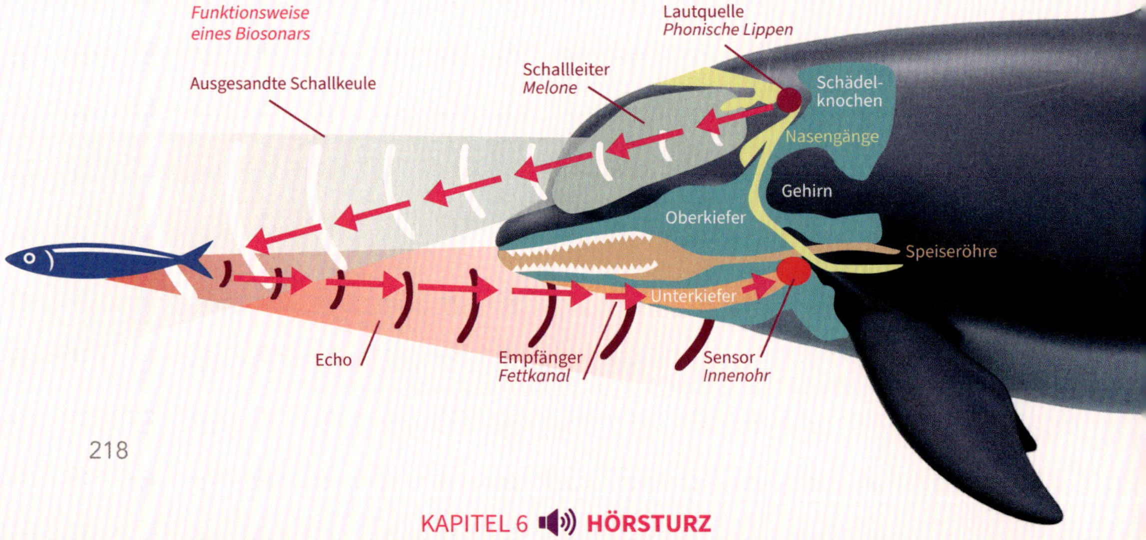

Der Naturschutzbund Deutschland geht sogar davon aus, dass bestimmte, künstlich erzeugte Frequenzen zum Tod der Tiere führen können.

Dabei bezog sich die Umweltorganisation auf eine Massenstrandung von Schweinswalen an der Küste Kanadas, die in Verbindung mit Mittelfrequenzsonaren von Marineschiffen stehen soll. Aus diesem Grund verfasste der Naturschutzbund 2007 gemeinsam mit zwei weiteren Umweltverbänden einen offenen Brief an den amerikanischen Botschafter in Berlin. Hintergrund war der Gipfel der G8-Staaten im Juni des Jahres in Heiligendamm, bei dem auch Kriegsschiffe in die Ostsee einliefen. Sie sollten den damaligen US-amerikanischen Präsidenten George W. Busch seeseitig bewachen. Die Naturschützer*innen baten die amerikanische Regierung, auf den Einsatz der Sonare zu verzichten, weil besonders die Schweinswalkälber im Sommer noch sehr anfällig seien. Sonare könnten zu Gehörschädigungen führen, unter Umständen auch bei den Muttertieren; im schlimmsten Fall führe ein akustisches Trauma zum Tod. Ob die US-Regierung den Schutz der Schweinswale über den des Präsidenten gestellt hat, ist nicht dokumentiert.

Es sind jedoch auch die permanenten Schiffsgeräusche, die den Tieren zu schaffen machen. Das war zwar schon länger bekannt, doch konnte ein Wissenschaftsteam aus Deutschland, Dänemark und Schottland in der Ostsee ganz konkret zeigen, wie Schweinswale sich in der Nähe von Schiffen verhalten. Dazu mussten sie die Meeressäuger erst einmal besendern. Fischer unterstützten das Projekt und meldeten sich bei dem Forschungsteam, sobald sich ein Schweinswal über einem ihrer Ringwadennetze befand. Behutsam betätigte der Fischer die Schnürleine, damit sich das Netz wie ein Beutel mit Kordelzug schloss, während sich das Forschungsteam schnell auf den Weg machte. Am Fundort angekommen, hoben sie den Kleinwal vorsichtig an Bord. Nach einer kurzen Untersuchung befestigten sie einen Datenlogger von der Größe eines Handys mit Saugnäpfen am Kopf des Tieres, bevor es wieder ins Wasser gelassen wurde. Nach ungefähr 24 Stunden verloren die Saugnäpfe ihre Kraft und lösten sich vom Kopf des Schweinswals. Anschließend orteten die Forschenden das Gerät und sammelten es vom Boot aus ein.

An Land wurde der Mikrochip des Datenloggers ausgewertet. Das Gerät hatte aufgezeichnet, wo genau sich der Schweinswal befunden und wie seine Tauchgänge ausgesehen hatten, desgleichen wann er auf Jagd

Schweinswal mit Datenlogger auf dem Kopf

gegangen und wann von ihm eine Pause eingelegt worden war. Anhand seiner Klickmuster stellten die Forschenden fest, dass sich der Räuber vor allem von kleinen Fischen ernährt, wovon er täglich etwa 3000 fressen muss, um genügend Kraft zu tanken. Da es in der Ostsee immer weniger Fisch gibt, ist der Schweinswal stets und ständig – Tag und Nacht – gezwungen zu jagen. Jede Störung schadet bei der Beutesuche.

Übersetzt in für Menschen hörbare Frequenzen, ist auf den Mitschnitten zu vernehmen, wie der Räuber knarzende Geräusche ausstieß, um Fische zu orten. Immer wieder tauchte er auf, schnappte hörbar kurz nach Luft, um sich sofort wieder seiner Jagd zu widmen. Dann näherte sich ein Geräusch, das lauter wurde und schon bald die Klicklaute des Kleinwals übertönte. Sofort flüchtete der Schweinswal in tiefe Wasserschichten. Erst als der Lärm nach zwei Minuten wieder verschwand, schoss er nach oben und schnappte hektisch nach Luft. Dann jagte er weiter, tauchte aber öfter auf als vor der Störung. Die Wissenschaftler*innen konnten ihre Messungen über die Navigationsdaten von Berufsschiffen legen, die ihren Standort an das AIS, das Automatische Identifikationssystem, übermitteln müssen. Schnell war klar, dass die hohen Lärmpegel von einer Schnellfähre stammten, die mit 60 Stundenkilometern anrauschte. Da der Schweinswal es auf wenig mehr als 20 Kilometer pro Stunde bringt, konnte er dem Fahrgastschiff nicht davonschwimmen, weshalb ihm nur die Flucht nach unten blieb. Begegnungen wie diese sind ein Grund dafür, warum Schweinswale nicht genug fressen können und dünner werden. Immer häufiger meiden sie deshalb hochfrequentierte Schifffahrtsrouten. Sie suchen sich Gebiete, die ruhig zu sein scheinen, und werden dann von plötzlichen Explosionen überrascht. So hat die deutsche Marine im August 2019 im Meeresschutzgebiet Fehmarnbelt 42 britische Fliegerbomben aus dem Zweiten Weltkrieg gesprengt. Wenige Tage danach strandeten die ersten toten Schweinswale in der Eckernförder, der Kieler und der Lübecker Bucht. In ein paar Wochen war die Zahl auf 24 gestiegen, darunter auch drei Neugeborene. Das damalige Bundesverteidigungsministerium sprach der Marine bereits im September 2019 ein Verbot für Unterwassersprengungen aus. Doch erst die Wissenschaft zeigte, was genau geschehen war. Mehr als zwei Jahre untersuchte ein Spezialteam der Terrestrischen und Aquatischen Wildtierforschung in Hannover die verendeten Meeressäuger. Bei zehn Tieren waren die Mittelohrknochen ausgekugelt und gebrochen, der Gehörapparat sowie das akustische Fett im Unterkiefer und in der Melone wiesen Blutungen auf. Solche Verletzungen können nur extrem starke Druckwellen erzeugen, wie bei einer Explosion. Die Tiere waren praktisch taubstumm; sie konnten sich nicht mehr orientieren, keine Beute finden und mussten somit verhungern, wenn sie nicht schon zuvor an den inneren Verletzungen gestorben waren.

Schweinswale, die den Sprengungen entkommen konnten, trieb es wahrscheinlich gleich zum nächsten Problem: den Stellnetzen der Fischerei. Auch wenn Fanggeräte für uns stumm sind, so kommunizieren sie doch mit dem Schweinswal. Die Garne sind normalerweise ein Hindernis, das ein Echo zurückwirft, sodass der Schweinswal ausweichen kann. Doch die feinen Nylonfasern der Stellnetze kann selbst seine präzise Echoortung nicht wahrnehmen. Kommt er den Netzen zu nahe, verfängt er sich in den Maschen und wird verletzt. Sollte er sich nicht befreien können, stirbt er einen qualvollen Erstickungstod. So sind die Stellnetze zur größten Gefahr für Schweinswale geworden. Jährlich werden der Meeressäugerexpertin Judith Denkinger rund 150 gestrandete Tiere allein an der deutschen Ostseeküste gemeldet. Oft sind es besorgte Bürger*innen, die sie finden und die Totfund-Hotline wählen. Später, auf dem Obduktionstisch, stellt sich heraus, dass jeder dritte Wal Spuren von Stellnetzen aufweist. Manche sind noch in den Nylonfasern eingewickelt, die Haut anderer Tiere ist von einem Maschenmuster überzogen. Die Zahl der Totfunde nimmt ab, was jedoch paradoxerweise keine gute Nachricht ist. Es zeigt nur, dass die Schweinswalpopulationen drastisch schrumpfen. In der westlichen Ostsee gab es 2016 noch rund 42 000 dieser Meeressäuger, 2025 waren es nur noch 16000. Noch dramatischer sieht es bei der Population in der zentralen Ostsee aus. Dort gibt es nicht einmal mehr 500 Schweinswale. Um zu verhindern, dass sie gänzlich aussterben, hat die Europäische Union 2004 eine Verordnung erlassen, die Fischer mit Booten über zwölf Meter Länge verpflichtet, sogenannte Pinger zu nutzen. Diese akustischen Signalgeber sind maiskolbengroß und werden an Netze geknotet. Sie schicken hochfrequente Warnlaute aus, die ein Wal als unangenehm empfindet. Der Meeressäuger macht einen großen Bogen um das Netz und hält mindestens 100 Meter Sicherheitsabstand. Doch dort wartet unter Umständen schon das nächste Netz, dessen Pinger dem Tier ebenfalls mitteilt, besser das Weite zu suchen. In manchen Gebieten der Ostsee vernimmt ein Schweinswal von allen Seiten das unsensible „Hau ab!" der Pinger. Völlig gestresst verfängt er sich doch in einem Netz; entkommt er, meidet er die Gebiete zukünftig vielleicht.

Es müssen also bessere Lösungen her. Mittlerweile verstehen Wissenschaftler*innen der Süddänischen Universität in Kerteminde einige Sätze von Schweinswalen ganz gut. Sie können unterscheiden, wann sie aggressive Klicksalven abfeuern oder ein sanftes Knarzen senden, das nach Nähe sucht. Das hat sich ein Meeresbiologe aus dem schleswig-holsteinischen Heikendorf zunutze gemacht. Boris Culik hat ein Gerät entwickelt, das im Grunde spricht wie ein Schweinswal. Der von ihm patentierte PAL – eine Abkürzung für „Porpoise Alert", was im Deutschen am besten

Acrylperle an einem Fischernetz

mit „Schweinswal-Alarm“ übersetzt werden kann – kommuniziert mit dem Meeressäuger in vertrauten Klängen. auf Schweinswalisch sagt das Gerät: „Vorsicht, hier ist ein Hindernis.“ Wissenschaftler*innen des Thünen-Instituts für Ostseefischerei in Rostock und des Deutschen Meeresmuseums in Stralsund haben das Gerät in unserem Meer gemeinsam mit Fischern praktisch erprobt und festgestellt, dass die Schweinswal-Beifänge dadurch um 80 Prozent gesunken sind. Allerdings können erst Langzeitstudien zeigen, ob der Schweinswal nicht irgendwann erkennt, dass dort kein echter Artgenosse spricht. Einen Makel hat das Netz auf jeden Fall: Es scheint nur die Population in der westlichen Ostsee abzuhalten, bei den Nachbarn im Osten jedoch nicht zu wirken, wohl weil diese einen anderen Dialekt sprechen.

Gut, dass das Rostocker Fischerei-Institut an weiteren schweinswalfreundlichen Fanggeräten feilt. Dazu wurde ein Netz mit kleinen Perlen besetzt, welche die Meeressäuger wahrnehmen, wenn sie pingen. Isabella Kratzer, die das Perlennetz mitentwickelt hat, testete die akustischen Eigenschaften der Erfindung. Sie fand heraus, dass sie am besten funktioniert, wenn die Perlen aus Acrylglas bestehen und gerade einmal acht Millimeter Durchmesser besitzen. Werden die kleinen Acrylperlen durch Schall in Schwingungen versetzt, wirken sie für den Schweinswal deutlich größer. Ihre Gesamtheit gaukelt dem Tier vor, dass sich dort eine Wand befindet, die es nicht durchschwimmen kann. In einem weiteren Versuch konnte die Biologiewissenschaftlerin Andrea Milanelli mit Hilfe eines kommerziellen Ostseefischers zeigen, dass die Perlennetze genauso gut fischen wie herkömmliche Fanggeräte – auch sie locken 80 Prozent weniger Schweinswale als bisher an. Sollten PAL und Perlennetze auf Dauer funktionieren, müssen sie schnell flächendeckend angewendet werden, bevor wir die einzige Walart in der Ostsee verlieren.

Warum Fische alles andere als taubstumm sind

Schweinswale sind bei weitem nicht die einzigen Meeresbewohner, die unter Wasser kommunizieren. Das hat Schweden auf kuriose Art und Weise erfahren.

Dafür müssen wir zum Jahr 1981 zurückspulen. Schweden ist in Aufruhr, weil ein mit Nuklearwaffen aufgemotztes U-Boot der Sowjetrussen den

Eisernen Vorhang durchbrochen hat und vor der schwedischen Ostseeküste im Schärengarten von Blekinge auf Grund gelaufen ist. Ausgerechnet dort, wo im 17. Jahrhundert zu Zeiten von König Karl IX. der Flottenstützpunkt Karlskrona gegründet wurde; bis heute befindet sich hier eine wichtige Militärbasis. Schuld soll ein Navigationsfehler sein, was aufgrund der ohnehin schon angespannten Lage während des Kalten Krieges niemand im Westen so richtig glauben will. So ruft das Ereignis das schwedische Militär zu noch mehr Vorsicht auf, selbst wenn die sowjetischen Waffen weiterhin schweigen. Die Marine Schwedens schießt nun, wenn auch nur mit Sonaren, um mögliche feindliche U-Boote aufzuspüren. Und tatsächlich: Ständig nehmen die Geräte in den Folgejahren verdächtige, pulsierende Geräusche wahr. Für schwedische Abhörspezialisten ist klar, dass es sich um das typische Knattern von Maschinen handelt und sich das nur mit spionierenden U-Booten aus dem Osten erklären lässt. Die Sowjetunion weist jedwede Anschuldigung von sich. Doch die Lage spitzt sich zu, weil sich die Vorfälle häufen. Experten wollen sogar unterschiedliche U-Boot-Typen anhand ihres Lärms unterscheiden können. Das Problem ist nur, dass nie ein solches Wasserfahrzeug zu sehen ist. Der Feind scheint so clever zu agieren, dass ihn nur die Geräusche und ein paar blubbernde Luftbläschen verraten.

Fast zehn Jahre vergehen, doch dann hält Schweden die permanente Bedrohung nicht mehr aus. Ein Brief erreicht 1991 das aufstrebende russische Staatsoberhaupt Boris Jelzin: Inhalt ist die Forderung, die widerrechtliche Verletzung der Hoheit Schwedens über seine Gewässer umgehend zu unterlassen. Fast wäre aus dem kalten ein heißer Krieg geworden. Doch wenige Monate später zerfällt die Sowjetunion; der Kalte Krieg findet sein jähes Ende. Die Geräusche im schwedischen Archipel aber dauern an. Das dortige Militär sucht endlich Rat bei den Meeresbiologen Magnus Wahlberg und Håkan Westerberg. Die beiden verfassen einen umfänglichen Bericht unter höchster Geheimhaltungsstufe, woraufhin Schweden seine Suche nach feindlichen U-Booten einstellt. Erst 2003 dürfen die Forscher ihre Ergebnisse öffentlich machen. Was jahrelang als Motorengeräusch des Feindes galt, waren in Wirklichkeit Schwärme voll pupsender Heringe.

Dazu benutzt ein einzelner Hering seine Schwimmblase. Eigentlich dient das Organ dem Fisch dazu, im Wasser auf- und abzusteigen. Wie bereits beschrieben, trägt es ihn nach oben, wenn sich die Blase füllt; entlässt sie die Gase, sinkt der Fisch ab. Das besondere beim Hering ist, dass seine Schwimmblase mit dem After verbunden ist. Lässt er dadurch Luft entweichen, entsteht ein lautes, tickendes Geräusch, das als Heringsfurzen bezeichnet wird. Was der Schwarmfisch damit genau mitteilen möchte, bleibt noch ein Rätsel. Vermutlich dient das Pupsen dazu, mit Artgenossen zu kommunizieren und den Schwarm zu koordinieren. Definitiv dient es nicht dazu, einen Krieg zu provozieren. Man muss dem schwedischen Verteidigungsministerium jedenfalls zugestehen, dass Heringsfurzen und U-Boot-Lärm aufgrund ihrer Lautstärke, Muster und Frequenzen tatsächlich zum Verwechseln ähnlich klingen.

Der Dorsch hat zwar keine Verbindung zwischen Schwimmblase und Darmtrakt, doch er kann die pergamentartige Wand seines inneren Luftballons durch spezielle Muskeln in Schwingungen versetzen und auf diese Weise Geräusche erzeugen. Das bekannteste ist das Dorschgrunzen: Lässt ein männlicher Dorsch diese tiefen, rhythmischen Laute während der Paarungszeit vernehmen, legt das Weibchen seinen Laich ab, vorausgesetzt, das Liebeslied gefällt ihr. Außerdem gibt es noch Knallgeräusche, die bislang nicht abschließend erforscht sind. Es deutet vieles darauf hin, dass der Dorsch so sein Revier absteckt oder den Schwarm vor Feinden warnt.

Um Informationen aufnehmen zu können, hat der Dorsch gleich mehrere Organe. Wacker hält sich der Mythos, dass Fische keine Ohren hätten. Wie alle Knochenfische versteckt der Dorsch seine aber nur im Inneren. Hinter den Augen liegen kleine, mit Flüssigkeit gefüllte Röhrchen, in denen noch kleinere Gehörsteinchen schwimmen. Erreicht eine Schallwelle das Innenohr – sei sie nun ausgelöst von einem grunzenden Artgenossen, einem feindlichen Raubtier oder einem im Weg stehenden Riff –, so versetzt ihr Druck die Steinchen in Schwingung, wodurch feine Sinneszellen angesprochen werden. Die geben ihre Erregung ans Gehirn weiter, das die Information auswertet und den Dorsch blitzschnell reagieren lässt. Dabei ist das Innenohr nicht allein; es bekommt Unterstützung vom Seitenlinienorgan. Im Gegensatz zu Heringen ist es auf den Flanken des Dorsches als heller Streifen erkennbar, der vom Innenohr aus erst als geschwungene Kurve beginnt und sich dann schnurstracks bis zur Schwanzflosse zieht. Dabei handelt es sich um kleine Kanäle, die ebenfalls mit Flüssigkeit gefüllt sind. Was die sensible Seitenlinie wahrnimmt, leitet sie über eine Verbindung direkt an das Innenohr weiter. Dieses wiederum sendet Informationen ans Gehirn, wodurch der Dorsch im Grunde mit der gesamten Länge seines Körpers hören beziehungsweise fühlen kann.

Wie wir schon erfahren haben, besitzen Heringe zwar keine vollkommen ausgeprägte Seitenlinie, jedoch ist bei ihnen die Schwimmblase mit dem Innenohr verbunden, dient also dem Sprechen und Hören. Dabei fungiert

Gehörsteinchen eines Dorsches

die Blase als Resonanzkörper und verstärkt eintreffende Geräusche wie der Korpus eines Kontrabasses.

Fische hören also mit dem ganzen Körper. Damit sind sie perfekt an die Unterwasserwelt angepasst. Vor besonders lauten Aktivitäten des Menschen sind ihre hochsensiblen Organe hingegen nicht geschützt. Noch gibt es zu wenige Studien, um ein umfassendes Bild zu erhalten. Doch aus einer amerikanischen Untersuchung geht hervor, dass die empfindlichen Schwimmblasen je nach Art, Alter und Größe bei Dezibelwerten über 200 platzen.

Wieder ist es für das Verständnis wichtig, die Perspektive von Meeresbewohnern einzunehmen.

Weshalb die Klangwelt unter Wasser besonders ist

Sich allein auf das menschliche Empfinden zu verlassen, verrät wenig darüber, wie Tiere unter Wasser hören. Im Gegensatz zu ihnen erscheint uns unter Wasser alles gedämpft. Unsere Ohren sind auf die Luft spezialisiert und nicht für die Unterwasserwelt gemacht. Richtungen nehmen wir zum Beispiel wahr, weil Schall schneller und lauter an einem Ohr ankommt als am anderen. Durch die zeitlichen und lautlichen Unterschiede kann unser Gehirn berechnen, woher ein Geräusch kommt. Unter Wasser können wir das nicht. Das liegt daran, dass sich hier Schallwellen bis zu fünfmal schneller ausbreiten als in der Luft.

Moleküle im Wasser sind viel dichter gepackt; der Weg zwischen ihnen ist also deutlich kürzer. Die Energie einer Schallwelle wird somit auch schneller von einem zum anderen Molekül weitergeleitet. Stellen wir uns zur Veranschaulichung vor, dass bunt marmorierte Glasmurmeln aus Kindertagen diese Moleküle darstellen, und nehmen wir an, dass wir der Schallimpuls sind. Reihen wir die Murmeln auf und stoßen die erste an, wird sie die Kraft auf die nachfolgende übertragen, die wiederum die nächste Murmel anschiebt. Liegen die Murmeln weit auseinander, überträgt sich unsere Krafteinwirkung relativ langsam; sind sie eng beieinander, geht es ganz schnell. Tauchen wir also unter Wasser, ist unser Gehirn von der Geschwindigkeit überfordert, weil der Schall nahezu gleichzeitig unser linkes und rechtes Trommelfell zum

Schwingen bringt. Jetzt wird auch klarer, warum Schweinswale und Fische hochkomplexe Organe besitzen, die teilweise über den gesamten Körper verteilt sind.

Unser Murmelbeispiel erklärt ebenfalls, warum sich Schall im Meer wesentlich weiter verbreitet. Eng liegende Murmeln nehmen die Energie schnell auf; es geht wenig der ursprünglichen Kraft verloren, die wir am Anfang des Spiels hineingegeben haben. Die dicht beieinander angeordneten Moleküle im Wasser verhalten sich ähnlich. Im sogenannten SOFAR-Kanal des Ozeans kann sich Schall über mehrere tausend Kilometer ausbreiten. Große Bartenwale, Blau- und Buckelwale kommunizieren über diesen Kanal hunderte Kilometer weit. Der SOFAR-Kanal liegt in einer Wasserschicht zwischen 500 und 1500 Metern, weil dort die physikalischen Voraussetzungen am günstigsten sind. Seine Leitung reicht also nicht bis in die flache Ostsee, die im Schnitt nur 52 Meter von ihrer Wasseroberfläche bis zu ihrem Grund misst. Dennoch macht das Beispiel leicht vorstellbar, dass Meeressäuger und Fische Rammschläge beim Windradbau oder Sprengungen von Munitionsaltlasten auf einer Seite der Ostsee wohl noch auf der anderen Seite wahrnehmen.

Unser Lärmempfinden dürfen wir nicht mit dem von Meerestieren gleichsetzen. Wir Menschen geben die Lautstärke in Dezibel an. Bei null Dezibel hören wir nichts, zehn Dezibel erzeugt Blätterrascheln, beim Staubsaugen nehmen wir um die 70 Dezibel wahr, ein Presslufthammer schafft bis zu 110 Dezibel, beim Besuch eines Clubs können schon mal 120 Dezibel erreicht werden und bei 130 Dezibel liegt unsere Schmerzgrenze. Somit haben wir ein gutes Instrument, um zu messen, wann Lärm verträglich und wann er unangenehm ist.

Dieses System wurde von Menschen für Menschen entwickelt, sagt also wenig darüber aus, wo die Schmerzgrenze für Tiere erreicht ist. Außerdem unterscheidet sich es von Tierart zu Tierart. Das macht die Festlegung eines Grenzwertes schwierig. Vorsorglich hat die Bundesrepublik als erstes Land überhaupt bereits 2004 einen Richtwert festgelegt. Die Lautstärke von 160 Dezibel soll in einem Umkreis von 750 Metern um eine Offshore-Baustelle nicht überschritten werden. Ein Forschungsteam renommierter Meeresbiolog*innen und Akustiker*innen der Universitäten in Kiel und Hannover hat ein paar Jahre später Experimente mit Schweinswalen durchgeführt und herausgefunden, dass die Meeressäuger ab 164 Dezibel dauerhafte Hörschädigungen davontragen können. Daraufhin hat die Bundesregierung 2008 aus ihrer Empfehlung einen verbindlichen Grenzwert gemacht. Dieser scheint auch Fische zu schützen, denn, wie schon erwähnt: Schwimmblasenverletzungen treten erst bei höherer Belastung auf. Wenn man den Sensibelsten schützt, sind auch alle anderen sicher.

Da die Wissenschaft über die Lärmempfindlichkeit von Meeressäugern, Fischen und anderen Tieren noch mehr erfahren muss, war es wichtig, dass der Grenzwert breitbandig angelegt wurde. Das bedeutet, dass die 160 Dezibel für alle Frequenzen gelten und nicht nur für die, die wir Menschen hören. Tierarten nehmen Frequenzen ganz unterschiedlich wahr. Dorsche und Heringe sind auf sehr tieffrequente Bereiche spezialisiert, bemerken aber auch im mittleren Frequenzband Geräusche. Robbenarten hören unter Wasser besonders gut im mittelfrequenten Bereich und deutlich besser als an Land. Schweinswale sind empfindlich im mittel- und besonders im hochfrequenten Bereich, nehmen also Ultraschall sehr gut wahr. Dieses Wissen ist wichtig für den Schutz der Arten, zumal dann, wenn Windkraftanlagen weiter ausgebaut werden sollen.

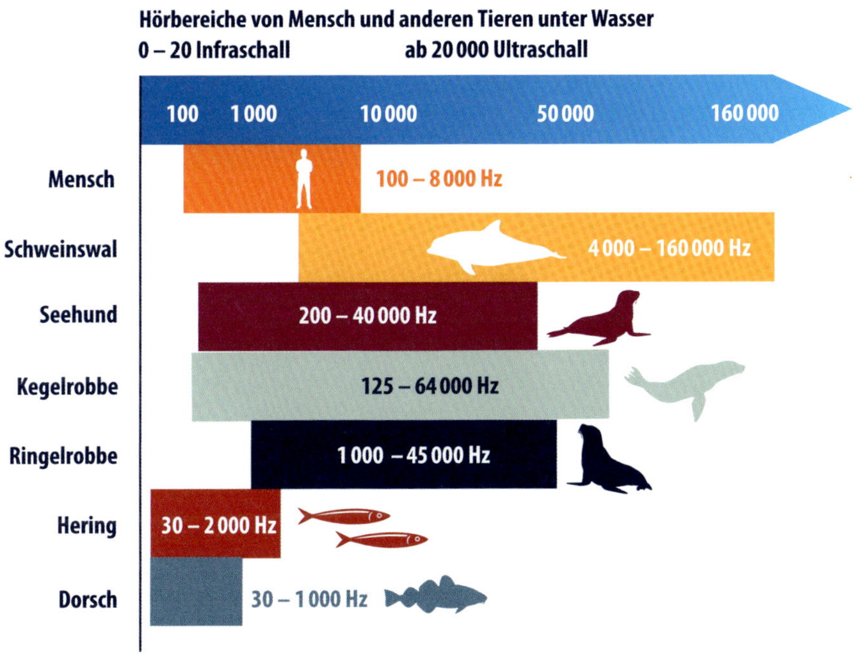

NACHGEFRAGT

Tiefgang: Carina Juretzek – Blubberblasen für den Meeresschutz

Dr. Carina Juretzek ist Geophysikerin und Leiterin des Referats Unterwasserakustik und nationales Schallregister beim Bundesamt für Seeschifffahrt und Hydrographie. In Hamburg hat sie ihren Masterabschluss in Geophysik und Seismologie gemacht und in München ihre Dissertation über seismisches Hintergrundrauschen geschrieben. Für das Bundesamt koordiniert sie verschiedene Projekte zum Thema Unterwasserlärm.

Frau Dr. Juretzek, wann ist Ihnen das Thema Unterwasserlärm zu Ohren gekommen?

Ich habe in Hamburg Geophysik studiert und das ist mit Ozeanographie gekoppelt. Als ich mich spezialisierte, fand ich den Einfluss von Naturgefahren spannend. Das fing an mit Erdbeben. In meiner Doktorarbeit habe ich mich aber mit dem Hintergrundrauschen der Erde beschäftigt. Da ging es zum Beispiel um die Wellenbewegung auf dem Ozean, unter dem Aspekt als globale Lärmquelle. Und

Rammung eines Windpark-Fundamentes

von dort war es nicht mehr weit zum Unterwasserlärm. Außerdem interessiere ich mich für erneuerbare Energien. Beim Bundesamt für Hydrographie und Seeschifffahrt kam das alles zusammen. Da ging es um den Umweltaspekt beim Ausbau von Offshore-Windkraft. Das Schöne ist, dass neben der Wissenschaft auch die Praxis gefragt ist. Ich wollte Prozesse aktiv naturverträglich gestalten. Und als die ersten Windparks auf dem Meer entstanden sind, wurde das Thema Unterwasserlärm sehr zügig in die Genehmigungen aufgenommen.

Was müssen Firmen, die Windparks in der Ostsee bauen, denn in puncto Unterwasserlärm beachten?

Die Firmen müssen uns eine Schallprognose vorlegen. Diese Vorhersagen schätzen schon mal ab, wie lärmintensiv die Fundamentgründungen sind, wie sich der Schall in dem bestimmten Gebiet ausbreitet und inwiefern die Meeresumwelt dadurch beeinträchtigt werden könnte. Darauf abgestimmt reichen die Firmen auch ein Schallschutzkonzept ein. Darin geht es um technische Schallminderungsverfahren, die genutzt werden sollen, um den Lärm während der Bauphase unter dem Grenzwert von 160 Dezibel zu halten.

Welche Verfahren gibt es denn, um den Grenzwert einzuhalten?

Die effektivste Methode ist der Blasenschleier. Standardmäßig werden zwei Schläuche kreisförmig auf dem

Meeresgrund in einem Radius von rund 100 Metern um den Punkt gelegt, an dem das Fundament der Windkraftanlage in den Boden gerammt werden soll. Die Schläuche sind mit vielen Löchern versehen, die meist nicht größer als zwei Millimeter sind. Pumpen Kompressoren nun Druckluft in den Schlauch, steigen aus den winzigen Öffnungen unzählige Bläschen auf und bilden einen dichten Vorhang. Wird jetzt das Rohr einer Windkraftanlage in den Meeresboden gehämmert, bleibt ein Teil der dadurch erzeugten Schallwellen an der Barriere aus Bläschen „hängen" und breitet sich nicht im Meer aus. Im Durchschnitt schlucken die Blasenschleier bei Wassertiefen bis zu 40 Metern um 16 Dezibel.

Allerdings verursacht ein Rammhammer beim Windkraftausbau mindestens rund 180 Dezibel pro Schlag. Der Blasenschleier schafft also circa 93 Prozent der vorgeschriebenen Lärmminderung des Schalldrucks. Dennoch fehlen knapp sieben Prozent.

Deshalb muss bei den Bauarbeiten neben dem Blasenschleier noch mindestens ein weiteres Lärmminderungsverfahren eingesetzt werden. Da gibt es verschiedene pfahlnahe Methoden, die also direkt am Fundament wirken. Eine Möglichkeit sind Netze mit Hydroschalldämpfern. Hierbei handelt es sich um Hohlkörper aus speziellen Materialien, die sich in Form, Größe und Beschaffenheit unterscheiden und somit auf verschiedene Frequenzbereiche abgestimmt sind. Sie werden direkt um den Pfahl einer Windkraftanlage gewickelt, der in den Boden gerammt werden soll. Die

Doppelter Blasenschleier während der Rammung

dämpfenden Elemente nehmen die Energie der Schallwellen auf, die beim Rammen entstehen, und wandeln sie in Bewegung und Wärme um. Der Vorteil ist, dass auch gesteuert werden kann, welche Schallfrequenzen sie aufnehmen sollen. Während der Blasenschleier eher für mittel- und hochfrequenten Schall geeignet ist, kann das dämpfende Netz auch tiefere Frequenzen absorbieren. Es ergänzt also das Frequenzband, wodurch Tierarten mit unterschiedlichem Hörempfinden geschützt werden. Je nach Handhabung und Einsatzgebiet reduziert ein solches Netz den Lärm meistens zwischen sieben und zwölf Dezibel.

Neben Blasenschleiern und Hydroschalldämpfern gibt es auch noch Schallschutzrohre. Wie funktionieren die?

Man nutzt meist hohle Stahlrohre, die einen größeren Durchmesser haben als das Windradfundament. Kräne und spezielle Hebevorrichtungen stülpen das Rohr vor den Rammarbeiten über den Pfahl. Da die Konstruktion sowohl unten als auch oben Dichtungen besitzt, dringt kein Wasser zwischen Rohr und Pfahl, wenn sie in die Ostsee gesenkt wird. Über Leitungen wird zusätzlich Luft in den Spalt gepumpt, sodass eine stabile Luftschicht beziehungsweise ein innerer Blasenschleier entsteht. Da Luft den erzeugten Rammschall viel schlechter leitet als Wasser, wird der Baulärm deutlich abgedämpft. Befüllt man den Spalt zusätzlich mit speziellen dämpfenden Materialien, können Schallschutzrohre den Lärm um etwa 15 Dezibel reduzieren.

Also schaffen es die Methoden gemeinsam, den Schall wie vorgeschrieben einzudämmen. Wie kann das Bundesamt für Seeschifffahrt und Hydrographie aber dafür sorgen, dass während der Bauarbeiten die Grenzwerte nicht doch überschritten werden?

Wir können den Firmen natürlich nicht vor Ort die ganze Zeit über die Schulter gucken. Aber sie müssen den Schall unmittelbar im Bauvorgang monitoren und ein Schallprotokoll führen, damit wir digital sehen, welche Lautstärken und Frequenzen es tatsächlich gab. Deshalb sind die Betreiber auch erpicht darauf, die Vorgaben einzuhalten. Sie engagieren Unternehmen, die sich auf technische Akustik spezialisiert haben und während der Bauphase Lärmdaten erheben. In Echtzeit kann der Kranführer sehen, wenn die Lärmemissionen zu hoch werden. Dann kann er zum Beispiel die Kraft der Rammschläge runterfahren oder schauen, ob der Blasenschleier richtig aufgelegt wurde. Manchmal hilft es, zwischen unterschiedlichen Fundamentgründungen zu optimieren, also zum Beispiel den Schlauch nochmal durchzuspülen oder mehr Löcher hineinzubohren.

Trotz aller Maßnahmen: Gedämpfter Schall wird ja dennoch von den Tieren wahrgenommen. Vor allem, wenn mehrere Tausend Rammschläge nötig sind, um einen Windpark zu errichten. Ist der Schall leiser, verletzt er die Tiere vielleicht nicht, stresst sie aber dennoch. Gibt es dazu schon Alternativen?

Ja, denn mittlerweile werden Pfähle zum Beispiel auch eingerüttelt. Dabei versetzt ein Vibrationsrüttler den Pfahl in kontrollierte Schwingungen, wodurch das Sediment aufgelockert wird. Der Pfahl gleitet mit deutlich weniger Kraft und somit auch weniger Krach in den Meeresboden. Es entstehen keine lauten Impulse, sondern deutlich leisere, kontinuierliche Geräusche.

Eine zweite Alternative ist das Einsaugen: Hierbei wird ein zylindrischer Stahlmantel, die sogenannte Saugglocke, auf den Meeresboden gesetzt. Pumpen entnehmen das Wasser aus dem Inneren der Glocke, wodurch ein starker Unterdruck geschaffen wird. Durch den entstehenden Sog wird der Windanlagenpfahl in den Meeresboden quasi eingesaugt. Dieser Vorgang ist nahezu geräuschlos.

Einrütteln und Einsaugen funktionieren aber nur auf relativ weichen, aus Sand oder Schluff bestehenden Böden. Zudem muss darauf geachtet werden, dass die Windräder dort lange Zeit stehen sollen, also mit der Gründungsmethode die langfristige Standsicherheit zu gewährleisten ist.

Wenn nun alles gut geklappt hat, der Windpark steht und fleißig Energie einsammelt, kann die Meeresfauna vielleicht etwas aufatmen. Von Land kennen wir aber auch das Problem, dass Windräder kontinuierliche Geräusche erzeugen, die wir unter Umständen als belastend empfinden. Ist das bei Tieren nicht genauso?

Das hängt stark davon ab, wie sich die Geräusche oben in der Gondel auf das Fundament übertragen, der die Vibrationen ins Wasser trägt. Hier sind die Systeme schon ganz gut abgeschirmt. Aber ähnlich wie an Land wird probiert, leisere Motoren zu bauen, die ja nötig sind, um die Gondel und Rotorblätter optimal zum Wind auszurichten. Es kommt darauf an, wie gut die Gondel gedämmt ist. Eine verringerte Drehzahl würde auch helfen. Es gibt also während der Planung, des Baus und des Betriebs sehr gute Möglichkeiten, Krach zu vermindern. Die Windkraftbranche ist außerdem ein Wirtschaftszweig, bei dem Umweltthemen wie Unterwasserlärm von Anfang an mitgedacht wurden. Und so haben sich eben auch die Methoden zur Vermeidung gleich mitentwickelt. Hier werden noch viele gute Ideen in Zukunft folgen, weil Windräder nun einmal wichtige Säulen der Energiewende sind. Und jedem ist klar, dass Windparks so nachhaltig sein müssen, wie es nur geht.

Wo eine Karte am lautesten schreit

Lange war Unterwasserlärm kein Thema; in Gesetzen und Richtlinien tauchte er nicht auf. Ob es daran lag, dass wir unter Wasser einfach nicht gut hören können oder lieber weghörten, weil es schon so viele Probleme in der Ostsee und in den Meeren generell gab, sei dahingestellt. Doch 2008 trat die Meeresstrategie Rahmenrichtlinie der Europäischen Union in Kraft, mit dem Ziel, einen guten Umweltzustand der europäischen Meere zu erreichen und dauerhaft zu erhalten. Solch hehre Vorhaben hatte es zwar schon zuvor gegeben, doch erstmals hielt ein europäischer Rechtsakt fest, dass sich die Einträge von Energie, einschließlich Unterwasserlärm, in einem Rahmen bewegen sollen, der sich nicht nachteilig auf die Meeresumwelt auswirkt. Nun waren alle Staaten der Europäischen Union verpflichtet, etwas gegen die Lärmverschmutzung der Meere zu tun. Doch dazu brauchte es erst einmal Grundlagenforschung.

Eifrig haben Behörden und Forschende ein bis dato einzigartiges Vorhaben geplant. Zwischen 2012 und 2016 wurde das BIAS-Projekt durchgeführt, was für Baltic Sea Information on the Acoustic Soundscape steht und so viel bedeutet wie: Informationen über die Klanglandschaft der Ostsee zu erheben. Acht Ostseeanrainerstaaten haben sich beteiligt; Russland blieb als einziges Küstenland außen vor, weil es sich um ein EU-gefördertes Projekt handelte.

Ziel war es, überhaupt erst einmal ein standardisiertes System zu entwickeln, um Unterwasserlärm messen zu können. Dazu wurden Unterwassermikrofone, besser bekannt als Hydrophone, zunächst kalibriert, damit sie alle das Gleiche aufzeichnen, und anschließend an 33 Messpunkten in die Ostsee gebracht, um Geräusche im Wasser aufzunehmen. Schon das war eine Herausforderung: Kein Element an dem System durfte klappern, weil jedes Störgeräusch die Messung verfälscht. Außerdem mussten die Forschenden darauf achten, wie der Untergrund beschaffen war, weil ein weicher, sandiger Boden Schall ganz anders schluckt als ein felsiger. Zwar zeigten große Bojen an der Wasseroberfläche an, dass an ihnen ein Drahtseil mit einem Hydrophon und einem schweren Klotz als Verankerung im Meeresgrund hing. Jedoch wurden gerade in der Anfangszeit viele Systeme verschleppt, weil sie zum Beispiel aus Versehen von Fischernetzen eingefangen oder von Ankern mitgerissen worden waren. Mit der Zeit wussten die Forschenden aber, wo die Wahrscheinlichkeit groß ist, dass die Geräte am Platz bleiben.

Zeitgleich wurde an Computermodellierungen gearbeitet, die zeigen sollten, wo mit besonders viel Lärm zu rechnen ist. Gab es Widersprüche zwischen den tatsächlich erhobenen Daten und den Projizierungen der PC-Programme, war anfangs nicht klar, ob es an Messfehlern der Hydrophone lag oder ob die Modelle noch zu ungenau arbeiteten. Das Team machte eine Phase des Lernens durch, die aber dazu führte, dass mittlerweile Methoden vorliegen, die verlässliche Daten liefern und deren Auswertung vergleichbar machen. Diese können nun auch in der Nordsee und in anderen Meeren angewendet werden. Und auf dieser Grundlage konnte das internationale Team Lärmkarten für die gesamte Ostsee erstellen. Sie zeigen vor allem an, wo kontinuierlicher Lärm besonders hoch ist, aber auch welche jahreszeitlichen Schwankungen es gibt. Es mag wenig überraschen, dass sich besonders die hauptsächlichen Schiffsverkehrsadern, wie die Kadetrinne oder der Fehmarnbelt, warnend rot durch die Karten ziehen. Doch diese Grundlagenforschung war wichtig, um eine wissenschaftliche Basis zu schaffen. Sie bestätigt bereits empfohlene Richtlinien für einen leiseren Schiffsverkehr und könnte in Zukunft zu verbindlichen Maßnahmen führen.

Wann Schiffe zu flüstern beginnen

Die Untersuchung von Unterwasserlärm ist ein junger Wissenschaftszweig, weshalb noch viel Mühe in die Forschung gesteckt werden muss, um Meerestiere effektiv schützen zu können. Dennoch gibt es neben den oben beschriebenen Maßnahmen bereits einige weitere, die die Lärmbelastung runterschrauben. In den vergangenen Jahrzehnten haben es Ingenieur*innen geschafft, moderne Schiffe mit schallgedämpften Motoren und neuartigen Propellerformen auszustatten und so bis zu 20 Dezibel einzusparen. Das Bundesamt für Seeschifffahrt und Hydrographie selbst fährt mit der „Atair", einem Forschungsschiff, das Vermessungen durchführt und Wracks sucht. Sie wird von einem Propeller mit sieben Blättern angetrieben, die die Kraft besser verteilen und dadurch leiser sind. Sie wurden so angeordnet und geformt, dass sie weniger Luftbläschen erzeugen, die durch Kavitation Knallgeräusche verursachen. Außerdem sind die Propeller mit einer speziellen Legierung überzogen, die Geräusche dämpft. Der Schiffsrumpf ist zudem so designt, dass er weniger Strömungsgeräusche erzeugt, die ähnlich – wenn auch weniger stark – wie bei Propellern zu knallenden Luftbläschen führen. Die „Atair" fährt hybrid: Der Antrieb wird mit klassischem Diesel beziehungsweise emissionsärmerem Flüssiggas gespeist und treibt dann einen Elektromo-

Fähre mit Rotorsegel

tor an. Diese Kombination macht das Schiff ebenfalls wesentlich leiser. Auch die großen Fähren der Reederei Scandlines, die täglich zwischen Deutschland und Dänemark verkehren, setzen seit 2017 auf einen ähnlichen hybriden Antrieb. Die beiden größten Hybridfähren der Welt können zwischen Rostock und Gedser einen Teil der Strecke rein elektrisch zurücklegen. Zudem sind sie mit fünf Meter breiten Rotorsegeln ausgestattet, die 30 Meter über die Bordwand ragen. Somit werden die Fahrgastschiffe zu modernen Seglern, die aber wesentlich effizienter sind. Das Prinzip gibt es bereits seit Anfang des 20. Jahrhunderts; schon 1925 schrieb Ludwig Prandtl, damals Direktor der Aerodynamischen Versuchsanstalt zu Göttingen, in einem Buch über Rotorschiffe verblüfft, dass „ein verhältnismäßig schlanker, schnell rotierender zylindrischer Turm eine zehnmal so große Segelfläche ersetzen kann." Auf einem klassischen Tuchsegel gibt es mehr Verwirbelungen, die den Vorschub verringern. Da die Fähre somit auch Windenergie nutzt, müssen die Motoren nicht so viel leisten und vermeiden auf diese Weise zugleich Lärm.

Auf der Strecke von Puttgarden auf Fehmarn nach Rødby und zurück setzen die Betreiber seit 2026 auf das sogenannte „Plug-in-System" in den deutschen und dänischen Häfen. Während Passagiere das Deck verlassen und neue Gäste an Bord kommen, nutzt die Fähre die Wartezeit, um zu Kräften zu kommen. Sie wird an den Landstrom gestöpselt und kann ihre Batterie in zwölf Minuten mit mindestens 80 Prozent der für eine Überfahrt benötigten Energie laden. Der Großteil der Reise von zwei der vier Fähren auf dem Fehmarnbelt läuft somit bereits rein elektrisch. Bei all diesen Erneuerungen ging es der Reederei vor allem darum, schädliche Abgase zu verringern, die durch Motoren entstehen. Doch fast nebenbei werden die Fähren leiser und schonen die Meeresumwelt. Eine spannende Frage für die Wissenschaft wäre allerdings, ob die leiseren Schiffe nicht die Gefahr bergen, mit Meerestieren zusammenzustoßen. Uns hilft Lärm auch nicht mehr, um einschätzen zu können, wann es sicher ist, eine Straße zu überqueren, weil Elektroautos sich lautlos wie Tiger nähern. Ähnlich ergeht es den Lebewesen der Ostsee, die geräuscharme Schiffe überhören könnten.

Zur Wahrheit gehört aber ebenso, dass die Mehrheit der Schiffe auf der Ostsee älter ist, nicht über diese Technologie verfügt und weiterhin einen hohen Lärmpegel verursacht. Um die Störung wenigstens zu vermindern, hilft es schon, langsamer zu fahren. Walforscher Russell Leaper vom

International Fund for Animal Welfare schätzt, dass Schiffe, die ihre Geschwindigkeit um die Hälfte drosseln, ihren Unterwasserlärm um ganze 97 Prozent reduzieren. Eine Herabsetzung nur um zehn Prozent würde bereits 40 Prozent der Geräusche eindämmen und ganz nebenbei lediglich halb so viele Treibhausgase in die Luft pusten. Außerdem verkleinern langsam rotierende Antriebe ihren Frequenzbereich, wodurch sie zum Beispiel Schweinswale weniger stören. Zu guter Letzt hätten Tiere mehr Zeit, den Schiffen auszuweichen. Allerdings steht die Diskussion im Raum, ob es nicht auch schädlich sein könne, dass die langsameren Schiffe länger im Lebensraum mariner Lebewesen unterwegs sind.
Die Richtlinien der Internationalen Seeschifffahrts-Organisation halten viele der hier angesprochenen Maßnahmen bereits fest, doch ist deren Umsetzung bisher immer noch freiwillig. Die aktuelle Situation zeigt, dass wir in puncto Unterwasserlärm noch am Anfang stehen und zugleich dringend rechtliche Regelungen nötig sind. Die Ostseeanrainer müssen die Vorgaben der europäischen Meeresstrategie Rahmenrichtlinie auch in diesem Bereich konsequent in nationales Recht umsetzen, was bisher nicht passiert ist.

Vielleicht ist die Hemmung zu groß, die gewinnbringendste Lösung bezüglich Unterwasserlärm anzugehen: Der Verkehr auf der Ostsee müsste stark reduziert werden. Diskussionen gibt es bei Freizeitmotorbooten, sicher weil es am einfachsten ist, ihre Nutzung einzuschränken. An die große Maschinerie der Wirtschaft will niemand so richtig ran. Routen gelten als nicht einfach verlegbar oder gar einsparbar. Das mag richtig sein, doch es war ja auch möglich, dieses hochkomplexe Schiffsverkehrsnetz aufzubauen.

Es braucht eben einen langen Atem und Willen über Generationen hinweg, um sich Alternativen zum lärmenden Wirtschaftssystem zu überlegen. Wir suchen das Meer oft deshalb auf, weil es Ruhe ausstrahlt, fern der dröhnenden Urbanität. Diese Ruhe sollten wir auch der Ostsee unter ihrer Oberfläche selbst gönnen, denn im Gegensatz zu uns haben die Meerestiere keine Ausweichmöglichkeit. Spannend wäre es, wenn wir Alexander Behm noch fragen könnten, wie er mit dem Echolot und anderen künstlichen Lärmquellen umgegangen wäre, wenn er unser heutiges Wissen gehabt hätte. Vielleicht wäre dem Mann der hundert Patente auch da eine gute Idee gekommen.

Von einem kleinen Meer und der großen Welt – Ein Ausblick

Wie ein Mädchen zur Botschafterin der Meere wurde

Die kleine Elisabeth fühlte sich geborgen und war aufgeregt zugleich, wenn die große Hand ihres „Herrpapale“, wie sie ihren Vater nannte, sanft die ihre umschloss. Mit ihren sechs Jahren hatte sie schon längst gelernt, dass etwas Wunderbares bevorstand, immer dann, wenn sie die Aufregung ihres Vaters bei seinem Griff spüren konnte. Gleich würde er ihr ein Stück seiner Welt offenbaren. So war es, als er ihr eine alte Uhr zeigte, deren Ticken etwas Beruhigendes hatte. So war es, als sie gemeinsam auf Bilder aus Spanien schauten, die eine ungeahnte Anziehungskraft hatten. So war es, als er sie in ein Zimmer voller Bücher mitnahm, deren Seiten ihren Duft in jeder Ecke verteilten. Und so ein Gefühl würde es sein, Elisabeth wusste es genau, gleich, wenn sie zum ersten Mal in ihrem Leben das Meer erblickte. Sein Meer, das ihn geprägt hatte, als er selbst noch ein Kind gewesen war, so wie Elisabeth jetzt. Nun sollte es auch ihr Meer werden, das sie ebenfalls beeinflussen würde.

Nach einer schier endlosen Fahrt war die in München aufwachsende Elisabeth nun dort, wo ihr Vater geboren und groß geworden war: an der Ostsee. So wie bei ihm weitete das Meer auch ihren Blick. Was wohl da ganz hinten am Ende der Ostsee lag, wollte sie wissen. Es sei, gab ihr Herrpapale zu verstehen, der Horizont, der sich immer weiter zurückzöge, sobald sie sich ihm nähere, bis irgendwann Land in Sicht käme und er verschwunden sei. Aber wenn sie sich umdrehe, würde sie den Horizont wieder sehen.

Obwohl Thomas Manns Liebe für das Träumen, für die Sprache und für das Meer auch in ihrem Leben drei feste Pfeiler bilden sollte, schlug Elisabeth doch ihren ganz eigenen Weg ein. Im Jahr 1933, als sie 15 Jahre alt war, mussten die Manns aus Deutschland fliehen, auch weil die Welt der Nationalsozialisten eine arme war, die nichts vom Staunen über das Fremde verstand. Gezwungenermaßen lernte sie viele Länder kennen. Nach dem Exil in der Schweiz und der damaligen Tschechoslowakei ging es in die USA, wo sie sich 1938 in den italienischen Schriftsteller Guiseppe Antonio Borgese verliebte und ihn heiratete. Elisabeth Mann Borgese, wie sie nun hieß, arbeitete in Chicago eifrig im Komitee für eine Weltverfassung mit, wurde sogar Präsidentin der Organisation, noch bevor Adolf Hitlers grauenhafte Herrschaft zu Ende ging. Danach zog sie mit ihrem Mann und ihren beiden Töchtern nach Italien. Nachdem ihr wesentlich älterer Ehemann 1952 verstorben war, ging sie ständig auf Reisen und hielt sich mal in Europa, mal in Amerika auf. Anfang der 1960er war sie am kalifornischen Zentrum für das Studium demokratischer Institutionen tätig.

Im Jahr 1967 hörte sie eine Rede von Arved Pardo, UN-Botschafter Maltas, über das Meer, die sie sofort beeindruckte. In diesem Moment dürfte ihre erste Begegnung mit der Ostsee wieder sehr lebhaft in ihr Gedächtnis zurückgekehrt sein. Sie erkannte plötzlich, dass sich die Prinzipien ihrer – leider zum Scheitern verurteilten – Weltverfassung auf internationales Seerecht übertragen ließen, sodass aus Utopie doch noch Wirklichkeit werden konnte. Elisabeth Mann Borgese sah die Meere als das gemeinsame Erbe der Menschheit an, die nicht nur ausgebeutet, sondern geschützt werden müssten. So kam es, dass sie noch Ende der 1960er eine Seerechtsverfassung vorlegte, die die Grundlage für das Seerechtsabkommen der Vereinten Nationen von 1982 werden sollte. Im Jahr 1970 fand außerdem die erste von ihr organisierte Konferenz über die nachhaltige Nutzung der Meere statt, die den Namen „Pacem in Maribus", Friede den Meeren, trug. Seit mehr als 40 Jahren rückt die Reihe den Schutz mariner Ökosysteme in den weltweiten Fokus.

Mann Borgese war 1970 zudem das einzige weibliche Gründungsmitglied des Club of Rome, jener Organisation, bestehend aus Vertreter*innen der Wissenschaft, Politik und Wirtschaft, die sich bis heute für eine nachhaltige und lebenswerte Zukunft der Menschheit einsetzt. Als sich die rund 100 Mitglieder erstmals trafen, hieß man die „Gentlemen" willkommen. Doch Elisabeth Mann Borgese stand auf, um freundlich darauf hinzuweisen, dass auch eine Frau anwesend sei. Seither lautete die Begrüßung „Elisabeth and Gentlemen".

Im Jahr 1972 gründete sie auf Malta das International Ocean Institute, das sich bis heute dem Schutz der Meere widmet. Durch ihre Energie, die sie auch in anderen Gremien an den Tag legte, wurde sie zur Botschafterin der Meere; Studierende, an die sie ihr Wissen weitergab, nannten sie liebevoll

„Lady of the Oceans". Bis zu ihrem Tod 2002 lebte sie in Kanada, in einem alten Holzhaus direkt an der Steilküste, von dem aus sie über den Atlantik blicken konnte. Dort hielt die Kosmopolitin in ihren Artikeln, Aufsätzen und Büchern viele ihrer Gedanken fest und vergaß dabei auch nie, die Ostsee zu erwähnen.

Wann die Wissenschaft die Ostsee kennenlernte

Das unermüdliche Wirken von Elisabeth Mann Borgese rückte den Meeresschutz in den Fokus der Weltpolitik, sodass sicher auch die Ostseeforschung davon profitierte. Natürlich hatte es aber schon vorher Wissenschaftler*innen gegeben, die sich der Ostsee widmeten. Die Christian-Albrechts-Universität zu Kiel gründete bereits 1937 das Institut für Meeresforschung, aus dem über Umwege 2004 das GEOMAR Helmholtz-Zentrum für Ozeanforschung hervorging. Und in Warnemünde schlossen sich in den 1950ern Forschende zu den Ostsee-Ozeanographen zusammen, um dort das Institut für Meereskunde ins Leben zu rufen, das heute als Leibniz-Institut für Ostseeforschung Warnemünde bekannt ist. Wie bereits erwähnt, trägt ihr Forschungsschiff den Namen „Elisabeth Mann Borgese".
Bei anderen Ostseeanrainern gab es ähnliche Entwicklungen. Und weil der Meeresschutz nun globale Aufmerksamkeit genoss, bestanden beste Voraussetzungen für internationalen Austausch. In Rostock trafen sich 1968 zum ersten Mal die sogenannten Baltic Marine Biologists, ein internationaler Zusammenschluss von Forschenden aus mehreren Ostseeländern, der bis heute aktiv ist. All die wissenschaftlichen Erkenntnisse der Institute und Organisationen ergaben ein umfassendes Bild zum Zustand der Ostsee. Die Daten zeigten eindeutig, dass es der baltischen See nicht gut ging.

Das Warnemünder Forschungsschiff „Elisabeth Mann Borgese"

Das Cover der Spiegel-Ausgabe vom 1. Juli 1973 zeigt das Meer, aus dem ein Arm ragt. Die Hand streckt einen Erlenmeyerkolben voll braunem Wasser mit der Aufschrift „Ostsee" empor, als sei es die letzte Warnung eines Menschen, der bereits dem Untergang geweiht ist, anderen aber die Chance geben möchte, diesem Schicksal noch zu entkommen. Auf dem Titelbild steht in roten Großbuchstaben „OSTSEE", darunter „schmutzigstes Meer der Welt", wobei sich der Spiegel auf einen Befund der Welternährungsorganisation bezog. So ist es in dem Artikel im Magazin zu lesen, der die Überschrift „Ein Meer voller Unrat und Häßlichkeit" trägt. Über etliche Seiten berichten die Reporter*innen über Sperrmüll in Fischernetzen, Plastiktüten im Kielwasser und Flaschen am Strand, desgleichen vom Aufschwung der Industrie und der Landwirtschaft, über Zunahme bei Schifffahrt und Güterumschlag sowie über die Verdopplung der Fänge von Hering und Dorsch innerhalb eines Jahrzehnts. Von immer dichter besiedelten Küstenstädten, mehr Schlafplätzen im Tourismus und Jachten auf dem Wasser ist die Rede, wodurch steigende Mengen ungeklärten Abwassers voller Urin und Fäkalien in die Ostsee gelangten. Der Artikel prognostiziert, dass die Ostsee bald ein biologisch totes Meer darstellen werde, wenn sich nichts ändere.

Warum die Ostseeforschung zum Vorbild wird

Doch die Beweise der Wissenschaft waren zu erdrückend, als dass die Anrainerstaaten den schlechten Zustand nicht hätten registrieren und anerkennen können. Die Ostsee hatte Glück im Unglück, weil sich der Kalte Krieg, der auch durch ihre Gewässer einen eisernen Vorhang zog, entspannte. Sowohl die Westmächte als auch der Ostblock erkannten die Gefahr eines Atomkrieges, weshalb ein Austausch unabdingbar war, was seit 1968 zu Verträgen und Abkommen beider Seiten führte. Der kommunistische Osten sprach von friedlicher Koexistenz, der kapitalistische Westen vom Wandel durch Annäherung. Diese Entspannungspolitik, ge-

Vertragsunterzeichnung in Helsinki 1974

paart mit der globalen Aufmerksamkeit, die der Meeresschutz unter anderem durch Elisabeth Mann Borgese und die erstarkte Ostseeforschung gewonnen hatte, gaben dem kleinen Meer eine echte Überlebenschance. Nur durch das Zusammenspiel all dieser Faktoren kam es letztendlich dazu, dass sich Vertretungen aus beiden deutschen Staaten, der Sowjetunion, Polen, Dänemark, Schweden und Finnland 1974 in Helsinki an einen Tisch setzten und ein multilaterales Umweltabkommen zum Schutze der Ostsee unterzeichneten. Die finnische Hauptstadt bot den perfekten Ort dafür, weil der Staat eine neutrale und vermittelnde Rolle im Kalten Krieg einnahm. Die sogenannte Helsinki-Konvention war das erste internationale Abkommen überhaupt, das sich einem Meer widmete, wodurch die Ostsee eine Vorreiterrolle im Meeresschutz einnahm. Der Vertrag verpflichtete die Staaten dazu, Maßnahmen zu ergreifen, um den Zustand der Ostsee zu verbessern, von denen wir viele bereits in den vorangegangenen Kapiteln kennengelernt haben. Vielleicht trug sie, die keine staatlichen Grenzen kennt, somit auch ihren Teil dazu bei, dass der Eiserne Vorhang fiel.

Seitdem erholte sich die Ostsee allmählich, vor allem weil das Abkommen unter dem Namen HELCOM erweitert wurde und neben den neun Anrainerstaaten, die seit Anfang der 1990er existieren, auch die Europäische Union Vertragspartnerin wurde. HELCOM stellte immer umfassendere Pläne zur Gesundung auf, die im sogenannten Ostsee-Aktionsplan von 2007 festgehalten wurden. Ziel der Partner war es, einen guten ökologischen Zustand der Ostsee bis 2021 herzustellen. Der Aktionsplan gilt als wissenschaftliche Basis für die Meeresstrategie-Rahmenrichtlinie, die von der Europäischen Union 2008 als politisches Werkzeug verabschiedet wurde, damit die Ostseeanrainer den Meeresschutz in nationales Recht umsetzen konnten.

Der Ostsee-Aktionsplan fördert schon allein durch die Grenzenlosigkeit des Meeres die internationale Zusammenarbeit. 75 Prozent der Maßnahmen, bei denen mehrere Staaten zusammenarbeiten sollten, konnten umgesetzt werden. Das mag nach einem Erfolg klingen, doch Rüdiger Stempel, Generalsekretär von HELCOM, sagt ganz klar, dass der Ostsee-Aktionsplan gescheitert sei. Zum einen bleiben 25 Prozent der zwischenstaatlichen Maßnahmen, die nicht verwirklicht wurden. Zum anderen haben die einzelnen Staaten auch 75 Prozent der vereinbarten Schritte versäumt, für die nur sie allein verantwortlich waren – vielleicht weil der Druck eines Mitstreitenden fehlte.

Somit hat sich das Befinden der Ostsee zwischen 2016 und 2021 nicht mehr verbessert. Im Gegensatz zu den 1980ern konnte sie ihrem biologischen Tod zwar entfliehen, dennoch ist ihr Zustand schlecht. HELCOM hat den Ostsee-Aktionsplan bewusst nicht verlängert, sondern ihn als verfehlt abgelegt, auch um zeigen, dass die bisherigen Anstrengungen nicht ausreichten. Da sich das Scheitern schon vorher abzeichnete, vernetzte sich die deutsche Meeresforschung enger. Im Jahr 2019 schlossen sich mehrere universitäre und außeruniversitäre Einrichtungen zusammen – heute sind es 25 Institutionen –, um den nachhaltigen Umgang mit den Meeren zu stärken. Derweil veröffentlichte HELCOM 2021 einen neuen Gesundungsplan, der auf den aktuellen wissenschaftlichen Erkenntnissen basiert und bis 2030 einen guten Zustand der Ostsee herbeiführen soll.

Woran der Meeresschutz scheitert

Dabei könnte helfen, dass die Vereinten Nationen die Jahre 2021 bis 2030 zur Ozeandekade ausgerufen haben, um den Schutz der Meere weltweit voranzutreiben. Und im Rahmen der UN-Biodiversitätskonferenz hat die internationale Staatengemeinschaft 2022 im kanadischen Montreal beschlossen, 30 Prozent der Flächen an Land und im Meer bis 2030 unter Schutz stellen zu wollen. Die sogenannte 30x30-Initiative würde die Schutzgebiete in der gesamten Ostsee mehr als verdoppeln, wobei sich die Frage stellt, wie effektiv diese Maßnahme tatsächlich ist.

Bereits seit 1992 verabschiedete. Europäische Union eine Richtlinie, die als Grundlage für die Errichtung eines zusammenhängenden Netzes von Schutzgebieten namens Natura 2000 dienen sollte. Die Vorgaben setzte die Bundesregierung nach und nach um, sodass auch drei Gebiete der deutschen Ostsee zu Reservaten wurden.
Es hat jedoch bis 2004 gedauert, ehe die Pommersche Bucht samt der Rönnebank zum Schutzgebiet ausgerufen werden konnte; im

Fehmarnbelt und der Kadetrinne dauerte es sogar bis 2017. Damit gelten mittlerweile mehr als die Hälfte der deutschen Ostsee als geschützt, was Riffe und Sandbänke mit Muscheln und anderen marinen Organismen, Robbenarten, Schweinswale und Seevögel umfasst.

Wenn wir uns ein solches Schutzgebiet vorstellen, gehen wir schnell davon aus, dass die Natur dort von jeglichem menschlichen Einfluss unberührt bleibt. Jedoch trifft das auf die deutschen Ostseeschutzgebiete nicht zu, was wir uns stellvertretend am Fehmarnbelt vergegenwärtigen können. Bis Januar 2025 hat es gedauert, ehe dort die Grundschleppnetzfischerei untersagt wurde – eine für das Leben am Meeresgrund gute Nachricht. Darüber hinaus dürfte das Verbot aber kaum einen Effekt haben, da das Gebiet zu klein ist, um bedrohten Fischarten flächendeckend Erholung zu geben. Viele sehen darin nur eine Symbolpolitik, zumal Kutter im Fehmarnbelt ohnehin kaum Fische finden würden. Dennoch bleiben Schleppnetze, die nicht den Boden berühren, und Stellnetze weiterhin erlaubt. Zwar braucht es Genehmigungen, aber prinzipiell ist es auch nicht untersagt, Windparks zu bauen, Rohrleitungen und Unterseekabel zu verlegen oder nach Bodenschätzen zu suchen. Und auch Arbeiten, die den Fehmarnbelt als Seestraße aufrechterhalten, dürfen durchgeführt werden, denn der Schiffsverkehr soll weiterhin Waren und Menschen transportieren können. So fahren jährlich immer noch rund 55 000 Fähren, Tanker und Containerschiffe entlang des Fehmarnbelts, weitere 38 000 kreuzen die Route. Außerdem sind schon seit Jahren Bauschiffe und Schlepper im Einsatz, weil derzeit eifrig an einer unterirdischen Querung, dem Fehmarnbelttunnel, gearbeitet wird. Er soll auf 18 Kilometern von Puttgarden auf der Insel Fehmarn bis Rødbyhavn auf der dänischen Insel Lolland verlaufen – mit einer vierspurigen Autobahn und einer zweigleisigen Bahnstrecke. Bisher besteht das Schutzgebiet also zum großen Teil nur auf dem Papier. Davon, dass sich der Mensch hier und auch aus anderen Teilen der Natur zurückgezogen hat, kann nicht die Rede sein. Solange es keine strengeren Regulierungen und Kontrollen gibt, bleibt der Meeresschutz nur ein leeres Versprechen.

Was das Tagebuch der Ostsee verrät

Der Einfluss der Menschen ist in der gesamten Ostsee, ja auf dem ganzen Planeten derart groß, dass Geolog*innen schon seit Jahrzehnten darüber diskutieren, ob ein neues Erdzeitalter angebrochen sei, das Anthropozän. Es geht um die Frage, ob die Menschheit eine ähnliche planetarische Kraft besitzt wie einschneidende Naturereignisse vergleichbar mit den Asteroideinschlägen vor 66 Millionen Jahren, die die ganze Erde in eine Staubwolke hüllten, zu Tsunamis, Erdbeben wie auch Bränden führten und mehr als 75 Prozent der Arten auslöschten, einschließlich der Dinosaurier. Die Antwort suchte eine Gruppe von knapp 40 Wissenschaftler*innen in verschiedenen Ablagerungen im Auftrag der Internationalen Kommission für Stratigraphie als höchster Instanz der geologischen Forschung. An insgesamt zwölf Orten, verteilt auf die ganze Welt, holten sie Bohrkerne aus einem Moor, einer Höhle, aus drei Seen, einer Bucht, einem Flussdelta, aus einem städtischen Gebiet, dem arktischen Eis, aus zwei Korallenformationen und dem östlichen Gotlandbecken der Ostsee. Alle Kerne zeigten mal deutliche, mal weniger deutliche Signale menschlichen Einflusses mit Beginn der Industrialisierung im 19. Jahrhundert. Noch markanter waren die Veränderungen um 1950, sodass die Arbeitsgruppe dieses Jahr als Startpunkt des Anthropozäns ansah.

Damit eine Epoche fachlich anerkannt wird, muss ein stellvertretender Ort ausgewählt werden, der weltweit am besten zeigt, wie eindeutig diese Veränderungen sich im Zeitstrahl eines Bohrkerns abzeichnen: der sogenannte Goldene Nagel. Dafür kam auch der Sedimentkern aus dem östlichen Gotlandbecken infrage.

Der 45 Zentimeter lange Kern ließ Jérôme Kaiser und Juliana Ivar do Sul vom Leibniz-Institut für Ostseeforschung Warnemünde bis ins Jahr 1840 zurückblicken. Unterstützt von weiteren Kolleg*innen aus ihrem Haus und Forschenden aus anderen Instituten in Deutschland, aber auch dem Vereinigten Königreich und der Schweiz, konnten sie den einzelnen Schichten Jahresdaten zuordnen und herausfinden, welche Stoffe wann besonders häufig waren.
Bei 26,5 Zentimetern, was ungefähr dem Jahr 1954 entspricht, verdunkelte sich das Kernprofil schlagartig. Radioaktive Varianten, zum Beispiel von Plutonium, nahmen zu, die durch die riesigen Pilze nach einer gewaltigen Explosion bei Atombombentests in die Luft gelangten und sich später auch in der Ostsee absetzten. Vermehrt kamen auch Technofossilien hinzu, womit Überreste in Sedimentschichten gemeint sind, die aus menschengemachten Objekten oder Materialien stammen. Dazu zählen kohlenstoffhaltige Flugasche aus Industrieprozessen genauso wie Plastikfasern, unter anderem von Kleidung. Sogenannte Biomarker – Merkmale,

Der berühmte Bohrkern aus dem Gotlandbecken

die im Kern auf das Vorhandensein von beispielsweise bestimmten Mikroalgen hinweisen – zeigten, dass seit der Einflussnahme der Menschen Arten zunehmen, die auf einen sinkenden Sauerstoffgehalt schließen lassen.

Legen wir alle grafischen Darstellungen übereinander, wird deutlich, dass sich die Kurven sehr gut decken. Fieber, Völlegefühl, Atemnot, Vergiftung, Sehschwäche und Hörsturz, sie alle haben die Ostsee mit Beginn der Industrialisierung heimgesucht. Die Symptome wurden nach dem Zweiten Weltkrieg stärker und brachten das Meer spätestens in den 1980ern an den Rand des Todes. Seither schwächen sich die meisten Symptome wieder ab, andere bleiben auf gleichhohem Niveau. Die Ostsee hat ihr Leiden sehr umfangreich in ihrem Tagebuch beschrieben: Ihr Sediment hält das menschliche Wirken äußerst genau fest, was die Schichten des Gotlandkerns bezeugen.

Das gab dem Warnemünder Forschungsteam so viel Selbstbewusstsein, als Namen für den ersten Abschnitt des anthropozänen Zeitalters Baltician vorzuschlagen und damit einen Bezug zur Ostsee aufzuzeigen. Am Ende hat sich die internationale Arbeitsgruppe jedoch für den Crawford Lake im kanadischen Ontario als Goldenen Nagel entschieden, da seine sehr feinen, gut zu unterscheidenden Sedimentschichten ein außergewöhnlich hochauflösendes Archiv bieten, in dem man jedes einzelne Jahr der Vergangenheit detailliert betrachten kann.

Trotz der starken Argumente, die der Crawford Lake, die Ostsee und andere Orte lieferten, entschied sich die Internationale Kommission für Stratigraphie im April 2024 dagegen, ein neues Zeitalter namens Anthropozän offiziell zu erklären. Die vergangenen gut 75 Jahre seien zu kurz, da Erdzeitalter für gewöhnlich hunderttausend bis Millionen Jahre umfassten. Außerdem habe die Industrialisierung in unterschiedlichen Teilen der Erde versetzt begonnen, sodass nicht ein gemeinsamer Startpunkt der Epoche festgelegt werden könne.
Diese Entscheidung hat in der Wissenschaftswelt jedoch nicht zum Ende der Diskussionen geführt, sondern sie sogar noch angeheizt. Viele Forschende sehen in der Anerkennung des Anthropozäns als offizielle Epoche eine Notwendigkeit, um Öffentlichkeit und Politik wachzurütteln und zum Handeln zu motivieren. Es stellt sich die Frage, welchen Sinn es hätte, die jetzigen Einflüsse erst rückblickend in Jahrtausenden als Anthropozän zu beschreiben, dann, wenn die Folgen unseres

Verhaltens bereits längst verheerend gewesen sein dürften und die Menschheit vielleicht gar nicht mehr existiert. Aus diesem Grund hat sich der Begriff längst in Geistes- und Sozialwissenschaften, Kunst und Kultur, bei Naturverbänden und in den Medien etabliert.
Ein Blick in die Geschichte, wie die der Ostsee, verrät uns mehr über die Gegenwart und sollte unser jetziges Handeln beeinflussen.

Weshalb die Ostsee eine Zeitmaschine ist

Eine Studie aus dem Jahr 2018, an der 26 Wissenschaftler*innen von 21 Forschungseinrichtungen aus sieben Ländern beteiligt waren, geht sogar noch einen Schritt weiter und bezeichnet die Ostsee als Zeitmaschine. Thorsten Reusch und Jan Dierking vom GEOMAR Helmholtz-Zentrum für Ozeanforschung in Kiel, die die Studie initiiert haben, argumentieren, dass das kleine Meer als eine Art Modellozean dient, in dem bereits jetzt gravierende Veränderungen zu beobachten sind, die in ähnlichen marinen Regionen wie dem Mittelmeer, dem Schwarzen Meer, den arktischen Meeren wie auch in den Tiefen des Weltozeans erst in Zukunft erwartet werden. Hier dürften sich erst in den kommenden Jahrzehnten die Folgen von Klimawandel, Überdüngung, Sauerstoffmangel, Schadstoffbelastung, Lichtverlusten und vielleicht sogar von Unterwasserlärm im großen Ausmaß zeigen.

Das liegt an den typographischen Eigenschaften der Ostsee, weil sie einerseits relativ klein und flach ist, wodurch sie ein geringeres Wasservolumen hat, und andererseits kaum im Austausch mit den großen Ozeanen steht. Wie wir es in diesem Buch bereits thematisiert haben, erwärmt sie sich dadurch schneller, ihr Wasser wird rascher saurer und Nähr- wie auch Schadstoffe verbleiben länger im Becken. Außerdem ist die Ostsee von hochindustrialisierten und relativ dicht besiedelten Ländern umgeben, die die See spätestens seit dem 19. Jahrhundert intensiv nutzen und beeinflussen. Und weil die Ostseeforschung früh begonnen hat und heute sehr gut vernetzt ist, zählt das kleine Meer zu den am besten erforschtesten marinen Gebieten der Welt.

Das Schöne ist, dass es in der Ostsee genug Beispiele dafür gibt, wie Wissenschaft, Politik und Gesellschaft so manch negative Auswirkungen abgebremst haben. Wir müssen unsere Anstrengungen intensivieren und konsequent betreiben, damit es der Ostsee wieder gut geht und andere Meere davor bewahrt werden, in ähnlich bedrohliche Lagen zu geraten. Dabei dürfen wir uns wieder zwei Dinge bewusst machen.

Zum einen geht es um die Gewissheit darüber, dass wir soziale Wesen sind, die länger vorausdenken können, als das eigene Leben reicht. Denn die Ostsee braucht Zeit, um sich wieder vollständig erholen zu können, sodass es uns genügen muss, auch in Teilerfolgen eine Motivation zu sehen, weiterzumachen und unsere Haltung an unsere Kinder weiterzugeben. Zum anderen geht es um die Vorstellung davon, dass wir keineswegs der Natur gegenüberstehen. Wir sind Teil von ihr, sodass unser Handeln nicht nur darüber entscheidet, wie es der Ostsee geht, sondern auch, wie unsere Zukunft aussieht. Das Wissen liegt bereit; es ist an uns, es zum Wohle aller zu nutzen. Das Thünen-Institut für Ostseefischerei in Rostock hat Küstenbewohner*innen via Postkarten und Online-Erhebung eine Frage gestellt: „Was bedeutet Ihnen die Ostsee?“. Geantwortet haben viele Menschen von Flensburg bis Usedom: Sie verbinden die Ostsee vor allem mit nichtmateriellen Dingen wie mentaler Gesundheit oder einem Gefühl von Zuhause. Sie schätzen sie als Naturraum, der Erholung und Wohlbefinden bietet. Ein Teilnehmer umschrieb das kleine Meer als Waschmaschine der Seele. Diese Vorstellung ist doch viel schöner als die einer Deponie materieller Abfälle.

Über Generationen hinweg hat uns die Ostsee ernährt, erholt und mit der Welt verbunden. Es ist Zeit, ihr etwas zurückzugeben: Denn unser Handeln jetzt sorgt dafür, dass auch die Ostseekinder der Zukunft staunen dürfen, wenn sie das Meer zum allerersten Mal erblicken, bevor sie unbeschwert in den Wellen zu toben beginnen.

Ein Großteil der Quellen dieses Buches stammt aus Interviews mit folgenden Wissenschaftler*innen und anderen Expert*innen:

Prof. Dr. Robert Arlinghaus[20, 21], Prof. Dr. Helge Wolfgang Arz[1], Dr. Leonie Barghorn[1], Sven Bernhagen[16], Dr. Henry Bittig[1], Dr. Kristin Beck[1], Dr. Sarah Bolius[1], Dr. Florian Börgel[1], Anna-Lucia Buer[11], Susanne Busch[1], Pauline Dahmer[13], Thomas Dehling[10], Dr. Olaf Dellwig[1], Prof. Dr. Judith Denkinger[4], Samuel Drews[22], Dr. Oliver Duty[17], Dr. Jörg Dutz[1], Dr. Clemens Engelke[15], Dr. Gabriela Escobar Sánchez[1], Prof. Dr. Uwe Freiherr von Lukas[5,9], Dr. Stephan Goltermann[16], Dr. Ulf Gräwe[1], Prof. Dr. Jens Greinert[2], Dr. Matthias Gröger[1], Dr. Friederike Habedank[16], Dr. Mirco Haseler[1], Dr. Helmke Hepach[2], Dr. Sven Hille[1], Dr. Peter Holtermann[1], Dr. Juliane A. Ivar do Sul[1], Prof. Dr. Dr. h.c. Hans Joosten[6,12], Prof. Dr. Gerald Jurasinski[6,12], Dr. Carina Juretzek[10], Prof. Dr. Klaus Jürgens[1], Dr. Jérôme Kaiser[1], Dr. Marion Kanwischer[1], Dr. Katharina Kesy[6], Dr. Anke Kremp[1], Dr. Matthias Kreuzburg[1], Dr. Uwe Krumme[3], Prof. Dr. Matthias Labrenz[1], Prof. Dr. Mojib Latif[2,7,18,19], Franziska Mars[16], Prof. Dr. Uve Edmund Maser[7], Prof. Dr. Katja Matthes[2], Prof. Dr. Markus Meier[1], M. Sc. Mona-Maria Narra[5], Dr. Michael Naumann[1], Dr. Daniel Oesterwind[3], Dr. Helena Osterholz[1], Dr. Svenja Papenmeier[1], Dr. Matthias Premke-Kraus[1], Dr. Ralf Prien[1], Prof. Dr. Gregor Rehder[1], Dr. Janika Reineccius[1], Dr. Thorsten Reusch[2], Thomas Richter[16], Dr. Ingrid Sassenhagen[1], M. Sc. Christian Schulz[23], Prof. em. Dr. Detlef Schulz-Bull[1], Karsten Schütze[15], Mike Sommer[1], Dr. Theodor Sperlea[1], Jule Stein[22], Dr. Markus Steinkopf[6], Angelika Stoll[14], Dr. Ina Stoltenberg[2], Rüdiger Strempel[24], Dipl. Biologin Nardine Stybel[11], Dr. Toste Tanua[2], Dr. Dorit Visbeck-Liebers[4], Dr. Georg Sebastian Völker[1], Prof. Dr. Joanna J. Waniek[1], Dr. Patrick Westfeld[10], Dr. Heiko Will[17], Prof. Dr. Oliver Zielinski[1,5,8,14], Dr. Christopher Zimmermann[3]

1 Leibniz-Institut für Ostseeforschung Warnemünde, 2 GEOMAR-Helmholtz-Zentrum für Ozeanforschung Kiel, 3 Thünen-Institut für Ostseefischerei Rostock, 4 Deutsches Meeresmuseum/Ozeaneum in Stralsund, 5 Universität Rostock, 6 Universität Greifswald, 7 Christian-Albrechts-Universität zu Kiel, 8 Helmholtz-Zentrum hereon GmbH, 9 Fraunhofer-Instituts für Graphische Datenverarbeitung IGD Rostock, 10 Bundesamt für Seeschifffahrt und Hydrographie Rostock/Hamburg, 11 EUCC – Die Küsten Union Deutschland e. V., 12 Greifswald Moor Centrum, 13 Bund für Umwelt und Naturschutz Deutschland e.V., 14 Stadtforstamt Rostock, 15 Landesamt für Umwelt, Naturschutz und Geologie Mecklenburg-Vorpommern, 16 Landesamt für Lebensmittelsicherheit, Landwirtschaft und Fischerei Mecklenburg-Vorpommern, 17 Landesamt für Gesundheit und Soziales Mecklenburg-Vorpommern 18 Akademie der Wissenschaften Hamburg, 19 Club of Rome Deutschland, 20 Humboldt-Universität zu Berlin, 21 Leibniz-Institut für Gewässerökologie und Binnenfischerei, 22 Plastikfreie Stadt Rostock, 23 Alles Alge e.V., 24 Baltic Marine Environment Protection Commission – Helsinki Commission“ (HELCOM)

Weitere Quellen sind:

Ackeret, J. (1925). Das Rotorschiff und seine physikalischen Grundlagen, Vandenhoeck & Ruprecht, Göttingen.
Appel, D. et al. (2018): Bioaccumulation of 2,4,6-trinitrotoluene (TNT) and its main metabolites leaking from corroded munition in transplanted blue mussels (Mytilus edulis). Marine Pollution Bulletin, 135, 1035–1041, DOI: 10.1016/j.marpolbul.2018.08.028
Archer, D. (2009): The Long Thaw: How Humans Are Changing the Next 100,000 Years of Earth‘s Climate. Princeton University Press, Oxford
Arte (2025): Anthropozän - Der Beginn eines neuen Zeitalters? , Video verfügbar unter: https://www.arte.tv/de/videos/111677-000-A/anthropozaen-der-beginn-eines-neuen-zeitalters/, 01.02.2026
Atkins, A. (1843-1853): Photographs of British Algae: Cyanotype Impressions, privat veröffentlicht, Kent
Barghorn, L. et al. (2023): Changes in seasonality of saltwater inflows caused exceptional warming trends in the western Baltic Sea. Geophysical Research Letters, 50(17), DOI: 10.1029/2023GL104452
Beck, H. J. et al. (2025): Marine dumped munition – Example from Lübeck Bay (Baltic Sea) – Results from the pilot projects Haffkrug and Pelzerhaken
BIAS Project Consortium (2017): Baltic Sea Information on the Acoustic Soundscape (BIAS) – LIFE11 ENV/SE/841: Layman‘s Report, https://biasproject.wordpress.com/wp-content/uploads/2017/01/bias_laymansreport_v7.pdf, 01.02.2026
BR (2025): Heringsfürze vergiften schwedisch-russische Beziehungen. Das Kalenderblatt, https://www.br.de/radio/bayern2/sendungen/kalenderblatt/hering-furz-u-boot-spionage-schweden-russland-106.html, 07.12.2025
Brosin, H.-J. (1996): Zur Geschichte der Meeresforschung in der DDR (Meereswissenschaftliche Berichte Nr. 17). Leibniz-Institut für Ostseeforschung Warnemünde. DOI: 10.12754/msr-1996-0017
Bundesamt für Seeschifffahrt und Hydrographie (2026): Tabelle der monatlichen mittleren Temperatur der Ostsee. Fernerkundung, www2.bsh.de/aktdat/fernerkundung/seiten/stat_ostsee.html, 03.01.2026
Bundeswehr (o. J.): BALTOPS: Alliierter Pulsmesser im Wandel der Zeit, https://www.bundeswehr.de/de/organisation/marine/aktuelles/baltops-alliierter-pulsmesser
Carson, R. L. (1952): Geheimnisse des Meeres, Biederstein Verlag, München
Carson, R. L. (2021): Under The Seawind, Canongate Books, Edinburgh, Original 1941, Simon and Schuster, USA
Carson, R. L. (2024): Der stumme Frühling, C.H. Beck, Original 1963, Houghton Mifflin Company, Boston
Carson, R. L. (2025): Am Saum der Gezeiten, Czernin Verlag, Wien, Original 1955, Houghton Mifflin Company, Boston
Carstensen, J. et al. (2014): Deoxygenation of the Baltic Sea during the last century. Proceedings of the National Academy of Sciences, 111(15), 5628–5633, DOI: 10.1073/pnas.1323156111
Carstensen, J. et al. (2019): Baltic Sea Hypoxia Takes Many Shapes and Sizes. Limnology and Oceanography Bulletin, 28: 125-129, DOI: 10.1002/lob.10350
Chladek, J.-C. et al.(2020): Synthetic harbour porpoise (Phocoena phocoena) communication signals emitted by acoustic alerting device (Porpoise ALert, PAL) significantly reduce their bycatch in western Baltic gillnet fisheries. Fisheries Research, 232, 105732, DOI: 10.1016/j.fishres.2020.105732.
Davies, T. W. et al. (2025). Darkening of the global ocean. Global Change Biology, DOI: 10.1111/gcb.70227
DBU-Projekt „Baltic Sea Rangers“ (2025–2028): Förderung durch Deutsche Bundesstiftung Umwelt, Entwicklung von Sea-Ranger-Konzepten in MV, Estland, Lettland, Litauen
DECHEMA Gesellschaft für Chemische Technik und Biotechnologie e,V.: Arzneimittel-Entsorgung richtig gemacht, verfügbar unter: https://arzneimittelentsorgung.de/home/, 20.09.2025
Deutscher Angelfischerverband (2025): Fisch des Jahres 2024: Der Dorsch oder Kabeljau (Gadus morhua), DAFV, Berlin
DWA (2024): Kommunale Kläranlagen halten EU-Vorgaben sicher ein, https://de.dwa.de/de/presseinformationen-volltext/kommunale-klaeranlagen-halten-eu-vorgaben-sicher-ein-neue-grenzwerte-fuer-phosphor-und-stickstoff-grosse-herausforderung.html, 30.01.2026
Deutschlandfunk (2023): Die „Vergessenen Nachrichten“ des Jahres 2023. https://www.deutschlandfunk.de/vergessene-nachrichten-des-jahres-2023-100.html, 01.02.2026
Dodson, J. J. et al. (2019): Environmental determinants of larval herring (Clupea harengus) recruitment in the Greifswald Bay, Western Baltic Sea. Limnology and Oceanography, 64(1), 317–334
D. Poul, H.M. et al. (2025): Natürliche Variabilität maskiert Klimawandel Meeresoberflächentemperatursignale: Ein Vergleich zwischen der Ostsee, der Nordsee und dem Nordatlantischen Ozean. Clim Dyn 63, 102, DOI: 10.1007/s00382-024-07538-y

Eero M. et al. (2023): New insights into the recent collapse of Eastern Baltic cod from historical data on stock health. PLoS ONE 18(5): e0286247, DOI: 10.1371/journal. pone.0286247
Energistyrelsen (2023): Plan für das Programm Energieinsel Bornholm. Kopenhagen: Dänisches Energieministerium, https://ens.dk/media/2104/download, 11.12.2025
EP und Rat der EU (2008): Richtlinie 2008/56/EG zur Schaffung eines Ordnungsrahmens für Maßnahmen der Gemeinschaft im Bereich der Meeresumwelt (Meeresstrategie-Rahmenrichtlinie), Amtsblatt L 164, S. 19–40, https://eur-lex.europa.eu/legal-content/DE/TXT/?uri=CELEX:32008L0056, 09.01.2026
EP und Rat der EU (2019): Verordnung (EU) 2019/1009 mit Vorschriften für die Bereitstellung von EU-Düngemitteln auf dem Markt
EU (1992): Richtlinie 92/43/EWG des Rates vom 21. Mai 1992 zur Erhaltung der natürlichen Lebensräume sowie der wildlebenden Tiere und Pflanzen (FFH-Richtlinie). Amtsblatt der EG L 206, S. 7–50, https://eur-lex.europa.eu/legal-content/DE/TXT/HTML/?uri=CELEX:31992L0043, 03.12.2025
Fischer, S.M.S. (2024): Impact of neurotoxic substances on the development and behavior of zebrafish embryos: Case studies with nicotine, desnitro-imidacloprid and three antidepressants, Dissertation, Ruprecht-Karls-Universität Heidelberg
Furtak, S. et al. (2024): Moore sind wie Menschen, nur nasser, Katapult-Verlag, Greifswald.
FAO (2024): The State of World Fisheries and Aquaculture 2024, Blue Transformation in Action. DOI: 10.4060/cd0683en
GDWS. (2025): Nord-Ostsee-Kanal – Verkehrszahlen 2024 [Pressemitteilung], https://www.gdws.wsv.bund.de/SharedDocs/Pressemitteilungen/DE/20250319_NOK_PM.pdf?__blob=publicationFile&v=2, 01.02.2027
Geological Survey of Sweden (2006): Kartierungsbericht zu Quecksilberfässern in der Sundsvall-Bucht, zitiert in: Der Spiegel, „Tons of Mercury Found in the Baltic Sea“, https://www.spiegel.de/international/tons-of-mercury-found-in-the-baltic-sea-europe-s-underwater-chemical-dump-a-434329.html, 13.01.2026
GEOMAR (o.J.): SalYsAse. Verfügbar unter: https://www.geomar.de/forschen/fb2/fb2-mg/geomikrobiologie/projekt-3, 31.01.2026
GEOMAR (2023): Für eine bessere Wasserqualität der Ostsee: Neues Forschungsprojekt testet Züchtung von Algen an Windkraft-Fundamenten [Pressemitteilung], 2023,https://www.geomar.de/fileadmin/content/service/presse/Pressemitteilungen/2023/pm08_CliPA/pm_2023_08_CliPA_de.pdf, 26.01.2026
Greinert, J. (2024): Monitoring ecological consequences of marine munition in the Baltic Sea 2024 - Cruise No. AL622. Alkor-Berichte, AL622. GEOMAR Helmholtz Centre for Ocean Research Kiel, DOI: 10.3289/CR_AL622
Gröger, M. et al. (2024): Treiber mariner Hitzewellen in einem geschichteten Randmeer, Climate Dynamics,7062, DOI:10.1007/s00382-023-07062-5
Gröger, M. et al. (2024): Drivers of marine heatwaves in a stratified marginal sea. Climate Dynamics, 62, 3231–3243, DOI: 10.1007/s00382-023-07062-5
Harris, S. J. et al. (2025): Methane emissions from the Nord Stream subsea pipeline leaks. Nature, 635, 538–543,2025, DOI: 10.1038/s41586-024-08396-8
Hawkins, E. (2018): Warming stripes. Climate Lab Book, 15. Dezember 2018, https://www.climate-lab-book.ac.uk/2018/warming-stripes/, 30.01.2026
Heinrich-Böll-Stiftung, BUND & Michael Succow Stiftung (2023): Mooratlas 2023: Daten und Fakten zu nassen Klimaschützern. 1. Aufl. Berlin
HELCOM (2021): Baltic Sea Action Plan – 2021 update, https://helcom.fi/wp-content/uploads/2021/10/Baltic-Sea-Action-Plan-2021-update.pdf, 12.01.2026
HELCOM (2021): Updated Fifth Baltic Sea Pollution Load Compilation (PLC-7). Baltic Sea Environment Proceedings No. 10/2021
HELCOM (2023): Thematic assessment of Eutrophication 2016–2021. Baltic Sea Environment Proceedings No. 192. https://helcom.fi/post_type_publ/holas3_eut., 01.02.2026
HELCOM (2023): State of the Baltic Sea. Third HELCOM holistic assessment 2016–2021. Baltic Sea Environment Proceedings n°194. https://helcom.fi/post_type_publ/holas3_sobs., 01.02.2026
HELCOM (2023): State of the Baltic Sea Report 2016–2021: Eutrophication. Baltic Sea Environment Proceedings No. 165B
HELCOM (2023): State of the Baltic Sea Report 2016–2021: Inputs of Nitrogen and Phosphorus to the Baltic Sea (PLC-7). Baltic Sea Environment Proceedings No. 165A
HELCOM (2023): Inputs of nutrients (nitrogen and phosphorus) to the sub-basins (1995–2021). HELCOM Core Indicator Report
HELCOM (2024): State of the Baltic Sea 2023: Hydrography and oxygen in the deep basins
Helmholtz-Klima-Initiative (2022): Die Bedeutung der Meere für das Klima, 2022, https://www.helmholtz-klima.de/klimawissen/die-bedeutung-der-meere-fuer-das-klima, 31.01.2026
Helmholtz-Klima-Initiative (2025): Unser Kohlenstoffbudget schrumpft. Net-Zero-2050 Cluster, https://www.helmholtz-klima.de/klimawissen/unser-kohlenstoffbudget-schrumpft, 31.01.2026
Hentschel, G. (1973): Ein Meer voller Unrat und Häßlichkeit, Der Spiegel, 27/1973, S. 36–49
Hill J. et al. (2019). Recurrent convergent evolution at amino acid residue 261 of the rhodopsin gene in fish adapted to freshwater and brackish waters. Proceedings of the National Academy of Sciences (PNAS), 116(37), 18498–18503
Hoffmann, R. et al. (2001): Oxygen: A Play in 2 Acts, Wiley-VCH, Weinheim
Holzer, K. (2001): Elisabeth Mann Borgese – Überall ist anders, Verlagsgruppe Weltbild, Augsburg, Kindler Verlag, Berlin
Humboldt, Alexander von (1834): Bemerkungen über die Temperatur der Ostsee. Aus einem Briefe an den Herausgeber, in: Annalen der Physik und Chemie, Bd. 33, St. 3, S. 223-227
Humboldt, Alexander von (1845-1862): Kosmos. Entwurf einer physischen Weltbeschreibung, 5 Bände, Cotta, Stuttgart und Tübingen
Humboldt, Alexander von (2006): Über einen Versuch den Gipfel des Chimborazo zu ersteigen, Oliver Lubrich und Ottmar Ette (Hrsg.), Eichborn Verlag, Frankfurt am Main
Illing, B. et al. (2024): Turbidity effects on prey consumption and survival of larval European smelt (Osmerus eperlanus). Aquat Sci 86, 84, DOI: 10.1007/s00027-024-01103-9
IMO (2019): Guidelines for consistent implementation of the 0.50% sulphur limits, https://wwwcdn.imo.org/localresources/en/OurWork/Environment/Documents/Resolution%20MEPC.320(74).pdf, 16.01.2026
ICES (1990): Report of the joint meeting of the Working Group on Baltic Seals and the Study Group on the Effects of Contaminants on Marine Mammals, Stockholm, ICES C.M. 1990/N:14, Marine Mammals Committee
IPCC (2022): Climate Change 2023: Synthesis Report. Contribution of Working Groups I, II and III to the Sixth Assessment Report. Genf, DOI: 10.59382/IPCC/AR6-9789291691647
Jenkins, A. K. et al. (2022). Physical effects of sound exposure from underwater explosions on Pacific mackerel (Scomber japonicus): Effects on non-auditory tissues, The Journal of the Acoustical Society of America, 151(6), 3947–3959, DOI: 10.1121/10.0011587
Jeserik, C. (1866): Acta des Fischmeisters zu Stralsund betreffend die Fischerei mit Seehunden im Kreis Rügen, Stadtarchiv Stralsund: Rep. 21, 127
Lennartz, S. T. et al. (2014): Long-term trends at the Boknis Eck time series station (Baltic Sea), 1957–2013: does climate change counteract the decline in eutrophication?, Biogeosciences, 11, 6323–6339, DOI: 10.5194/bg-11-6323-2014
Kahru, M. et al. (2022): Baltic Sea transparency from ships and satellites: Centennial trends, Marine Ecology Progress Series, 697, 1–13, DOI: 10.3354/meps14151
Kaiser, J. et al. (2023): The East Gotland Basin, Baltic Sea, as a candidate Global Boundary Stratotype Section and Point

for the Anthropocene series, The Anthropocene Review, 10(1), 25–48, DOI: 10.1177/20530196221132709
Kontchou, J., Greenpeace Deutschland (2025): PFAS-Belastung in Meerestieren aus Nord- und Ostsee, https://www.greenpeace.de/publikationen/PFAS_Fische_.pdf, 27.12.2025
Kontchou, J., Greenpeace Deutschland (2025): Untersuchung von PFAS im Meeresschaum an Nord- und Ostseeküste, https://www.greenpeace.de/publikationen/PFAS_Meeresschaum_Bericht.pdf, 28.12.2025
Krumme U. et al. (2022): STELLA – Stellnetzfischerei-Lösungsansätze: Projekt-Abschlussbericht. Thünen Report 97, Johann Heinrich von Thünen-Institut, Braunschweig. DOI: 10.3220/REP1662104969000
Lamp, J. et al., WWF Deutschland (2020): Geisternetze – Gefahr für Tier und Mensch, https://www.wwf.de/fileadmin/fm-wwf/Publikationen-PDF/WWF-Brosch%C3%BCre-Geisternetze-Gefahr-f%C3%BCr-Tier-und-Mensch.pdf, 31.01.2026
Leaper, R. (2019): The Role of Slower Vessel Speeds in Reducing Greenhouse Gas Emissions, Underwater Noise and Collision Risk to Whales, Frontiers in Marine Science, 6:505. DOI: 10.3389/fmars.2019.00505
Lear, L. (1997): Rachel Carson: Witness for Nature, Henry Holt Company, New York
Lenz, M. (2024): Abschlussbericht zum Vorhaben ELASI: Einfluss von Lichtverschmutzung auf die Aktivität und das Siedlungsverhalten mariner benthischer Invertebraten im globalen Vergleich, https://www.geomar.de/fileadmin/content/forschen/fb3/eoe-b/game/ELASI_Abschlussbericht.pdf, 17.01.2026
Lübcke, P. et al. (2024): Multidrug-resistant high-risk clonal Escherichia coli lineages occur along an antibiotic residue gradient in the Baltic Sea, DOI: 10.1038/s41545-024-00394-7
Lucke, K. et al. (2009): Temporary shift in masked hearing thresholds in a harbour porpoise (Phocoena phocoena) after exposure to seismic airgun shots, The Journal of the Acoustical Society of America, 125(6), 4060–4070, DOI: 10.1121/1.3095650
Manabe, S. et al. (1967): Thermal Equilibrium of the Atmosphere with a Given Distribution of Relative Humidity, Journal of the Atmospheric Sciences, 24(3)
Mann Borgese, E. (1977): Das Drama der Meere, S. Fischer Verlag, Frankfurt am Main, Original 1975, Harry N. Abrams, New York
Mann Borgese, E. (1985): Die Zukunft der Weltmeere – Ein Bericht an den Club of Rome, Europa Verlag, Wien
Mann Borgese, E. (1999): Mit den Meeren leben, Dreiviertel Verlag, Hamburg, Copyright United Nations University Press, 1998
Maser, E. et al. (2020): "Don't Blast": blast-in-place (BiP) operations of dumped World War munitions in the oceans significantly increase hazards to the environment and the human seafood consumer, Archives of Toxicology, 94(6), 1941–1953, Doi:10.1007/s00204-020-02743-0
Maser, E. et al. (2021): Can seafood from marine sites of dumped World War munitions be safely consumed by humans?, Archives of Toxicology, 95, 1931–1940, DOI: 10.1007/s00204-021-03054-4
Maser, E. et al. (2024): Environmental and human toxicology studies on explosive chemicals leaking from submerged munitions. Propellants, Explosives, Pyrotechnics, 49(3), e202300181, DOI: 10.1002/prep.202300181
Meeresschutz Schleswig-Holstein: Zustand der deutschen Ostseegewässer 2024 (Entwurf), mitglieder.meeresschutz.info/files/meeresschutz/berichte/art8910/zyklus2024/Entwurf_Zustandsbericht-2024_Anlage_1_Ostsee_2023-10-15.pdf, 10.09.2025
Meteoblue AG: https://www.meteoblue.com/de/climate-change, 02.01.2026
LEE MV & Heinrich-Böll-Stiftung Mecklenburg-Vorpommern (2021): Meeresspiegelanstieg in MV – Klimafolgen weltweit und regional, Schwerin , https://www.boell-mv.de/sites/default/files/2022-08/ee-21-final-web-small.pdf, 26.01.2026
Mohrmann, M. et al. (2025): Nord Stream methane leaks spread across 14% of Baltic waters. Nature Communications, 16, 281, DOI: 10.1038/s41467-024-53779-0, 03.12.2025
NABU (o. J.): Klimaschutz: Die Rolle der Ozeane, https://www.nabu.de/umwelt-und-ressourcen/klima-und-luft/klimawandel/11801.html, 31.01.2026
NABU Schleswig-Holstein (2007): Mittelfrequenz-Sonar gefährdet Ostsee-Wale, https://schleswig-holstein.nabu.de/news/2007/06468.html, 13.01.2026
Nash, J.P. et al. (2004): Long-Term Exposure to Environmental Concentrations of the Pharmaceutical Ethynylestradiol Causes Reproductive Failure in Fish, Environmental Health Perspectives, 112(17), 1725–1733, DOI:10.1289/ehp.7209
Nausch, G. et al. (2003): Hydrographisch-chemische Zustandseinschätzung der Ostsee 2003. IOW Meereswissenschaftliche Berichte, 59, https://www.iow.de/files/forschung/meereswissenschaftliche-berichte/mebe59_teil1.pdf, 23.01.2026
NDR (2023): Unsere Meere - Unbekannte Ostsee, Expeditionen ins Tierreich, Video unter: https://www.ndr.de/fernsehen/sendungen/expeditionen_ins_tierreich/Unsere-Meere-Unbekannte-Ostsee,sendung1495908.html, 04.09.2025
NDR (2025) Große Öl- und Gasvorkommen in Ostsee vor Usedom entdeckt, https://www.ndr.de/nachrichten/mecklenburg-vorpommern/grosser-oelvorkommen-vor-polnischer-ostseekueste,oelvorkommen-100.html, 26.01.2026
Osterholz, H. et al. (2023): Characterization of ship aerosols from smokestacks to the Baltic Sea water, DOI: 10.48433/cr_emb315
Ostrander, C. M. et al. (2024): Anthropogenic Forcing of the Baltic Sea Thallium Cycle. Environmental Science & Technology, 58(19), 8510–8517, DOI: 10.1021/acs.est.4c01487, 03.01.2026
Pfeiffer, F. (Hrsg., 1861): Das Buch der Natur von Konrad von Megenberg: Die 1. Naturgeschichte in deutscher Sprache, Karl Aue, https://archive.org/details/bub_gb_R_EEAAA-AYAAJ, 01.02.2026
Pieters, R. (2020): A review of Secchi's contribution to marine optics and the foundation of Secchi disk science. Oceanography, 33(3), 20–28, DOI: 10.5670/oceanog.2020.311
Polte P. et al. (2021): Reduced Reproductive Success of Western Baltic Herring (Clupea harengus) as a Response to Warming Winters, Frontiers in Marine Science 8:589242
Prahl, S. (2007): Untersuchungen zum Bau der epicranialen Atemwege beim Schweinswal (Phocoena phocoena Linnaeus, 1758), Dissertation an der Universität Hamburg
Ptacnik, Robert et al. (2016): Phytoplankton and Mikrozooplankton in the Baltic Sea. HELCOM Baltic Sea Environment Proceedings No. 149, https://helcom.fi/wp-content/uploads/2019/09/BSEP149_A.pdf
Purkiani, K. et al. (2024): Observation of a moderate major Baltic Sea inflow in December 2023, Scientific Reports, 14, Artikel 16749, https://www.nature.com/articles/s41598-024-67328-8, 29.01.2026
Rehbein, M., NWDR (1950): Interview mit Physiker Alexander Behm, NDR Retro – Aus Wissenschaft und Technik, https://www.ndr.de/geschichte/ndr_retro/Interview-mit-Physiker-Alexander-Behm,audio1493746.html, 01.02.2026
Reichenbach, M. et al. (2023): IdentiFlight als Schutzmaßnahme für den Seeadler (Haliaeetus albicilla). Validierungsstudie für Mecklenburg-Vorpommern, ARSU GmbH/OekoFor GbR, unter TÜV Nord
Reineccius, J. et al. (2024): Microplastic particles and fibers in seasonal ice of the Northern Baltic Sea. Toxics, 12(8), 542, DOI: 10.3390/toxics12080542
Reineccius, J. et al. (2024): Critical reassessment of microplastic abundances in the marine environment, Science of the Total Environment, 954, 176449, DOI: 10.1016/j.scitotenv.2024.176449
Reusch, T. B. H. et al. (2018): The Baltic Sea as a time machine for the future coastal ocean. Science Advances, 4(5), eaar8195, DOI: 10.1126/sciadv.aar8195
Rostock Port GmbH (2025): „AIDAdiva" beendet erfolgreiche Kreuzfahrtsaison mit sieben Erstanläufen in Warnemünde, https://www.rostock-port.de/presse-news/aktuelle-meldungen/news/aidadiva-beendet-erfolgreiche-kreuzfahrtsaison-

mit-sieben-erstanlaeufen-in-warnemuende, 12.12.2025
Sachsse, R. (2021): Anna Atkins. Blue Prints. Klinkhardt & Biermann Verlag, München
Safonova, K. et al. (2024): Sommerliche Hitzewellen auf dem Meeresboden der Ostsee tragen in flachen Bereichen zu Sauerstoffmangel bei. Commun Earth Environ 5, 106, DOI: 10.1038/s43247-024-01268-z
Scandlines (2026): Zero direct emission-Frachtfähre, https://www.scandlines.de/uber-uns/unsere-grune-ambition/zero-direct-emission-frachtfahre/, 31.01.2026
Schimmler, Jörg (2014): Alexander Behm (1880-1952): Erfinder des Echolots und Pionier der Meeresakustik, BOD-Verlag, Norderstedt
Schirrmeister, B. et al. (2021): Evolutionary History and Physiological Adaptations of Cyanobacteria in Marine Environments, in: Stal, Lucas J. & Pet al. (Hrsg.): Cyanobacteria: An Economic Perspective. Cellular Origin, Life in Extreme Habitats and Astrobiology, Bd. 41. Springer, Cham, S. 3–25, DOI: 10.1007/978-3-319-77810-3_1
Schories, D. et al. (Hrsg., 2009): Makroalgen der Ostsee – Ökologie, Verbreitung und Nutzung, Rostocker Meeresbiologische Beiträge, Heft 20, IOW, https://www.oekologie.uni-rostock.de/storages/uni-rostock/Alle_MNF/Bio_Oekologie/RMB/RMB20/RMB_20-08.pdf, 30.01.2026
Statistisches Bundesamt (2012): Absatz mineralischer Düngemittel um 2,3% gesunken, https://www.innovations-report.de/globale-finanzen/statistiken/ab-satz-mine-ralischer-duenge-mittel-2-3-gesun-ken-204210/, 29.01.2026
Siebert, U. et al. (2022): Blast injury on harbour porpoises (Phocoena phocoena) from the Baltic Sea after explosions of deposits of World War II ammunition, Environ Int. Dec 6;159:107014, https://pubmed.ncbi.nlm.nih.gov/34883460/, 28.01.2026
Spiegel Online (2005): Wasserverschmutzung: Seefische ändern ihr Geschlecht, https://www.spiegel.de/wissenschaft/natur/wasserverschmutzung-seefische-aendern-ihr-geschlecht-a-385033.html, 03.10.2025
Steinkopf, Markus et al. (2024): Energiekrise bei Dorsch und Co.: Wie Überdüngung und Klimawandel die Nahrungsnetze der Ostsee verändern, IOW/Thünen-Institut für Ostseefischerei, in Frontiers in Marine Science, DOI: 10.3389/fmars.2024.1349072.
Stoltenberg, I. et al. (2021): Review of jellyfish trophic interactions in the Baltic Sea, Marine Biology Research, 17:4, 311-326, DOI: 10.1080/17451000.2021.1964532
Stoltenberg, I. et al. (2023): Predation on Baltic sea yolk-sac herring larvae (Clupea harengus) by the invasive ctenophore Mnemiopsis leidyi, DOI: 10.1016.2024.106973
Strehse, J. S. et al. (2023): Long-Term Trends for Blue Mussels from the German Environmental Specimen Bank Reveal Increasing Exposure to Energetic Compounds from Submerged Munitions, Toxics, 11(4), 336, DOI: 10.3390/toxics11040336
Tagesspiegel (2025): „Neuartige Waffenmodelle testen“: Russland startet großes Militärmanöver in der Ostsee, https://www.tagesspiegel.de/internationales/neuartige-waffenmodelle-testen-russland-startet-grosses-militarmanover-in-der-ostsee-14073179.html, 02.01.2026
Temmink, R. J. M. et al. (2022): Recovering wetland biogeomorphic feedbacks to restore the world's biotic carbon hotspots, Science, 376(6594), 594, DOI: 10.1126/science.abn1479
Teschke, H. (2017): Heringe – ein Portrait von Holger Teschke, MSB Matthes & Seitz, 2. Auflage, Berlin
Thünen-Institut (2026): Akustische Telemetrie an Dorschen und Plattfischen in der Mecklenburger Bucht, https://www.thuenen.de/de/fachinstitute/ostseefischerei/projekte/leben-de-meeresressourcen/akustische-telemetrie-an-dorschen-und-plattfischen-in-der-mecklenburger-bucht, 03.01.2026
UBA (2009): Nährstoffemissionen in die Oberflächengewässer – Entwicklung 1983 bis 2006, Texte 48/2009, Dessau-Roßlau
UBA (2022): Benzinbleigesetz: Wie ein Gesetz die Schadstoffbelastung von Mensch und weiten Teilen der Umwelt verringert, https://www.umweltprobenbank.de/de/documents/selected_results/12198, 02.01.2026
UBA (2024): Stoffeinträge aus der Atmosphäre in die Ostsee, https://www.umweltbundesamt.de/daten/wasser/ostsee/stoffeintraege-aus-der-atmosphaere-in-die-ostsee, 24.01.2026
UNEP (2014): Stockholm Convention on Persistent Organic Pollutants. History of the negotiations, https://www.pops.int/TheConvention/Overview/History/Overview/tabid/3549/Default.aspx, 03.12.2025
Valman, M. (2014): Three faces of HELCOM – institution, organization, policy producer, Dissertation an der Stockholm University, http://www.diva-portal.org/smash/get/diva2:759333/FULLTEXT01.pdf, 13.10.2025
VdRBw (2024): Neue Normalität im Randmeer, in: loyal (Magazin des Verbands der Reservisten der Deutschen Bundeswehr), https://www.reservistenverband.de/magazin-loyal/ostsee-neue-normalitaet/, 01.02.2026
Villadsgaard, A. et al. (2013): Echolocation by the harbour porpoise: Life in coastal waters. Frontiers in Physiology, 4, 52, DOI: 10.3389/fphys.2013.00052
Wang, M. et al. (2025): Record-Breaking Sargassum Algal Blooms in 2025: Satellite Observations from West Africa to the Gulf of Mexico, NOAA/University of South Florida (SAWS)
Waniek, J.J. et al. (2025): A Global Inventory of Natural and Synthetic Estrogens in Aquatic Systems, Annu. Rev. Mar. Sci. 2024. 16:1–30, DOI: 10.1146/annurev-marine-032123-025855
Wasmund, N. et al. (2014): Biologische Zustandseinschätzung der Ostsee im Jahre 2013 (Meereswissenschaftliche Berichte, 94), IOW, DOI: 10.12754/msr-2014-0094
Weidermann, V. (2023): Mann vom Meer – Thomas Mann und die Liebe seines Lebens, Kiepenheuer & Witsch, Köln
Weitbreit, A. (2023): Humboldts Wetterwerkstatt. Wie die Klimaforschung begann. Haupt, Bern
Wernand, M. R. (2013): The history of subsea optics, in C. S. S. Bahre & T. Wriedt (Hrsg.): Subsea optics and imaging, S. 35–79, Woodhead Publishing, Cambridge, DOI: 10.1533/9780857093523.1.35.
Wisniewska, D. et al. (2018): High rates of vessel noise disrupt foraging in wild harbour porpoises (Phocoena phocoena), DOI: 10.1098/rspb.2017.2314
Wille, P. C. (1994): Sound images of the ocean in research and monitoring, Springer Series in Electrophysics, Band 17, Springer-Verlag, Berlin/Heidelberg
Wolff, R. (2005): Jagd auf furzender Hering, taz.de/Jagd-auf-furzender-Hering/!691580/, 23.01.2026
Wulf, Andrea (2018): Alexander von Humboldt und die Erfindung der Natur, Penguin, München
WWF Deutschland (2025): Geisternetze – tödliche Gefahr, https://www.wwf.de/themen-projekte/plastik/geisternetze, 31.01.2026
Zhou, Q. et al. (2021): Trapping of microplastics in halocline and turbidity layers of the semi-enclosed Baltic Sea, Frontiers in Marine Science, 8, 761566, DOI: 10.3389/fmars.2021.761566
Zwamborn, M. (2019): Algen – Ein Portrait von Miek Zwamborn, MSB Matthes & Seitz, Berlin

Bildnachweis

Von Herzen gilt mein Dank all den Fotograf*innen, die diesem Buch, der Forschung und der Ostsee ein Gesicht geben.

Coverbild: iStock 1300868074, Kamisoka
Seite 2 & 6: Jürn-Jakob Gericke
Seite 4: Helga Groschka
Seite 5, 43, 55, 56 (links), 56 (rechts), 57, 67 (rechts), 161, 170, & 212: Pekka Tuuri
Seite 8: ESA, Lizenz: CC BY-SA 3.0 IGO (https://creativecommons.org/licenses/by-sa/3.0/igo/)
Seite 9, 13, 51, 87, 90, 98, 125, 171, 177, 207, 218, 229 & 240: Madeleine Hartwig/Hinstorff Verlag Rostock
Seite 11: verändert nach und mit freundlicher Genehmigung von Meteoblue AG, Basel (Schweiz), https://www.meteoblue.com, 24.01.2026
Seite 16: Stadtarchiv Rostock
Seite 18: Adobe Stock, aussieanouk
Seite 20: Linda Westphal/Deutsches Meeresmuseum Stralsund
Seite 21: Timo Moritz/Deutsches Meeresmuseum Stralsund
Seite 25: Adobe Stock 1668445183, Alex Cooper
Seite 28: Adobe Stock 448085958, raland
Seite 31: Karsten Schütze/Geologischer Dienst Mecklenburg-Vorpommern
Seite 34: Felix Gross/CAU, bereitgestellt vom GEOMAR Helmholtz-Zentrum für Ozeanforschung, Kiel
Seite 36: Michael Swat/GEOMAR Helmholtz-Zentrums für Ozeanforschung Kiel
Seite 38: verändert nach Rita Erven, https://cdrmare.de/wp-content/uploads/2025/05/cdrmare_Kompakt_alle250206.pdf, 24.01.2026
Seite 41: Adobe Stock 1700777453, pit24
Seite 44 (links): Tadhg Ó Corcora/GEOMAR Helmholtz-Zentrum für Ozeanforschung, Kiel
Seite 44 (rechts): Thorsten Reusch/GEOMAR Helmholtz-Zentrums für Ozeanforschung Kiel
Seite 44 (Hintergrund): Florian Huber/Submaris,
Seite 49: Adobe Stock 1179259823, Markus Mainka
Seite 50: Enthält modifizierte Copernicus Sentinel-Daten (2019), bearbeitet von ESA, Lizenz: CC BY-SA 3.0 IGO (https://creativecommons.org/licenses/by-sa/3.0/igo/)
Seite 52: Gilman-Sammlung, Kauf, Geschenk der Horace W. Goldsmith Foundation, durch Joyce und Robert Menschel, 2005, Metropolitan Museum of Art New York
Seite 59: Annegret Stuhr/GEOMAR Helmholtz-Zentrum für Ozeanforschung, Kiel
Seite 60: Sarah Bolius/Leibniz-Institut für Ostseeforschung Warnemünde
Seite 62: Adobe Stock 353779330, roboriginal
Seite 65 (links), 129, 187 & 242 (Schlusskapitel): Ralf Prien/Leibniz-Institut für Ostseeforschung Warnemünde
Seite 65 (rechts): Susanne Busch/Leibniz-Institut für Ostseeforschung Warnemünde
Seite 67 (links): Andreas Raeke/Deutscher Wetterdienst
Seite 73: Klaus Jongebloed/Deutsche Bundesstiftung Umwelt
Seite 76: Adobe Stock 460425473, Klaus Heidemann
Seite 81: Adobe Stock 253476766, Janis Smits
Seite 83: Adobe Stock 115748210, Dagmar Richardt
Seite 86: Adobe Stock 676320132, uslatar
Seite 92: Adobe Stock 484596901, Ostseeflair
Seite 94 & 180: Anke Neumeister/Deutsches Meeresmuseum Stralsund
Seite 98: Adobe Stock 54860048, Piotr Wawrzyniok
Seite 99 (links und rechts): National Institute of Aquatic Resources at the Technical University of Denmark (DTU Aqua)/ Institut for Akvatiske Ressourcer
Seite 100: Klaas Naumann
Seite 103: Adobe Stock 753241844, mirecca
Seite 104: Adobe Stock 54860048, Piotr Wawrzyniuk
Seite 105: Henk-Jan Hoving/GEOMAR Helmholtz-Zentrum für Ozeanforschung Kiel
Seite 109 (oben und mittig): Ilka Thomsen/ GEOMAR Helmholtz-Zentrum für Ozeanforschung, Kiel
Seite 109 (unten): Kai Herklotz, Bundesamt für Seeschifffahrt und Hydrographie
Seite 110: Fraunhofer-Institut für Graphische Datenverarbeitung IGD, Rostock
Seite 112: Tanja Quasdorf/Shaping an Ocean of Possibilities
Seite 115: Christian Clauwers/ Shaping an Ocean Of Possibilities
Seite 122: Martin Wahl/ GEOMAR Helmholtz-Zentrum für Ozeanforschung, Kiel
Seite 124: Adobe Stock 953563084, shaiith
Seite 126 (links und rechts): Bundesarchiv, Bild 183-48195-0006 & Bild 183-20820-0001, Lizenz: CC BY-SA 3.0 de, https://commons.wikimedia.org/w/index.php?curid=5354080, 24.01.2026
Seite 133: Dominik Šmoks/Charles Universität Prag
Seite 137: Adobe Stock 345850521, Evgeniy
Seite 138: AUV-Team/GEOMAR Helmholtz-Zentrum für Ozeanforschung Kiel
Seite 141: Adobe Stock 447158770, dam
Seite 143: Adobe Stock 1373582745, blende11.photo
Seite 146: arzneimittelentsorgung.de, erarbeitet nach der BMBF-Fördermaßnahme, RiSKWa, Lizenz: CC-BY 4.0 Umweltbundesamt, DECHEMA, Ökologisches Institut, 2023
Seite 148: Florian Manz/Greenpeace
Seite 149: Adobe Stock 487044459, Ostseeflair
Seite 152 & 157: Gabriela Escobar Sánchez/Leibniz-Institut für Ostseeforschung Warnemünde, Projekt: Circular Ocean-bound Plastic (COP)
Seite 154: Denis Mollenhauer
Seite 163: Peter Holtermann/Leibniz-Institut für Ostseeforschung Warnemünde
Seite 166: Adobe Stock 383512679, wonderisland
Seite 169: Astrid Möller/ KuBus e.V., Initiative Plastikfreie Stadt, Rostock
Seite 173: Arved Fuchs Expeditionen
Seite 174: Adobe Stock 117570784, Mps197
Seite 178: Adobe Stock 277217551, acrogame
Seite 183: verändert von Madeleine Hartwig/Hinstorff Verlag nach Thünen-Institut für Ostseefischerei, Rostock: https://thuenen.pageflow.io/der-hering-in-der-klimafalle#286526, 24.01.2026
Seite 184: iStock-Fotografie-ID: 1266702873, Gerald Corsi
Seite 189 (links): Adobe Stock 1765090648, makieni
Seite 189 (recnts): Adobe Stock 62494245, Africa Studio
Seite 190: Adobe Stock 171330560, yaniv
Seite 191: Adobe Stock 523750091, lukjonis
Seite 194: Danny Gohlke/für Leibniz-Insitut für Ostseeforschung Warnemünde
Seite 196: Bronwyn Cahill/ Leibniz-Institut für Ostseeforschung Warnemünde
Seite 203 (oben) & 210: Ralf Prien
Seite 205: Eugen Stark
Seite 206: Adobe Stock 126225122, ch9x
Seite 215: Adobe Stock 91130133, Fotosasch
Seite 217: Peter Verhoog/für Fjord&Bælt, Kerteminde, Dänemark
Seite 220: Fjord&Bælt, Kerteminde, Dänemark
Seite 222: Annemarie Schütz/ Thünen-Institut für Ostseefischerei, Rostock
Seite 226: Sarah Uphoff/GEOMAR Helmholtz-Zentrum für Ozeanforschung, Kiel
Seite 230: Bundesamt für Seeschifffahrt und Hydrographie
Seite 231: EnBW Energie Baden-Württemberg AG, Karlsruhe
Seite 232: Hydrotechnik Offshore GmbH, Hamburg
Seite 237: Scandlines Danmark, Kopenhagen, Dänemark
Seite 243: DER SPIEGEL 27/1973
Seite 244: Hans Paul, Copyright: HELCOM
Seite 248: Jérôme Kaiser/Leibniz-Institut für Ostseeforschung Warnemünde

Icons im gesamten Buch:
Adobe Stock 215624007 (nadiinko), 4607777793 (Icons-Studio), 1862683918 (hans_ts), 1547285115 (Pandaman1102), 1863318033 (Andrei), 1773439211 (icon), 676676534 (Tsvetina), 1866104863 (LatifunNahar), 1674290388 (Fikri Fachry), 1233486503 (Fakhri91), 1032683021 (Syarif), 1845779431 (Kdpprosolutions2015), 1674043580 (unique), 1845509254 (Sokale), 1883784885 (Ifanicon), 1851579173 (unique), 1877398000 (Alex), 1748637011 (Namig), 1862841801 (Ghopi), 989101565 (11ua), 1678919788 (Hanna), 1746812507 (Lena), 1872701564 (AL), 1629401889 (Hunter Leader), 1613012440 (Ummei), 1597584400 (JhumaRaniDas), 1382836598 (ian), 1613591025 (Qasim Farooq), 1826912894 (Vector.com), 236489808 (oleg7799), 611211156 (Thongchai.Jindaphant), 102287243 (Vasileva), 519676033 (ylivdesign), 1826328641 (Pallobroy), 1853828624 (Akki`s orld), 1868316693 (Tharimdu), 1854868942 (rabbivay), 1867201158 (Rahib), 121968895 (harmonia_green), 1570677861 (Mago), 1720943489 (Pixelora), 1235289981 (Md Shimul Hossain), 1486729699 (Nabo), 1849497792 (stock Alom), 1681807856 (MIRAJ02), 1839769099 (SkyPark), 910069796 (Nazia)